分级破碎

潘永泰　著

北　京

冶　金　工　业　出　版　社

2024

内 容 提 要

本书系统论述了分级破碎理论、技术、装备及工程应用，创新性提出分级破碎的动力学模型、产品模型、能量理论、螺旋布齿理论、单颗粒通过理论等，系统构建与阐述分级破碎理论体系，并结合国内外技术与工程实践，对分级破碎的发生、发展、比较优势、智能化及其工程应用进行了详细阐述。

本书可供矿物加工、冶金、建材、化工、新能源、固废资源化、环保等领域从事科研、生产、管理的相关人员及高校师生使用。

图书在版编目（CIP）数据

分级破碎 / 潘永泰著. -- 北京：冶金工业出版社，2024.10. -- ISBN 978-7-5024-9964-8

Ⅰ. TU452

中国国家版本馆 CIP 数据核字第 20244C8F29 号

分级破碎

出版发行	冶金工业出版社	**电　话**	（010）64027926
地　址	北京市东城区嵩祝院北巷 39 号	**邮　编**	100009
网　址	www.mip1953.com	**电子信箱**	service@ mip1953.com

责任编辑　张熙莹　美术编辑　彭子赫　版式设计　郑小利
责任校对　王永欣　责任印制　禹　蕊
三河市双峰印刷装订有限公司印刷
2024 年 10 月第 1 版，2024 年 10 月第 1 次印刷
710mm×1000mm 1/16；19.5 印张；1 彩页；379 千字；295 页
定价 119.00 元

投稿电话　（010）64027932　投稿信箱　tougao@cnmip.com.cn
营销中心电话　（010）64044283
冶金工业出版社天猫旗舰店　yjgycbs.tmall.com
（本书如有印装质量问题，本社营销中心负责退换）

序

阅读完《分级破碎》书稿，我欣然同意潘永泰教授的邀请，为他的新著作序，并为我国矿业装备领域有这样优秀的学术成果感到由衷高兴。

矿产资源是国民经济发展、国家安全与战略性产业发展至关重要的物质基础，分级破碎装备等创新性技术装备不断涌现可以更好地满足矿产资源的加工利用需要，为加快构建新发展格局、助推我国从矿业大国向矿业强国迈进发挥积极作用。

近30年来，分级破碎装备在我国得到普遍应用，每年45亿吨煤的破碎作业几乎全部从原来的颚破、齿辊和锤式破碎机转变为分级破碎设备，国外大型先进矿企甚至纷纷开始使用大型高强分级破碎装备进行粗碎或剥离土的破碎作业。

分级破碎装备在金属矿的粗碎、中碎与抛尾、剥离土处理方面有着鲜明的技术优势和广阔的应用前景，将会推动中高硬度矿物处理工艺又一次变革。随着高端装备制造技术与耐磨材料技术的发展，在非金属矿和金属矿领域，与旋回、颚破、圆锥等传统硬物料破碎机相比，分级破碎机高度只有旋回的1/8、颚破的1/4，检修维护周期大幅缩短，同时，分级破碎装备靠破碎齿的咬合力采取强制入料与排料，具有严格保证粒度、黏湿物料适应性强、结构简单、处理能力大等突出优点，这些优点恰恰弥补了依靠摩擦破碎与排料的传统大型粗碎设备的不足。

潘永泰教授及其研发团队紧紧围绕基础研究、应用研究、试验开发和产业发展的内在关联，积极致力于矿产资源加工装备的原始创新，将30年的理论思考和实践积累汇聚于这本《分级破碎》，全面介绍分级破碎的理论体系、创新逻辑与工程经验，系统性提出分级破碎的动力学模型、粒度模型、能量理论、螺旋布齿理论、单颗粒通过理论等分级破碎理论，构建了完整的理论体系，并结合国内外技术与工程实践，对分级破碎的发生、发展、比较优势、智能化及其工程应用进行了系统的论述与案例解析。

《分级破碎》内容翔实、数据丰富可靠，具有较高的学术价值和工程指导价值。相信这本书的出版必将对促进分级破碎技术与装备在矿物加工领域的科学、技术与工程应用全面发展起到积极推动作用，为我国矿业系统新质生产力的发展起到良好的支撑作用，并为世界矿业破碎科学与装备的发展贡献属于中国的智慧。

潘永泰教授工作的 30 年里，一直奋斗在分级破碎装备的设计、研发和加工制造一线，持续引领我国大型分级破碎技术与装备的研发创新，坚持以自主知识产权与精细专注的工匠精神打造属于中国自己的高端品牌，并推广应用到国外市场，为中国制造变成中国创造作出贡献，确立了我国分级破碎装备在国际矿物加工领域的领先地位。

2012 年，潘永泰教授应邀到中国矿业大学（北京）矿物加工系任教，我们因此接触开始增多，对潘教授踏实严谨的治学风格和理论与实践一体化的思想水平也有更多体会。他在用心做好人才培养、教育教学的同时，通过不断的学术研究和理论提升，对分级破碎的认知从工程技术层面提升到理论体系构建、学术思想凝练和宏微介观破碎机理的探索与研究。相信正是这样深厚的工程和学术背景才使得《分级破碎》这部专著充满知识、智慧与翔实可靠的工程经验与数据。相信这本书会让读者受益良多。

2024 年 7 月

前　　言

破碎是矿物、冶金、化工、建材、固废资源化、食品等生产加工必不可少的作业过程，其本质是利用能量的输入实现物料粒度由大变小的目的。据文献统计，全世界每年有 100 多亿吨矿物原料需经过破磨加工，该过程中的能耗占世界总能耗的 3%~4%，钢耗则在 500 万吨以上。破碎系统是对生产系统运行、维护、成本影响最大的因素之一。破碎科学、技术与工程方法众多，最终目的都是优化破碎效果、提高破碎效率、降低破碎功耗等。

分级破碎是 20 世纪 70 年代末出现并迅速发展起来的全新破碎方法与技术。因其装备具有高度低、处理能力大、黏湿物料适应性强、结构与维护简单等突出技术优势，在矿物破碎领域内表现出强大的生命力。分级破碎装备目前已成为高硬以下脆性物料适用的破碎设备，在煤矿、非金属矿、金属矿等众多领域普遍应用。

经过 50 多年的持续创新、技术迭代与工程应用，分级破碎在结构形式、功能参数、数据模型等多方面都形成自有的本质特征，已经是一类独立的破碎技术，但对该技术体系的深入理论研究、技术凝练与系统总结在国内外尚处于空白状态；同时，尽管这种新技术可以很好地解决囿于传统破碎技术认知多年未解决的性能指标问题，但除煤炭领域普遍应用和熟知外，很多其他领域对此技术并不了解。本书的写作初衷就是让更多的人了解分级破碎这项技术并利用它解决生产中的问题。

本书系统论述了分级破碎理论、技术、装备及其应用，首次提出并阐释了分级破碎的"五指篮球"理论、能量理论、螺旋布齿理论、单颗粒通过理论、物料咬合理论、粒度模型等独创性理论，并结合国内外技术与工程实践，对分级破碎的发生、发展、比较优势、智能化及其工程应用进行了详细总结和论述。本书是国内外第一次系统地研究与阐释分级破碎理论体系、技术和工程应用的专著，能够帮助读者全方位认识、学习和理解分级破碎，并对该技术与装备的科研创新、设备研发、选型与使用管理、推广应用起到较大的推动作用。

笔者心无旁骛地专注于分级破碎领域30年，本书是笔者多年来思想凝练、理论研究与工程经验的系统总结与阐释，也是所带科研团队研究成果的集中体现。感谢崔统宇、毕研琨、张钏、曹行健、郭庆、周强、尹方熙等博士研究生，王猛超、韩磊、庄梓巍、李泽康、廖璐铭、李泽魁、王佳敏、何焕妃、陈照威、黄嘉诚、岳帆凯、闫一帅、白鹏、陈曦、庞雷、王天歌、马志强等硕士研究生所做的试验研究与文字校对等工作。

本书的研究与出版得到了国家自然科学基金面上项目"面向智能的准脆性物料破碎过程耗散热能生成机理与影响机制"（项目批准号：52074308）的资助，在此表示感谢。

感谢多年来各方面、国内外的合作伙伴，是大家的信任与支持，给予笔者更多的学习和提高的机会与不断进取的动力！

感谢泰伯克（天津）机械设备有限公司提供的大量珍贵技术数据和一手应用资料。

感谢本书引用的所有文献作者，书中部分信息源于企业网站、电子资料等网络资源，在此一并感谢！

感谢家里的亲人们，父母的健康、妻子的理解支持、孩子的自强自立，让笔者有更多的时间与精力投入到本书的思考与撰写中！

为应用于不同行业、不同物料和工况的分级破碎科学与技术构建统一的理论框架，针对具体理论问题进行原创性的研究与总结，是一件探索性和创新性很强的工作。虽然本书竭力从系统论、工程学的角度来介绍笔者的思想归纳和研究成果，以期促进相关领域的发展，并最大限度让不同行业的读者能从中受益或得到某些启示，但限于笔者水平能力及认知的局限性，书中的某些观点还不够成熟，可能存在片面或不足，期望读者不吝赐教。

潘永泰

2024 年 5 月

目　　录

1　绪论 ··· 1

　1.1　破碎的本质问题：粒度与能量 ···························· 1

　　1.1.1　广义的破碎 ·· 1

　　1.1.2　狭义的破碎 ·· 2

　1.2　破碎的目的与作用 ·· 3

　　1.2.1　破碎的作用 ·· 3

　　1.2.2　破碎目的多样性 ·· 3

　1.3　分级破碎的定义 ··· 5

　1.4　分级破碎的研究内容 ··· 5

　1.5　分级破碎的产生与发展 ······································ 7

　　1.5.1　工业革命前的破碎工具 ·································· 7

　　1.5.2　工业革命后的破碎机械发展 ··························· 8

　　1.5.3　辊式破碎的发展史 ·· 9

　　1.5.4　分级破碎的出现 ··· 15

　1.6　基于接触的破碎机械分类 ·································· 22

　　1.6.1　点接触破碎机 ·· 22

　　1.6.2　线接触破碎机 ·· 23

　　1.6.3　面接触破碎机 ·· 23

　　1.6.4　冲击式破碎 ··· 25

　1.7　破碎科学与技术发展趋势 ·································· 26

2　分级破碎理论体系 ·· 32

　2.1　分级破碎理论体系构成 ····································· 32

　2.2　分级破碎的"五指篮球理论" ····························· 33

　2.3　分级破碎物料咬合理论 ····································· 35

　　2.3.1　实验设备 ··· 35

　　2.3.2　齿辊外旋受力分析 ······································ 36

　2.4　点接触载荷理论 ··· 42

2.4.1 点接触载荷破碎 ………………………………………… 42

2.4.2 点接触载荷给排料 ……………………………………… 42

2.5 点接触载荷破碎 ………………………………………………… 43

2.5.1 点接触载荷物料强度 …………………………………… 43

2.5.2 点接触冲击载荷试验 …………………………………… 46

2.5.3 点接触载荷破碎规律 …………………………………… 53

参考文献 ………………………………………………………………… 55

3 分级破碎技术 …………………………………………………………… 56

3.1 分级破碎技术的概念 …………………………………………… 56

3.2 分级破碎的适用范围 …………………………………………… 57

3.3 分级破碎原理 …………………………………………………… 58

3.3.1 破碎齿辊内、外旋向的确定 …………………………… 58

3.3.2 破碎齿对物料作用过程解析 …………………………… 58

3.4 分级破碎技术优势 ……………………………………………… 60

3.4.1 分级和破碎双重功能 …………………………………… 60

3.4.2 严格保证产品粒度，实现开路破碎 …………………… 61

3.4.3 成块率高—过粉碎率低 ………………………………… 62

3.4.4 处理能力大且能耗低 …………………………………… 63

3.4.5 整机高度低且振动小 …………………………………… 64

3.4.6 黏湿物料不堵塞 ………………………………………… 65

3.4.7 结构简单、维护便捷、停机时间短 …………………… 65

3.5 分级破碎技术 …………………………………………………… 67

3.5.1 筛分破碎耦合技术 ……………………………………… 67

3.5.2 分级破碎齿设计技术 …………………………………… 67

3.5.3 分级破碎螺旋布齿技术 ………………………………… 71

3.5.4 多通道筛碎技术 ………………………………………… 72

3.6 分级破碎的绿色低碳 …………………………………………… 73

3.7 分级破碎技术常见问题 ………………………………………… 74

3.7.1 什么情况采用分级破碎开路流程？ …………………… 74

3.7.2 破碎齿体磨损快是材质问题吗？ ……………………… 75

3.7.3 分级破碎机和齿辊破碎机的区别是什么？ …………… 77

3.7.4 分级破碎机减速器箱体开裂、齿辊轴折断的原因有哪些？ …… 77

3.7.5 分级破碎与其他类型破碎设备的比较优势是什么？ …… 78

4　分级破碎能量理论 ·· 80

4.1　分级破碎能量类型 ·· 80

4.2　分级破碎能量耗散结构理论 ································ 82

4.2.1　破碎系统的耗散结构 ······························· 82

4.2.2　分级破碎的自组织 ································· 83

4.2.3　能耗定量化与能效提高 ····························· 83

4.3　分级破碎载荷理论 ·· 84

4.3.1　基于点接触的分级破碎载荷形式 ··············· 84

4.3.2　破碎的主要应力形式——拉应力 ··············· 86

4.3.3　分级破碎低加载率效应 ··························· 89

4.3.4　分级破碎的低加载速率 ··························· 94

4.4　分级破碎功耗定量化理论 ·································· 95

4.4.1　传统破碎功耗学说及其发展特点 ··············· 95

4.4.2　分级破碎功耗适用体积学说 ····················· 98

4.4.3　分级破碎功耗计算的特点 ······················ 100

4.4.4　分级破碎小粒度物料无耗通过 ················· 106

5　分级破碎螺旋布齿理论 ······································ 110

5.1　螺旋布齿的定义 ·· 110

5.2　分级破碎螺旋布齿技术 ···································· 111

5.2.1　破碎齿螺旋布置形式 ····························· 112

5.2.2　螺旋布齿的作用 ································· 113

5.3　螺旋布齿轴向推动的理论研究 ···························· 116

5.3.1　破碎齿平行布置 ································· 116

5.3.2　破碎齿螺旋布置 ································· 117

5.4　螺旋布齿轴线推动的试验研究 ···························· 118

5.4.1　试验装置与主要参数 ····························· 118

5.4.2　破碎对象的选取 ································· 119

5.4.3　试验主要参数确定 ······························· 119

5.4.4　试验结果 ··· 120

5.4.5　试验分析 ··· 122

5.5　螺旋布齿对处理能力影响的试验研究 ···················· 122

5.5.1　分级破碎处理能力公式 ··························· 122

5.5.2　处理能力试验设计 ······························· 124

　　5.5.3　试验参数的确定 ················· 125

　　5.5.4　试验结果分析 ·················· 125

　5.6　螺旋布齿对破碎产品粒度的影响 ········· 126

　　5.6.1　螺旋布齿对单颗粒产品粒度影响的研究 ···· 127

　　5.6.2　螺旋布齿对颗粒群破碎产品粒度影响的仿真研究 ·· 130

　5.7　螺旋布置对破碎效果影响的综合分析 ······· 133

　　5.7.1　轴向推动作用角度分析 ············· 133

　　5.7.2　处理能力角度分析 ··············· 133

　　5.7.3　产品粒度组成角度分析 ············· 133

　　5.7.4　破碎效果综合分析 ··············· 133

　参考文献 ························· 134

6　分级破碎的单颗粒通过理论 ·············· 135

　6.1　单颗粒通过概率的定义 ·············· 135

　　6.1.1　单颗粒通过与层压破碎 ············· 135

　　6.1.2　单颗粒通过概率 ················ 135

　6.2　单颗粒通过的优点 ················ 136

　6.3　分级破碎的单颗粒通过概率 ············ 138

　　6.3.1　单颗粒通过概率的影响因素 ··········· 138

　　6.3.2　单颗粒通过概率的其他影响因素 ········· 139

　6.4　单颗粒通过概率的定量化研究 ··········· 140

　　6.4.1　单颗粒通过概率的计算 ············· 140

　　6.4.2　螺旋角对通过概率影响规律的研究 ········ 145

　　6.4.3　入料填充系数的影响 ·············· 151

　　6.4.4　粒度系数对颗粒通过概率影响规律的研究 ···· 156

　6.5　单颗粒通过效果评价 ··············· 158

　参考文献 ························· 159

7　分级破碎的性能指标 ················· 160

　7.1　分级破碎指标 ·················· 160

　　7.1.1　指标体系 ··················· 160

　　7.1.2　入料粒度和出料粒度的确定 ··········· 161

　7.2　分级破碎工艺质量指标 ·············· 163

　　7.2.1　破碎效率 ··················· 163

　　7.2.2　分级破碎效率 ················· 164

7.2.3 细粒增量 ·· 164

7.2.4 破碎产品成块率 ·· 165

7.2.5 破碎产品限上率 ·· 165

7.2.6 破碎效果综合评价 ····································· 166

7.3 分级破碎产品的粒度特性 ································ 168

7.3.1 粒度表示方法 ·· 168

7.3.2 粒度特性的公式法 ····································· 169

7.3.3 成块粒度的预测 ·· 170

7.4 破碎比 ··· 171

7.4.1 单颗粒最大破碎比 ····································· 171

7.4.2 筛分破碎比 ··· 172

7.4.3 单级破碎比的确定 ····································· 172

7.4.4 分级破碎破碎比的分配原则 ······················ 173

7.5 处理能力 ·· 175

7.5.1 处理能力的定义 ·· 175

7.5.2 分级破碎处理能力大的原理 ······················ 175

7.5.3 分级破碎处理能力计算 ······························ 175

7.6 分级破碎强度 ·· 179

7.6.1 物料的破碎力学特性 ·································· 179

7.6.2 物料的强度 ··· 179

7.6.3 物料韧性 ·· 181

7.6.4 磨蚀性 ··· 183

7.7 分级破碎机械与能耗指标 ································· 183

7.7.1 分级破碎功率确定 ····································· 183

7.7.2 齿辊转速 ·· 185

7.7.3 齿辊直径 ·· 186

7.7.4 齿辊长度 ·· 187

7.7.5 齿辊旋向 ·· 188

7.7.6 齿辊耐磨损性 ··· 188

8 分级破碎装备 ··· 191

8.1 分级破碎机的典型技术特征 ····························· 191

8.2 分级破碎机的机械结构 ···································· 192

8.2.1 齿辊部件 ·· 193

8.2.2 破碎齿形 ·· 195

8.2.3　低速联轴器 ·············· 198

8.2.4　高速联轴器 ·············· 200

8.2.5　机架与机壳 ·············· 201

8.2.6　设备检修移出机构 ·············· 201

8.3　分级破碎机的动力传动形式 ·············· 203

8.4　破碎齿材质 ·············· 203

8.4.1　高锰钢 ·············· 204

8.4.2　耐磨合金钢 ·············· 205

8.4.3　陶瓷基复合材料 ·············· 205

8.4.4　高铬铸铁 ·············· 205

8.5　常见分级破碎机型号参数 ·············· 207

8.6　半移动破碎机（站） ·············· 211

8.7　移动式破碎站 ·············· 213

9　分级破碎智能化 ·············· 215

9.1　破碎能耗在线智能测定 ·············· 215

9.1.1　高速动态实验平台 ·············· 216

9.1.2　耗散热能在线智能化测定方法 ·············· 217

9.1.3　颗粒动能在线测定方法 ·············· 221

9.2　分级破碎智能诊断 ·············· 228

9.2.1　分级破碎的故障类型 ·············· 228

9.2.2　分级破碎机的故障诊断方法 ·············· 230

参考文献 ·············· 246

10　分级破碎工程 ·············· 247

10.1　分级破碎适用范围 ·············· 247

10.1.1　开路破碎 ·············· 247

10.1.2　高成块率需求 ·············· 247

10.1.3　破碎强度需求 ·············· 247

10.1.4　物料种类要求 ·············· 248

10.1.5　黏湿物料 ·············· 248

10.1.6　参数范围要求 ·············· 248

10.2　分级破碎流程 ·············· 249

10.2.1　影响流程的主要因素 ·············· 249

10.2.2　分级破碎常用流程 ·············· 251

10.3 分级破碎典型应用案例 ………………………………………………… 254

　　10.3.1 矿山井口的大块控制 ………………………………………… 254

　　10.3.2 外旋式分级破碎 ……………………………………………… 257

　　10.3.3 石灰石的高成块率 …………………………………………… 260

　　10.3.4 矿山井下的大块控制 ………………………………………… 269

　　10.3.5 坚硬矿石的粗碎 ……………………………………………… 272

　　10.3.6 建筑垃圾的破碎 ……………………………………………… 275

10.4 分级破碎机的合理选用 ………………………………………………… 277

　　10.4.1 入料粒度与处理能力 ………………………………………… 277

　　10.4.2 流程工艺确定破碎设备种类 ………………………………… 279

10.5 分级破碎机的使用与维护 ……………………………………………… 281

　　10.5.1 准备与调试 …………………………………………………… 281

　　10.5.2 运行与维护 …………………………………………………… 282

　　10.5.3 常见故障与排除 ……………………………………………… 284

后记——我与分级破碎机 30 年的不解之缘 ………………………………… 286

1 绪 论

1.1 破碎的本质问题：粒度与能量

破碎的本质问题可简单概括为四个字：粒度（size）、能量（energy）。

粒度是目的：破碎的基本目的就是实现从大粒度到小粒度的转变，实现小粒度的同时，还要追求粒度组成与粒形的优化。

能量是手段：从能量的产生方法、能量传递的形式到能量利用的效率。从最早的畜力、火烤水浇的热应力、蒸汽，到现在的各类机械能、激光、超声波、微波、高压电脉冲、高压气体等，都是以不同的利用方式，将破碎需要的能量施加到被破碎物料，达到使其破碎或者产生内部缺陷降低强度的目的。对破碎能量进行研究是希望得到多样性的能量利用手段，充分利用各种能量手段的独特优势，满足不同物料破碎解离的特殊技术需求，达到破碎要求的同时，寻求能量输入的最小化和能量利用效率的最大化。

通过能量手段实现粒度目标的一切科学、技术、方法、装备与工程，不断地研究、应用、创新和实践，就是破碎科学与工程。

1.1.1 广义的破碎

破碎过程在宇宙的时空演化、人类的生产生活、微观粒子相互作用过程中普遍存在，如图 1-1 所示。

图 1-1 无处不在的破碎过程

人们每天的生活可以说就是从破碎——吃饭开始的，这个过程还包括了牙齿咀嚼破碎、胃部磨碎、胃酸化学破碎等一系列过程。经过这样的破碎过程，食物才能有滋有味地为我们提供所需的营养和美好体验。无论是我们吃的米面、坚果、药物，还是工作中需要销毁的纸质文件，都离不开各类的破碎作业。人类最早在石器时代使用的刮削器、砍砸器等，很多也都是为达到破碎目的而发明的。

广义破碎的定义：破碎是指被破碎物料在内、外载荷或电磁波、微波、激光等能量的作用下，从大变小、从整变散、从强变弱的过程。对于人类来讲破碎有时是破坏性的、是希望避免的，有时则是建设性的、是希望和追求的，甚至是必不可少的，如图1-2所示。

图 1-2　采矿过程包含避免顶板破碎和主动截割破碎

破碎科学是一门既古老又年轻的学科，充满了未知和不确定，但又是工业过程不可或缺的技术环节，因此对其进行深入的试验研究、理论探索、工程实践有着很高的实践和学术价值。

1.1.2　狭义的破碎

狭义破碎的定义：破碎是指固体物料在内、外力作用下克服其质点间的内聚力，物料颗粒尺寸变小、强度变弱的过程。

破碎作业的目的是最大限度提高物料比表面积，减小物料粒度，实现脉石与有用矿物的解离，或者提高不同组分间的单体解离度，以利于后面对不同组分的分选或分离过程。提高物料的堆密度、减少其运输或堆存占用体积，或满足各类生产过程对物料粒度的要求，也是对物料进行破碎的目的。

固体物料的种类有很多，既可以是常规的各类矿物、岩石，也可以是需要处理的固体废弃物。固体废弃物种类很多，包括矿山尾矿，煤矸石，废旧汽车、飞机，报废电池、电器、手机等各类电子固废，还有城市生活垃圾、建筑垃圾等。

1.2　破碎的目的与作用

1.2.1　破碎的作用

第一，破碎是为了将连生在一起的不同组分最大限度地分开，达到单体解离的目的，以利于对其中目标组分进行分选、提纯等。例如：对于夹矸煤，因煤与矸石夹杂共生，为了从中选出精煤，必须对夹矸煤先行破碎解离，才能分选。另外，一些选煤厂中，对选出的中煤常常要进一步解离或破碎到粒度为 6~13 mm 甚至更细，再次送入分选设备，以提高精煤产率，使煤炭得到充分利用。再如，要想实现报废动力电池的资源化，将其破碎是回收其中的镍、钴、锰、铜、银等组分的前提条件。

第二，破碎是为了增加物料的比表面积，充分释放自由基，提高物料表面活性。

第三，破碎是为了满足物料加工要求。例如：选矿机械要求原煤入选粒度应在一定范围之内，每一种选矿机械粒度要求不同，这一粒度范围一般是指粒度上限要求，有时也有上限和下限同时要求。这就需要通过破碎作业把物料破碎到规定粒度，才能满足后期加工或使用；再有，供给棒磨、球磨等磨机最优化的给料粒度，或为自磨、砾磨提供合格的磨矿介质等。

第四，破碎是为了满足物料使用要求，把选后产品破碎到一定粒度。如：动力煤一般要求粒度在 50 mm 以下，炼焦用煤需破碎到 3~5 mm 及以下，褐煤气化是 10~50 mm；石灰石作为化工原料的最佳粒度范围一般在 20~90 mm；建筑骨料一般为 5~31.5 mm，都有不同的粒度要求。

第五，破碎是为了安全生产需要，物料运输、提升、使用过程中，如果粒度超过加工设备承受范围，有可能出现安全事故。如：皮带运输，尤其是大型高速皮带运输时，一般要求粒度小于 300 mm，过大粒度在皮带上高速运输时，容易出现物料高速滑落伤人或损伤后续设备等问题，需要通过破碎控制到安全粒度以下。

1.2.2　破碎目的多样性

根据不同的工作状况和技术要求，破碎的目的从方向性上又可细分为三种不同的类型：最大化破碎、最优化破碎和避免过破碎。

1.2.2.1　最大化破碎

最大化破碎就是实现物料最大幅度的解离，也就是破碎的颗粒越细、解离的程度越充分就越有利于后续深度的解离与分选，大部分选矿过程中的破碎过程就属于此类。采矿场原矿上限粒度为 1500 mm 左右，而到选矿厂入料粒度通常要求为 0.1~0.2 mm 或更细，这就意味着要将粒度减小到原矿粒度的万分之一以下。此时除了前面的多级破碎作业流程外，还要有磨矿流程将物料进行磨碎，只有达到最大程度的单体解离度，才能使矿石中有用矿物与脉石矿物或各种有用矿物之间相互解离开来，从而实现高的回收率和精矿品位。此时的破碎作业希望达到最大化破碎效果，可以很好地实现"多碎少磨"。"多碎少磨"是国内外公认的节能降耗有效原则。

1.2.2.2 最优化破碎

在满足产品粒度上限要求的前提下，防止过度破碎，使产品粒度最大程度地分布在期望窄粒级分布范围内，并尽可能确保好的颗粒形状，这种情况可以称之为窄粒级破碎。

工业的升级换代，粗放型的生产和技术模式逐步被专业化、精准化甚至大数据化、智能化的生产和技术模式所取代。矿物产品被作为原料、燃料等使用时，粒度作为重要的技术指标，要求更加准确，粒度上、下限要准确控制，粒度组成、粒形都要实现最优化。这些都要求针对最优化破碎过程的研究、设计与实施，要有先进的设计理念、科学的生产工艺、先进可靠的破碎设备等来实现。

例如：石灰石作为冶金过程的熔剂，粒度有着严格要求，大、中型高炉为 25~80 mm、小型高炉为 10~30 mm，粒形也以带棱角的近似正方形为最好，尽量减少条、片状颗粒形状。提高石灰石原矿破碎后产品成块率、优化产品粒形，便显得非常重要，不但可以直接提高石灰石生产企业的经济效益，提高冶金企业的生产效率和经济效益，更能提升资源的利用率，创造显著的社会效益，实现矿山生产过程的绿色低碳。

1.2.2.3 避免过破碎

如何避免矿物不必要的破碎也是近些年来很突出的一个技术和工程问题。在煤矿，尤其是生产无烟煤的煤矿这个问题更加突出。无烟煤的主要用户需要的是块煤，块煤价格是末煤价格的几倍甚至十几倍，提高块煤率就意味着煤矿大幅度地提高经济效益，煤炭资源也可得到充分利用，减少浪费；同时，末煤量减少，也意味着煤泥处理费用降低。但现实情况是，大型煤矿采用的机械化开采方式，煤层切割造成了过度破碎，从开采环节再到转载、运输、破碎等，每个环节都会造成一定的块煤损失，最终产品的成块率便会很低。研究矿物破碎规律，采用螺旋溜槽、缓冲转载、选择性破碎等技术手段，最大程度地避免过破碎发生，在煤矿需要，在其他矿山领域也有不少类似需求。

各种选矿方法的应用同样要求破碎到合适粒度，尽量减轻过粉碎程度，产品粒度均匀，并不是越细越好，因为过细的粒级难以回收，过度粉碎的矿物甚至没有再回收的机会。磨矿过程中的过粉碎，同样也会增加磨矿电耗和磨材消耗，恶化选别过程并造成矿物资源的浪费。

1.3 分级破碎的定义

分级破碎是指针对不同的物料特性和入料、出料粒度要求，配以不同的齿形、齿的布置方式及齿辊旋转方向，对物料进行强制破碎与排出。入料中满足产品粒度的小块物料（简称细颗粒）像通过滚轴筛一样，被旋转破碎齿形成的齿前空间夹带排出，基本保持原有粒度状态。大于产品粒度的物料（简称粗颗粒）以单颗粒破碎状态，先是被齿尖以点载荷的方式进行刺破，随后在齿前刃和对侧齿辊面共同形成的不断变小的包络空间里经过一次或两次挤压破碎，最终迅速被齿前空间夹带排出。

分级破碎是一种齿形结构、齿的布置及齿辊运动方式同破碎目的精确耦合，兼具破碎、分级功能的高效选择性破碎技术。分级破碎包含"分级"和"破碎"两层意思。

"分级"包含两重含义，一个含义是指通过对破碎齿形、齿的布置及工作形式的设计，实现对不同粒度组成的入料进行通过式、选择性破碎，只对大于产品粒度要求的物料进行破碎，而符合粒度要求的物料直接通过，此时分级破碎设备就像一个特殊设计的双轴滚轴筛，实现物料筛分的功能。当然其筛分粒度专指破碎产品粒度这一单一尺寸，不可能实现筛分机具有的多粒级的筛分功能。"分级"的另一个含义是指分级破碎设备对物料进行强力破碎，经过一次破碎过程就能够严格保证产品粒度，不需要再进行多余的检查筛分和闭路破碎等流程，可以满足开路破碎及一次破碎就满足粒度要求的工艺需求。

"破碎"是指破碎机能把进入破碎腔的粗颗粒物料有效破碎到规定粒度以下，完成常规意义破碎设备的基本功能。在这一环节，分级破碎设备与其他类型破碎机相比，突出优点是严格保证产品粒度、破碎效率高、产品成块率高、产品颗粒形状好、单机处理能力大、破碎功耗低等。

在机械机构和表现形式上，分级破碎设备就是一台双齿辊式破碎机。但同传统齿辊式破碎机相比仍有本质区别，这种区别既体现在机械结构上，又体现在设备所表现的技术性能上。

1.4 分级破碎的研究内容

破碎科学的主要内容是通过能量手段实现粒度目标的一切科学、技术、方法、装备、工程。分级破碎科学的研究内容大致可包括：分级破碎理论、分级破碎技术、分级破碎装备、分级破碎智能化、破碎物料力学特性与宏微观断裂机制、试验技术与过程表征、分级破碎工程等方面。具体可分为：

(1) 分级破碎理论。分级破碎理论包括物料咬合理论、螺旋布齿理论、单颗粒通过理论、点接触理论、动力学理论等分级破碎专有理论。

(2) 分级破碎工艺学。分级破碎工艺学包括产品粒度分布模型与窄粒级分布特点、破碎效果评价、成块率、破碎效率、过粉碎、通过能力与处理能力、产品粒形等。

(3) 机械与工艺的交互影响。机械与工艺的交互影响包括点接触和强制排料，内外旋与速度的适配，机械结构与参数对破碎效果和工艺指标的影响，破碎齿部结构与布置形式对破碎效果的影响，不同机械结构与不同物料间相互作用模型，物料咬入能力、破碎比的定量解析与作用机制等。

(4) 破碎机理与能耗。破碎机理与能耗包括破碎微观断裂机制、微观起源、过程描述、影响施加与控制、断裂判据等，能量的来源、类型、利用方法、节能理论等，分级破碎过程的能耗理论与计算方法。

(5) 破碎物料特性。破碎物料特性包括物料与破碎相关的物理及力学性质，粒度、密度、各类强度、可磨性、磨蚀性等基本特性，以及这些特性随温度、水分等外部环境的变化规律，对分级破碎结构、参数和破碎效果的影响。

此处，物料的含义主要包括需要用于进行破碎解离的待处理对象，可以是常规的煤炭、岩石、各类脆性矿物，也可以是各种固体废弃物、电子垃圾等韧性、强韧性废弃物。这些物料共同特点是必须要经过破碎解离，才能进入下一步的处理流程，达到资源化应用或转化的目的。根据物料内部介观、宏观尺度的连续性不同，可分为连续性物料和不连续物料两类。连续性物料如金属轴、高品质钢板等金属构件，其合格物料内部结构基本稳定均匀，在宏观、介观层面鲜有天然的裂纹等缺陷，即便微观或原子层面有位错、空位、杂质等缺陷，数量也非常少，致使其发生破坏失效时一般沿着单一裂纹或端面发生断裂，而不是我们所要研究的物料破碎成很多细颗粒的情况，一般称这种失效形式为断裂。

对于煤炭、岩石、各类矿物等天然物料，其内部从宏观或介观尺度都会分布一些裂纹或孔洞等天然缺陷，这些缺陷在外加载荷作用下，一般都会产生扩散，具有多处发生、大量扩散的特点，从而物料被加工成很多颗粒。

(6) 分级破碎实验科学。分级破碎实验科学包括与分级破碎相关的实验与实验理论、方法、专用实验仪器、设备、流程等。

(7) 分级破碎机械学。分级破碎机械学研究分级破碎装备、齿形设计与破碎动力学，分级破碎设备结构、原理、效率、磨损、控制、维护、状态监测、智能化等，破碎齿安装与更换，动力传递，移出检修、内外旋结构和切换方法。分级破碎机械又分为破碎机、移动破碎站、破碎系统等。

(8) 分级破碎工程。分级破碎工程包括分级破碎的适用范围，分级破碎的流程、使用与维护，不同行业的典型应用案例（煤炭、石灰石、铝土矿、红土镍矿、铁矿石、金矿石、石墨、建筑垃圾等），与其他设备综合比较应用优势等。

1.5 分级破碎的产生与发展

世界破碎技术与装备的发展有着悠久的历史，与之相比，分级破碎是近50年刚刚发展起来的全新破碎方法与技术。虽然发展时间不长，但和其他新生事物一样，在发展初期表现出强大的生命力，无论是其自身还是其应用范围与使用效果都得到快速发展与丰富。

1.5.1 工业革命前的破碎工具

工业化之前，破碎作业已经有悠久的历史，伴随着人类社会的发展而不断发展。早在石器时代，人类就已经在利用石器进行最为原始的破碎作业了，石锤和磨盘等是人类最早的破碎工具，如图1-3（a）所示。进入青铜时代的锛、凿等，作为简易的破碎工具促进了人类的发展进步。铁器时代逐步发展起来的各种铁制工具，如斧、锛、凿、锥、钳、砧等常用于破碎、磨碎，一直沿用到近代，有些在我们现代生活中还在继续使用。

公元前两千多年出现了最简单的粉碎工具——杵臼。杵臼进一步演变为公元前200—前100年的脚踏碓。最早采用连续粉碎动作的破碎机械是公元前4世纪由公输班发明的畜力磨，另一种采用连续粉碎动作的破碎机械是辊碾，它的出现时期稍晚于磨。公元200年以后，中国的杜预等人在脚踏碓和畜力磨的基础上研制出了以水力为原动力的连机水碓、连二水磨、水转连磨等，把生产效率提高到一个新的水平，可以看成由外加动力驱动的连续破碎作业的雏形，如图1-3（b）所示。

(a)

(b)

图 1-3 工业革命前的破碎工具

（a）石器时代的砸削器；（b）连机水碓

这些破碎工具除用于食物、谷物加工外，还扩展到其他物料的粉碎作业上。这些工具运用了杠杆原理，具备了破碎机械的雏形，但限于能量输入主要是人力、畜力等低能量密度的生物能，破碎工具主要是一些简易结构和装置，发展速度缓慢，生产效率和破碎强度都比较低。

1.5.2 工业革命后的破碎机械发展

18 世纪中期以后，煤炭的普遍使用使得采矿、冶金等行业的机械化快速发展，推动生产力迅速提升。第一次工业革命后，蒸汽机和电动机的出现，人类进入工业化时代，破碎工具也由简单的间歇性、由生物能驱动的原始工具进化为由更高效动力源驱动的工业机械。

蒸汽机和电动机等动力机械逐渐完善、提高和推广应用极大地促进了破碎机械的创造与发展。机械动力大规模代替人力和畜力。主要能源由柴薪向煤、石油、天然气等化石能源转化，利用化石燃料的各种热机也随之相继问世和使用，继而产生了辊式破碎机、颚式破碎机等真正现代意义上的破碎机械。到 19 世纪 70 年代，电力的广泛应用，电能的高效和便于机械化的特点，更加促进了破碎机械这种需要大量能量输入的机器设备的发展，相继出现了旋回破碎机、冲击式破碎机及各类磨碎机械。

工业化的发展，一方面为破碎机械的发展提供了高效的能量来源，使得设备的大型化、自动化成为可能；另一方面，化石燃料尤其是煤炭、各类矿物的大量开采与加工利用本身就需要不断进步的破碎机械，从能量供应和设备需求两方面促进了破碎机械的发展。

与此同时，粉磨机械也有了相应的发展，19 世纪初期出现了用途广泛的球磨机；1870 年，在球磨机的基础上，发展出排料粒度均匀的棒磨机；1908 年又研制出不用研磨介质的自磨机。20 世纪 30—50 年代，美国和德国相继研制出辊碗磨煤机、辊盘磨煤机等立轴式中速磨煤机械。同时，爆破技术及机械化的应用与快速进步，使得采矿过程中形成的矿物颗粒粒度增大，生产能力也越来越大，这就要求破碎设备的入料粒度和处理能力不断加大，促进了破碎、磨碎设备的大型化和专业化。表 1-1 总结了常用破碎与磨碎设备的出现或发明时间与发展历程。

表 1-1　各类破碎机械发明或出现时间

破碎机类型	发明或出现时间	发明人或公司
辊式破碎机	1806 年	A. Thomas（英）
锤式破碎机	1830 年	M. F. Bedmson（美）

破碎机类型	发明或出现时间	发明人或公司
颚式破碎机	1858 年	Ei Whitney Black（美）
棒磨机	1870 年	
旋回破碎机	1878 年	Allis-Chulmers 公司（美）
球磨机（19 世纪初期，早于棒磨机出现）	1891 年	Konow 和 Davidson（法）
冲击式破碎机	1895 年	William（美）
自磨机砾磨机	1908 年	Alvah Hadsel（美）
圆锥破碎机	1920 年	Symons（美）
滚筒式碎煤机	1940 年	Hezekiah Bradford（美）
反击式破碎机	1946 年	Erhard Andreas（德）
立轴式冲击破碎机	1956 年	Benjiamin J. Parmele（美）
双齿辊分级破碎机	1981 年	Alan Potts（英）
高压辊磨机	1985 年	K. Schonert（德）

1.5.3 辊式破碎的发展史

采用辊式原理进行破碎的历史悠久，辊式是出现最早也是最具生命力的破碎设备类型之一。辊式破碎具有结构简单、破碎效率高、破碎能耗小、设备高度低等突出优点，得到了长期广泛的应用。

1.5.3.1 早期辊式破碎机的发展

20 世纪中国农村还普遍应用的磨面的碾子、压粮食用的碌碡（liùzhou）就是典型的辊式破碎。这种经历几千年沿用至今的劳动工具，有着科学高效的工作原理，其最大的创新之处是将原来破碎用杵臼或脚踏碓所采用的往复间歇运动方式变为连续的旋转运动，从滑动变为滚动，减轻劳动强度的同时，大幅提高了生产效率，降低了能量消耗，称得上是古代一项伟大的发明创造。据说，碾子、石磨、砻等都是由中国春秋战国时期的鲁国人公输班（公元前 507—前 444 年）发明的，距今大概 2500 年历史，碌碡是在碾子基础上改进而成，如图 1-3 和图 1-4所示。

现在工业上广泛应用的立式磨、雷蒙磨、高压辊磨机等破、磨设备虽然输入的能量密度大、转速高、处理能力大、产品粒度更细，但其核心工作原理没有发生变化，具有很大继承性和相似性。与以上简单的破碎工具相比，明末宋应星所著的《天工开物·甘嗜》中记载的甘蔗榨汁机具有破碎机器的基本组成元素。书中详细记录了古代的甘蔗榨汁设备采用牛拉石辊压榨甘蔗取汁法，所记载的榨

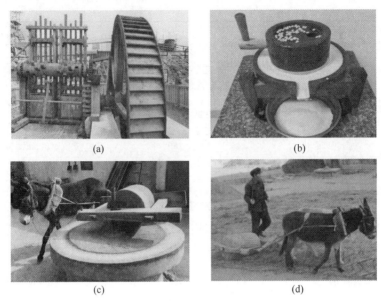

图 1-4　古代经典的辊式破碎工具

（a）水车驱动齿辊式破碎机；（b）石磨；（c）石碾子；（d）碌碡

汁机就是一个典型意义的单驱动辊式破碎机械，动力源、传动机构、斜齿轮、压榨辊等一个完整机器所需的关键部件一应俱全，如图 1-5 所示。

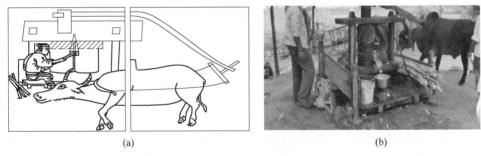

图 1-5　《天工开物》记载的榨汁机

（a）石辘压榨机工作原理图；（b）沿用至今的石辘压榨机

工业革命以来，具有现代意义的辊式破碎机是 1806 年用蒸汽机驱动的辊式破碎机，至今已有 220 余年的历史，如图 1-6 所示。由于其结构简单、易于制造，特别是过粉碎少，能破碎黏湿物料，故被广泛用于中低硬度物料破碎作业中。

1.5.3.2　现代辊式破碎设备的发展

现代意义的辊式破碎设备经过 220 多年发展，从装机功率、处理能力、破碎

图 1-6　蒸汽机驱动的辊式破碎机

强度、结构形式、应用范围等很多方面都发生了巨大变化，主要体现在以下几个方面：

（1）动力源能量密度越来越高。动力源从人或畜力等生物能不断发展，到水力→蒸汽机→电动机→液压→高压电脉冲，驱动功率不断加大，能量密度更是大幅提高。早期蒸汽机驱动的驱动部分体积与实际破碎工作部分体积之比要大了很多，与当代大型电动破碎机或液压驱动的紧凑动力源相比，显得笨重与低效。

（2）破碎力和处理能力大幅提高。驱动功率和能量面密度的大幅提高，使得破碎机输出更大的破碎力，可以大幅提高破碎强度和处理能力，从软物料到中硬物料，再到硬物料都可以进行破碎，破碎强度目前可达 300 MPa，单机小时处理能力也从很小提高到万吨级别。

（3）整机机械强度和可靠性大幅提高。驱动功率和破碎力的大幅增加，使得整个设备动力传递强度大幅提高，要求传动系统的结构尺寸、连接强度、材料等都要相应地大幅提高，以适应驱动功率、扭矩输入及破碎强度提高带来的大强度载荷，提高设备运行可靠性。

（4）结构与功能细分、应用范围加大。伴随着机械工业的发展，破碎应用场合的不断增加，辊式破碎设备大概衍生出三个方向，分别是：适用于传统中硬及以下脆性物料破碎的分级破碎机、适用于韧性物料的撕碎机、适用于中硬以上物料的高压辊磨机。这三类辊式设备几乎涵盖了各类性质物料，体现出辊式设备从未有过的旺盛生命力，如图 1-7 所示。

1.5.3.3　辊式破碎机的工作特点

辊式破碎机是利用辊子旋转过程中，辊面上各类破碎齿相互配合进行刺破、剪切、撕拉（点接触破碎）或辊面间、辊面与侧壁间的挤压作用（面接触破碎），对物料进行破碎的设备。辊式破碎机从原理上体现出的技术优点包括：

（1）过粉碎率低、能量效率高。绝大部分辊式破碎机采用破碎齿尖对物料

1806年
蒸汽机驱动
辊式破碎机
驱动功率小、效率低

2000年以前
齿辊式破碎机
退让机构从弹簧、
液氮、液压机械等

分级破碎机：脆性物料

撕碎机：韧性物料

1637年，畜力驱动
《天工开物》宋应星
榨蔗取浆机
辊式破碎机雏形

19世纪70年代
电动机驱动
双齿辊破碎机
处理能力小、材料差

高压辊磨机：硬脆性物料

图 1-7　辊式破碎设备的功能分化的三类典型

的刺破或剪切破碎，加载速率低，过粉碎率低、成块率高，能量利用效率高，使其破碎过程比功耗低。

（2）运行方式多变、适应黏湿等不同物料。辊面间或辊面与侧壁间的嵌合方式、速度差异、旋向都可以自由变换，使得该类设备适应性强，对脆性、黏湿性、韧性物料等都有很好的适应能力。随着整机强度和材质强度的提高，也从原来的中硬以下物料，提高到对坚硬物料的破碎作业。

（3）结构形式多样，便于维护。辊式破碎机的旋转辊面可以设计成光面、沟槽、各种齿形及齿形的布置、安装方式，可以综合满足不同的破碎需求、破碎效果、更换维护简便性等各类需求，灵活方便可靠。

（4）结构紧凑、体积效率高、高度低、运行平稳。依靠旋转体表面的线速度对物料进行夹带和破碎，在不增加设备尺寸前提下增加输入功率或转速就可以大幅提高处理能力和破碎效果，所以辊式破碎机具有设备结构紧凑、高度低、破碎效率高、处理能力大、运行稳定、振动和噪声低等优点。

辊式破碎机的局限性体现在：破碎比一般为 2～6，因破碎齿尖或辊面的受力及磨损体积小，所以破碎强度低、耐磨体寿命短、对耐磨体的耐磨损性和强度韧性综合技术要求高。

1.5.3.4　辊式破碎机的主要类型

狭义的辊式破碎机是广泛应用的单辊、双辊、四辊，辊面带齿或光面，如图1-8～图1-12 所示。设备种类主要包括：（齿）辊式破碎机（以下简称辊式破碎机）、分级破碎机、高压辊磨机、辊式撕碎剪切机等几类，见表 1-2。

图 1-8　光辊破碎机

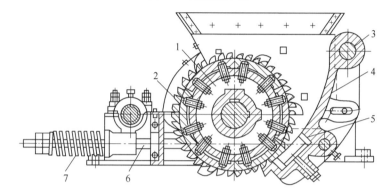

图 1-9　单辊式辊齿破碎机结构示意图

1—辊衬；2—辊子；3—悬挂轴；4—颚板；5—衬板；6—拉杆；7—弹簧

图 1-10　双齿辊破碎机结构图

图 1-11　四齿辊破碎机结构图

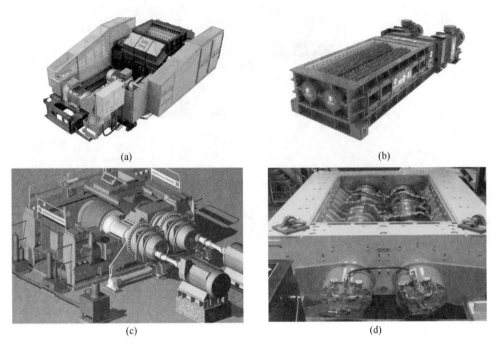

图 1-12 辊式破碎机主要类型

(a) 齿辊破碎机 (roll crusher)；(b) 分级破碎机 (sizer)；
(c) 高压辊磨机 (HPGR)；(d) 辊式撕碎剪切机 (shredder)

表 1-2 近年来常见的辊式破碎机类型与技术特点

类型	主要技术参数	适用范围	技术特征	应用特点	英文名称
(齿) 辊式破碎机	入料粒度 10~800 mm；出料粒度 2~250 mm；最大处理能力 6500 t/h；破碎强度 120 MPa；齿辊最大尺寸 $\varphi \times L = 2000$ mm × 3050 mm；最大装机功率 1000 kW	矿山、矿物建材、化工等行业；中等硬度以下脆性物料的细、中、粗碎	浮动辊异物退让；转速相对高；皮带传动、转动惯量大，装机功率小	过铁适应性强；相较分级破碎机不能严格保证产品粒度、过粉碎大一些、破碎强度低、处理能力偏小；没有减速器，高、低速联轴器等，设备生产造价低	Single/double/four(tooth) roll crusher
分级破碎机	入料粒度 100~1500 mm；出料粒度 50~400 mm；最大处理能力 12000 t/h；破碎强度 275 MPa；齿辊最大尺寸 $\varphi \times L = 2000$ mm × 4000 mm；最大装机功率 2630 kW	矿山、矿物建材、化工等行业；脆性、黏湿性物料的粗、中碎	多样破碎齿；低转速、低加载速率；结构强度大、强行破碎	分级破碎双重作用；过粉碎低，成块率高；破碎强度高、处理能力大	Sizer, sizer crusher

类型	主要技术参数	适用范围	技术特征	应用特点	英文名称
高压辊磨机	齿辊最大尺寸 $\varphi \times L = 3000\ mm \times 2000\ mm$；最大装机功率 $2 \times 6300\ kW$ 或 $2 \times 7644\ kW$；比破碎压力 $3500 \sim 4500\ kN/m^2$；破碎强度 250 MPa；最大通过能力 6930 t/h 或 7200 t/h；入料粒度上限 $10 \sim 75\ mm$ 或 120 mm；出料粒度 $0.04 \sim 12\ mm$；辊面耐磨钉使用寿命：坚硬物料：10000 h，软物料：20000 h，铁精矿：30000 h	金属、非金属矿山，水泥、化工行业；矿石、造粒、球团矿破磨；坚硬脆性物料的细碎、粗磨	300 MPa 的超高压力	破碎强度高、多碎少磨	HPGR
辊式撕碎剪切机	一级撕碎机：装机功率 400 kW 或 630 kW；最大处理能力 240 t/h；转子尺寸 $\varphi \times L = 2350\ mm \times 3300\ mm$；出料粒度 $100 \sim 200\ mm$。二级剪切机：装机功率 500 kW 或 630 kW；最大处理能力 120 t/h；转子尺寸 $\varphi \times L = 1625\ mm \times 1900\ mm$；出料粒度 $50 \sim 110\ mm$。三级剪切机：装机功率 500 kW 或 630 kW；最大处理能力 30 t/h；转子尺寸 $\varphi \times L = 1045\ mm \times 2040\ mm$；出料粒度 $10 \sim 100\ mm$	环保行业，固废处理；废旧金属，危险废物，城市垃圾，废旧家电，家具，木材，装修垃圾，建筑固废等；韧性物料的粗、中、细碎	线接触高强韧剪切齿；马达高扭矩驱动	强韧性物料适应性强，正反转灵活切换	Shredder, shear, granulator

注：表中数据来源于各类设备生产单位网站、宣传资料等公开信息，并经作者结合自身经验整理，仅供参考。

1.5.4 分级破碎的出现

分级破碎是 20 世纪 70 年代末出现的一种全新的破碎技术。这种技术因独有的技术特征和显著的先进性，非常适合于煤炭、石灰石等中等硬度以下的脆性矿物的破碎作业，一经推出便很快成为该应用领域首选和主导的破碎技术。

自 2000 年后分级破碎设备成为中国煤炭行业主导的破碎设备，无论是煤矿井下、露天煤矿还是选煤厂基本都在使用，老厂改造也将原来的齿辊式破碎机、锤式破碎机及颚式破碎机更换为分级破碎机。分级破碎设备还在石灰石、氧化铝矿石、油母页岩、白云石、油砂、金矿、铁矿石的初级、二级破碎作业中取得了很好的使用效果。

分级破碎脱胎于辊式破碎设备中的双齿辊破碎技术，经过50多年的持续创新、技术迭代、应用拓展和工程实现，在工作原理、结构形式、功能参数、强度刚度、适用范围、专业化程度等多方面都形成了区别于传统双齿辊的自有本质特征，除了破碎过程是由两个辊组成这一基本特点让二者看起来如出同宗、有相似之处外，几乎没有任何其他相似的地方。分级破碎已经形成一个完全独立的破碎方法、理论、技术与装备体系。

分级破碎从实践中来，走过的是一条先有技术实现，再到科学理论的形成与完善、技术与装备体系逐步构建的发展路线。经过多年发展至今，分级破碎技术与装备已经逐步完善，并形成独立的技术体系，但分级破碎理论的发展滞后，需要尽快发展完善以对技术与装备的发展与创新起到相应的指导作用。

1.5.4.1 分级破碎的孕育

分级破碎创新性的系列想法，不是一夜间从零全部形成的，而是经历了循序渐进、量变到质变的过程。人们通过对多年辊式破碎设备结构与运行方式的借鉴与不断积累经验，为分级破碎的最终推出创造了条件。

1961年美国专利"炉窑大块物料破碎机"（专利号：US849860A），为了破碎炉窑内的大块物料，采用多齿辊旋转装置相互配合或齿辊与侧壁间对物料进行破碎，如图1-13所示。

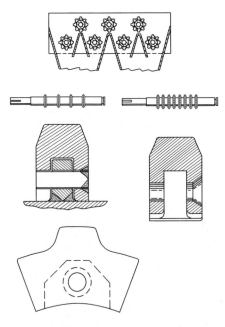

图 1-13 炉窑大块物料多辊破碎装置

1971 年美国专利"工业撕碎装置"（专利号：US783665A）中，两齿辊以固定中心距方式，通过破碎刀齿的螺旋布置对固废垃圾进行剪切式的破碎，如图 1-14 所示。

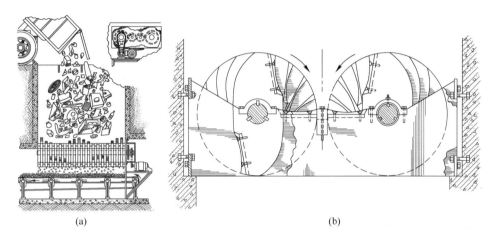

(a)   (b)

图 1-14　工业撕碎机装置（a）与工作原理（b）

20 世纪 70 年代后期，英国煤炭产能达到 1 亿吨，采煤工作面产生很多大块矸石和煤炭，对井下运输系统造成很大影响。为了解决这些大块物料对系统的堵塞问题，由当时的 Crockett Engineering 公司在两级刮板运输机之间设计增加了一级破碎装置，这个破碎装置原理如图 1-15 和图 1-16 所示。

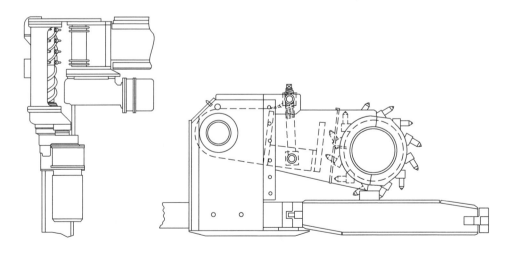

图 1-15　煤矿井下单齿辊控制刮板机上大块物料原理图（英国）

这个设计中间也经历了比较大的变化，起初设计的破碎齿辊是采用齿辊中心

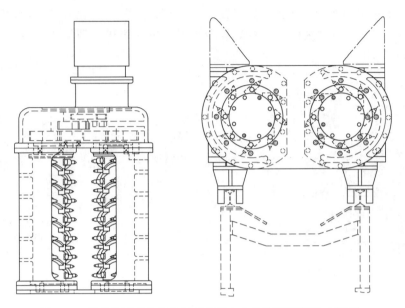

图 1-16　煤矿井下双齿辊控制刮板机上大块物料原理图（英国）

线和刮板机驱动轮轴线垂直布置的方式，这样布置不但整个破碎部分竖直安装，也使得空间本来就很紧凑的井下高度变得更加局促。另外，竖直安装的齿辊，物料只能从齿辊的下半部分通过，上半部分难以利用，限制了整机的处理能力，后来改为水平安装，虽然横向占地空间大了些，但高度大幅降低，对井下工作很有利，也使破碎辊全辊长都可以得到充分利用。

经过改进后的通过式破碎系统，主要有以下几个特点：

（1）破碎齿辊与刮板或破碎齿辊间的距离不是像常规破碎机设计的那么小，以满足一定产品粒度要求，这里主要是满足将大块破碎就可以，破碎齿作用只是为了可以抓住大块物料，并将其刺破确保能顺利通过。

（2）破碎齿沿齿辊轴线螺旋布置，便于对大块物料的咬入和物料沿轴线横向的推动作用，在上级刮板机物料大块破碎掉的情况下均匀给入下级刮板输送机。

（3）破碎齿采用掘进机或采煤机上专用的截齿，既便于拆卸更换，也和采煤、掘进工作面采用相同的零配件型号，便于高效及时的标准化管理。

（4）采用单齿辊和刮板机配合，对物料进行通过式破碎，在粒度尺寸不是太大的情况下，可以高效运行；如果物料粒度过大，单齿辊的破碎效果难以保证，容易出现卡堵问题，此时采用双齿辊配合工作，可以很好地完成大块的咬入破碎。

该项成果 1980 年 1 月 29 日申请了专利 Minerial Breakers（矿物破碎机）

（GB8002952A），其工作原理已经完全具备分级破碎机的绝大部分核心要素，至此分级破碎即将诞生。

1.5.4.2 分级破碎正式出现

Minerial Breakers（矿物破碎机）（GB8002952A）的方法与手段已经属于分级破碎范畴，但其应用的目的是井下控制大块物料，且是和刮板运输机配合使用。

把这种技术方法用于常规矿物破碎，以满足不同的产品粒度要求为目的，并且在设备结构形式上从与刮板运输机配合使用进化为独立设备，分级破碎就正式出现了。

英国的 Potts Alan 于 1982 年 12 月申请了专利 Mineral Sizers（矿物分级破碎机），这个专利标志着分级破碎无论从功能实现还是专业术语上，作为一种独立的破碎技术而正式诞生，如图 1-17 所示。分级破碎机（sizer）专指具有分级与破碎双功能和特定类型的双齿辊式破碎机，它作为一个专有名词正式被行业内接受并普遍应用。

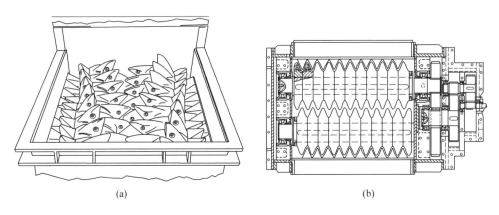

(a)　　　　　　　　　　　　　　　　(b)

图 1-17　矿物分级破碎机专利标志着分级破碎机的正式出现
(a) 经特殊设计可更换螺旋布齿；(b) 高强度一体化整机设计

该专利呈现出的分级破碎机用于矿物的破碎作业，其结构和工作原理集中体现了分级破碎区别于传统双齿辊破碎机的核心技术特征。第一，为满足选择性破碎和入料、出料粒度设计的专业齿形，只对大颗粒物料破碎，细颗粒直接通过；第二，破碎齿沿辊轴线螺旋布置；第三，两辊中心距通过高强度连体轴承座，确保齿前空间固定；第四，整机采用紧凑型高强度设计；第五，侧板设计有可伸缩的梳齿板；第六，破碎齿可单独拆卸。

1.5.4.3 分级破碎的发展

分级破碎出现后，因为其先进高效的工作原理和设计理念，在大洋洲、欧洲、北美洲得到了推广应用，20 世纪 90 年代后在亚洲尤其是在中国的煤炭行业得到了快速发展。应用领域也从煤炭行业发展到非金属矿、有色金属矿、黑色金属矿等众多矿业领域，最近又在隧道建设、城市固废等领域得到了拓展应用。分级破碎从产生至今的发展特点可归结为以下几个方面。

（1）单一设备发展为装备系统。分级破碎为了解决煤矿井下大块物料堵塞这一具体问题而出现。随着后期设备规格型号、使用范围的不断拓展，经验与数据的不断积累，技术指标和技术参数的精细化发展，专业试验方法与内容的丰富，大量实践后理性化认知和专门科学研究的展开，使得单纯的分级破碎技术向系统化的技术、装备、工程体系不断完善和提高。

（2）技术参数不断增大。世界矿业领域快速发展，以中国煤炭产量为例，1981 年仅为 6.2 亿吨左右，到 2022 年则达到了 45.6 亿吨，提高了 7.35 倍；同期，世界煤炭产量也从 1980 年的 37.89 亿吨增长到 2023 年的 90.96 亿吨。根据 World Mining 数据统计，1985 年全球矿业总产量 96 亿吨，2000 年是 113 亿吨，到 2020 年则达到了 172 亿吨。

从上述数据可以看出，经过 40 年发展，全球矿业产量无论是煤炭还是矿产总量都增长了一倍左右；同期，单体矿山或单体选矿厂的产能也达到规模空前的增长，同时伴随着高产、高效、智能化的发展。以中国为例，截至 2020 年，单体选煤厂年产能 1000 万吨以上的大型选煤厂已经增长到 82 座，最大单体选煤厂达到 4000 万吨/年。这些都要求矿业装备规格型号不断变大，以适应矿业发展的规模与可靠性需要。

分级破碎设备最初的辊径为 600 mm 左右，单机处理能力为 500 t/h，入料粒度为 1000 mm，装机功率为 300 kW，破碎强度为 100 MPa；目前，最大辊径为 1800 mm 左右，单机处理能力达到 12000 t/h，入料粒度为 1500 mm，装机功率为 1260 kW，破碎强度接近 300 MPa，各项参数都大幅提高。

（3）功能不断丰富。经过多年持续创新与发展，分级破碎的功能从保障粒度一项，增加了控制成块率、减少过粉碎、简化优化破碎系统流程、处理黏湿物料、提高选矿抛尾效率、提高破碎能效、降低碳排放等多方面的全新功能。

在破碎齿形的多样性、专业性，破碎齿安装形式的多样性、可靠性，从粒度不可调到粒度刚性可调，从原位检修、人工移出检修、自动移出检修、智能化运维、破碎齿材质的种类和耐磨损性能等多方面，都得到了丰富与发展。

（4）单机设备发展成破碎系统。分级破碎的发展从单机简单完成粒度控制功能，到包含料仓、给料、支撑、自动控制、除尘等半移动破碎系统，再到整个破碎系统在行走履带上跟随采矿工作面移动，如图 1-18 所示。

分级破碎在我国取得了快速普及与发展，首先在煤炭领域全面铺开，随后在非煤领域应用也越来越多。伴随中国工业的快速发展，结合笔者多年工作积累，

(a)　　　　　　　　　　　(b)

(c)　　　　　　　　　　　(d)

图 1-18　分级破碎装备的发展

（a）分级破碎机；（b）履带移动分级破碎机；（c）半移动分级破碎站；（d）自移式分级破碎站

总结出分级破碎从技术到市场在近 20 年的发展历程及各阶段特点，如图 1-19 所示。

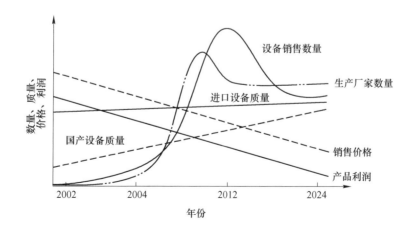

图 1-19　分级破碎设备在我国总体发展趋势图

1.6 基于接触的破碎机械分类

破碎机械对物料的破碎是通过接触完成的。接触第一步：破碎单元单独或配合完成与物料的首次接触，完成破碎能量的转换和破碎力加载，初步实现物料的破碎；接触第二步：破碎颗粒群在破碎腔内颗粒间或与破碎腔侧壁间发生挤压、碰撞，以料层或单颗粒方式受到挤压力或高速碰撞反击力，再一次进行破碎。

不同的接触类型采用的破碎方法和破坏物料克服的强度种类有所不同，这样的分类方法更贴近设备的工作特征，对每一类破碎设备有更加深刻的认识和区分。根据物料和破碎单元及破碎腔的接触方式不同，破碎机械可分为：点接触、面接触、线接触、冲击等几大类型，见表 1-3。

表 1-3 根据接触方式进行的破碎机分类与用途

接触方式	破碎机种类	适应工况	主要破碎方式	适宜破碎的典型物料
点接触	齿辊式破碎机、分级破碎机、液压锤、高压辊磨机、光辊破碎机等	脆性物料，中、高硬度，粗、中、细碎	刺破、弯曲	脆性矿物、石灰石、焦炭、钢筋混凝土等
面接触	旋回、圆锥、颚式破碎机	脆性物料，中、高硬度，粗、中、细碎	挤压	各类脆性矿石、矿物等
点-面接触	ERC 颚辊破碎机	脆性物料，中、高硬度，粗、中、细碎	挤压-折断	各类脆性矿石、矿物等
线接触	往复式剪切机、旋转撕碎剪切机	韧性物料，低、中、高硬度，粗、中、细碎	剪切	城市垃圾、电子废弃物、报废汽车等
冲击	锤式、反击式、石打石、选择性破碎机，环链破碎机	脆性物料，低、中、高硬度，粗、中、细碎	冲击	各类矿石、矿物，混凝土、电子废弃物、报废汽车等

1.6.1 点接触破碎机

点接触破碎，泛指破碎机与物料的接触面积很小，或破碎腔体在经过某一点处的瞬间啮合后迅速变大的，用近似点接触的方式以破碎齿尖刺入物料，克服以张应力为主的物料抗拉强度，实现物料破碎，或破碎腔体在一个近似极限点的位置实现破碎。

点接触破碎方式突出特点是尖状破碎体以很小的接触面积对物料进行刺破，在相同破碎力的情况下产生最大的破碎强度和最大的产品块度。

点接触破碎过程，一般都接近于单颗粒破碎状态，既有刺破过程，也有体积压缩后的挤压破碎。

点接触类型的破碎设备有：分级破碎机（sizer）、齿辊式破碎机（tooth roller crusher）、液压锤（hydraulic hammer）、高压辊磨机、光辊破碎机等，图 1-20 为点接触破碎设备。

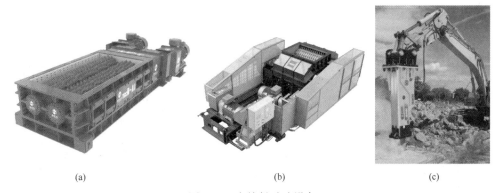

(a)　　　　　　　　　　　　　(b)　　　　　　　　　　　　　(c)

图 1-20　点接触破碎设备

（a）分级破碎机；（b）齿辊式破碎机；（c）液压锤

1.6.2　线接触破碎机

常见破碎设备的处理对象主要是矿石等脆性或准脆性物料，依靠对物料的挤压、刺破、冲击就可以完成破碎过程。对于非脆性物料，尤其是城市固废、电子产品、动力电池、废旧家电、报废汽车等韧性或强韧性物料，这些设备就不能很好地满足破碎作业要求。上述韧性物料的破碎，一般采用纯剪切的破碎方式，物料破碎后的形状是由破碎过程剪切刀具的长度线性决定的，所以，把这种依靠剪切对韧性物料进行破碎的设备称之为线接触破碎设备，如图 1-21 所示。

1.6.3　面接触破碎机

面接触是指物料在两个类似平面的腔体内，受到挤压、弯曲折断、研磨等综合作用而破碎的破碎方式。此种破碎方式理论上是主要克服物料的抗压强度，但实际上还是通过工作腔体的棱形设计和物料内部的架桥作用对物料进行弯曲折断，分别克服物料的抗拉强度和抗压强度，达到物料破碎的目的。面接触破碎设备如图 1-22 和图 1-23 所示。

面接触破碎方式，从原理上采用了近似平面的破碎腔体对物料进行挤压破碎。因破碎过程接触面积大，能够破碎更加坚硬的物料，破碎腔表面也能更加耐磨损，所以面接触破碎通常用于破碎坚硬物料，且具有磨损寿命相对长、工作稳定可靠的特点。

面接触破碎过程一般是以单颗粒破碎状态进行，随着给料量的增加，物料颗

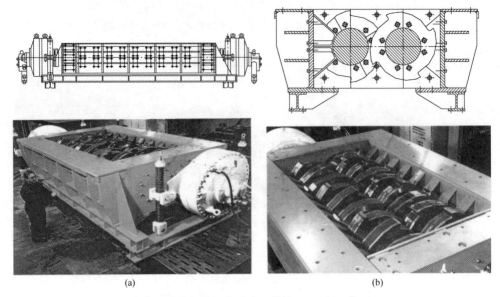

(a)   (b)

图 1-21 典型线接触剪切式破碎机结构（a）与工作原理（b）

图 1-22 面接触破碎设备——旋回破碎机

粒间的距离减小，单位体积物料逐步增加，颗粒间密集地挤压在一起，料层呈现出单颗粒和颗粒层破碎的双重状态。如果饱和式给料，且排料过程较慢，就会形成颗粒充满的颗粒床破碎，形成料层破碎。在此过程中，除了破碎腔面对物料进行接触破碎外，更多的接触和相互挤压、架桥折断弯曲等破碎作用发生在料层内的物料之间，这样就大幅提高了物料的破碎概率和破碎幅度，同时提高了设备的破碎效果和处理能力。

采用面接触破碎方式的主要有：颚式破碎机、圆锥破碎机、旋回破碎机等。

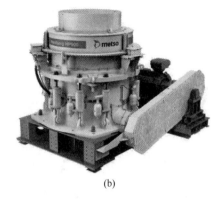

(a)　　　　　　　　　　　　　　　　(b)

图 1-23　面接触破碎设备

（a）颚式破碎机；（b）圆锥破碎机

点接触和面接触类型的破碎方式的共同特点是通过破碎单元组合形成的破碎空间逐渐收拢减小对物料进行限制性破碎，这个过程的加载速率一般都不是太高。

1.6.4　冲击式破碎

冲击式破碎是高速旋转的破碎转子将夹带的物料高速抛向外侧腔体、反击面或筛板，将物料所负载动能转化为破碎能，实现物料破碎的方式。冲击式破碎过程中，物料保持自由运动状态，转子和反击部件之间、各飞溅颗粒之间多次、反复发生相互冲击碰撞，实现物料的粉碎。

因颗粒处于自由运动状态，没有限制性空间挤压受力，颗粒自然沿着原有内部固有缺陷或最低强度面发生断裂，克服的大部分是物料的抗拉强度值。所以从破碎原理上是节能的，但转子与颗粒的高速运动、不可控频繁撞击，也意味着能量的无效消耗和过粉碎颗粒及粉尘的大量产生。

点接触和面接触的刚性破碎空间，破碎单元尺寸与破碎腔尺寸，以及入料、出料粒度一定程度上存在着定量相关性。入料粒度大需要的大尺寸和出料粒度小需要满足的小尺寸在同一破碎单元上是一对矛盾的存在，因此，这两种原理的破碎设备一般破碎比都是严格受限的。冲击式破碎设备，物料破碎过程采用了自由破碎空间，除了要求转子对物料的夹带作用尺寸匹配外，产品粒度很大程度取决于物料脆性、冲击速度、冲击频次和通道长度等因素，没有特别的入料、出料的结构尺寸自限性制约，所以冲击式破碎设备的破碎比可以适当增大，这也是该类设备的一大优势。

冲击式破碎设备种类很多，如反击式、锤式、石打石、鼠笼式、选择性破碎机等，如图 1-24 和图 1-25 所示。

图 1-24　锤式破碎机用于废旧金属回收

图 1-25　立轴反击式破碎机

1.7　破碎科学与技术发展趋势

破碎作业、机械、工程、科学，从工业革命开始，经历了几百年的发展，从破碎强度、处理能力、破碎粒度上限都已基本满足了现代工业发展的需求。但工程技术发展快，科学理论滞后的问题比较突出，在智能化高度发展的当下，破碎科学依然还需投入精力去研究与探索，因为破碎过程会一直伴随人类社会的发展。

破碎科学与技术的发展趋势是在各项指标和可靠性继续提高的基础上，探索突破性的破碎理论与技术方法，显著提高破碎过程能量利用率、降低设备磨损和零配件消耗，以实现破碎过程的更低排放和更低消耗。

破碎科学与技术发展趋势主要有：

（1）点接触破碎应扬长避短，取得更大发展。分级破碎是典型的点接触破碎设备，优点是效率高、能耗低；缺点是破碎体与破碎物料接触面积小，破碎体受到的强度高、磨损周期短，可靠性不易保证。但得益于机械设计与加工、耐磨损技术、核心标准件水平、动力驱动技术等不断发展的各项技术的支撑，各类新型耐磨材料和防磨损强化工艺、3D 打印增材制造，破碎机箱体从铸造到高强焊接，破碎体、主轴等锻造增强，液压系统替代原有的弹簧系统，液压动力在有些场合替代传统机械减速传递方式，都将从不同层面推动破碎机械的可靠性、可控性和针对恶劣工况的适应性。

以分级破碎为代表的点接触破碎技术将会不断规避自身原理上的弱点，发挥原理上的显著优势，取得更大发展。从煤炭、焦炭、石灰石等中硬以下脆性物料的破碎作业向上拓展到中硬、高硬度准脆性物料的粗、中、细碎作业，如金矿石、铁矿石、锂辉石、镍矿石、铅锌矿、钼矿石等。

（2）单颗粒与料层破碎共同发展。基于单颗粒或颗粒群的点接触破碎原理与层压破碎针对不同的破碎需求，会越来越向专业化方向发展。单颗粒破碎成块率高、能量利用效率高、破碎能力大等优势明显，典型的是分级破碎机、齿辊式破碎设备。

层压料层破碎可以实现物料的"多碎少磨"，以最大化利用拉应力对物料进行破碎，替代或部分替代剪切应力为主的磨矿过程，是提高磨矿过程能量利用效率的发展方向。高压辊磨机、单缸圆锥破碎机、振动颚式破碎机、惯性圆锥破碎机等新型破碎设备都很好地应用了"料层选择性破碎"原理，使物料的细碎技术领域进入了崭新阶段，扩大了破碎机的应用范围。

（3）AI 与数字孪生赋能破碎科学与工程。破碎是一门实验科学，由于破碎对象，如煤炭、矿石、固体废弃物等不是均质物料，没有明确的理论强度值和固定的稳定结构形式，具有不可重复性、随机性，很难通过纯理论方法确定或预判破碎过程参数和指标。同时，破碎对象又具有结构的相对稳定、可比对性，通过大量的重复实验可以很好地寻找规律。

人工智能通过大数据分析和机器学习等智能化、非可预判性手段，可以很好地寻求破碎的规律性，预测破碎效果，优化破碎能量和粒度参数等指标。所以，基于传统比对实验方法的大数据和机器学习赋能传统破碎过程数学模型具有很强的合理性和应用前景，见表1-4。

表1-4 人工智能和数字孪生赋能破碎科学的技术优势

项目	细分	AI等技术手段	与传统比较技术优势
能量	电能	传感技术、大数据	在线测定
	微观断裂能	分子模拟	微观模拟呈现，传统试验方式很难做到（见图1-26）
	热能	传感技术、大数据、图像识别	在线测定
	机械能	传感技术、大数据	在线高效
	能效等指标管理	综合应用	智能管控
粒度	粒度组成	数值模拟、大数据、图像识别	在线（见图1-27）
	粒形	图像识别	在线高速识别
物料性质	力学特性	大数据	多数据协同与交叉应用
设备运转监测	状态监测与工艺指标监测	传感、图像、大数据	智能感知与预判
设备故障识别	机械性能可靠性	综合应用	智能感知与故障识别自愈
破碎系统管理	可靠性管理	综合应用	智能感知与设备系统自愈
破碎设备	机械设计与制造	数字孪生虚拟样机	准确、快速、节省成本（见图1-28）
生产系统	智能化管理	综合应用	智能管理、预测与外界物联网

（4）突破性破碎理论尚待探索。早在19世纪，国内外众多研究者就开始关注破碎能量消耗和破碎效果的问题。以Rittinger、Kick和Bond为代表的研究者分别提出了破碎作业输入能量与破碎前后矿物特征参数（面积、体积、裂缝等）之间关系的假说，尽管后来的研究者对上述假说进行了修正，提出更加精确的粉碎功耗计算方法，但这些假说都是尝试从输入能量与破碎前后矿物特征参数建立经验模型，导致研究结果的应用缺少普适性，制约了物料破碎过程节能、环保和智能化发展。如果没有破碎理论与相关技术方法突破性发展，很难实现破碎机械在排放与能耗降低方面的更大突破，所以突破性的破碎理论与方法尚待探索。

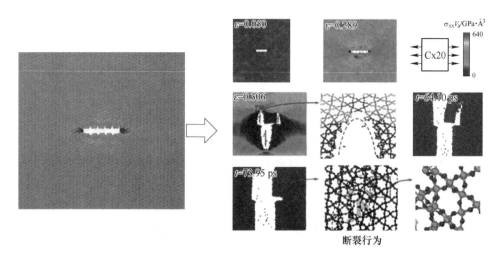

图 1-26　利用分子模拟软件研究拉伸载荷下二氧化硅分子层面的断裂行为和能量效率

(1 Å = 0.1 nm)

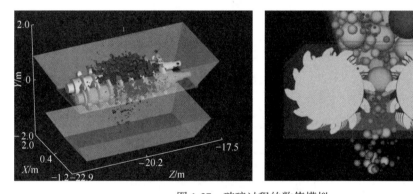

图 1-27　破碎过程的数值模拟

图 1-28　数字孪生虚拟样机 3000 t/h 自移式破碎站

从传统的机械力破碎方式到电脉冲预处理、激光破碎、高压水射流、低温破碎等新型破碎方式，各类创新性能量利用方式、创新性破碎设备工作原理和机械结构对破碎解离的准确性、高效性和前沿性都提出更高要求，因此需要在这些新技术方面实现更大突破。例如，采用高压电脉冲技术对目标矿物进行预破碎，再结合机械破碎，近年来国内外研究比较多。这种方法整体费用更低，利用连续的高压电脉冲粉碎工艺，原料能更加可持续利用，同时对环境的污染也更少，因此，以往一些在经济上不可行的细杂战略矿物（如铟、钨、锗）也能进行环境友好且可持续的开发利用，或者对多组分电子、动力电池等固废资源化有着很好的应用前景，如图1-29和图1-30所示。

图1-29 高压电脉冲用于岩石预破碎

图1-30 多类型传感器的破碎机控制界面示意图

（5）智能化、定制化。生产系统智能化的基石是设备智能化，未来的生产将在现有自动化基础上，由信息管理系统（CPS）将物料信息、生产设备、自动化控制、人员管理系统紧密结合在一起，检测设备与生产设备、生产设备与管理系统都将实现数字互联和信息交流，从而将生产系统转变成一个自运行智能环境，甚至由远在千里之外的产品最终用户形成更大的智能物联网。

例如，炼钢厂因焦炭灰分超标而通过物联网直接控制选煤厂旋流器底流口的调整，这样的事情便不足为奇。破碎设备应用的智能化首先是标准化、模块化、数字化，并在此基础上实现信息化和智能化。在这样的环境下，破碎设备同样需要实现从机械化到信息化再到智能化的发展。

生产系统的智能化、定制化运行同样要求每一台设备都具有高度定制化的特点，根据用户的实际需求自由切换和调整技术参数，以高效满足物联网情境下的技术需求。同时，要求设备具有智能故障诊断和故障自愈等功能。

（6）节能降耗是破碎科学的永恒主题。破碎过程最大的特点就是能耗高、能效低、磨损消耗大。如何在破碎过程中最大限度地节约能源、降低磨损消耗，是破碎的永恒课题。

破碎过程降低磨损消耗主要包括：优化破碎方法，优化破碎流程设计，创新破碎耐磨体材质种类和耐磨损效果等。

破碎过程节能的方向主要包括：破碎机理、设备动力传递、动力源原理与能效、破碎流程设计优化等方面。

基于人工智能的破碎能耗在线定量化研究，是实现破碎装备和破碎过程智能化的先决条件。通过智能化手段在线对破碎过程进行定量研究，可以实现破碎磨矿过程加载参数的在线调节，以实现最大限度地提高破碎效率、降低破碎功耗。

2 分级破碎理论体系

分级破碎作为一门全新的破碎方法体系，发展了近半个世纪，在取得良好应用效果的同时体现出多方面的独特技术优势，设备的结构形式、传动方式，齿形结构与安装布置方式取得了多样化、专业化发展，设备处理能力、入料粒度、破碎强度等技术参数不断提高，应用领域不断拓展，形成多种物料主导的破碎技术与装备。但发展成果主要是技术与工程层面，国内外有关分级破碎的理论研究成果较少，只有几篇相关学术论文，深度、广度、系统性都亟待提高。分级破碎理论的欠缺对这一先进技术的深入理解、科学应用和再创新都是严重制约。

国内外的研究主要集中在破碎力确定、齿形设计、模型建立、应用经验总结、设备结构创新和优化等工程技术层面，总体缺乏对分级破碎的本质揭示、系统认识、关系构建、规律形成与创新驱动等相应理论体系的研究、凝练与发展。

同其他破碎科学研究一样，分级破碎也会涉及物料物理力学性质，破碎过程动力学、加载形式与加载速率、能量消耗与功率计算，粒度分布、破碎比、处理能力确定、分级过程实现、物料在破碎腔内时空变化规律，分级破碎设备的运行效果、破碎效率评价等，这些分级破碎体系化的认知、解释与理论构建，可以加深人们对这项技术系统化、深入化的理解认知和掌握，也有助于提高对分级破碎这一物料处理过程的解释、预测和发展创新的能力建设。

笔者结合自身近30年的分级破碎设计、研究与工程经验，总结凝练并尝试构建分级破碎理论体系和核心理论内容。分级破碎理论，是一套基于物料分级破碎过程的全新的破碎科学理论，主要由分级破碎能量理论、分级破碎粒度理论和分级破碎接触理论三部分组成。按照具体内容又可分为：筛破耦合理论、物料咬合理论、螺旋布齿理论、单颗粒通过理论、点接触载荷理论、低加载速率理论、破碎能量理论、分级破碎粒度特性理论等。

2.1 分级破碎理论体系构成

破碎的本质是能量与粒度，分级破碎理论也可分为分级破碎能量理论、分级破碎粒度理论、分级破碎接触理论三部分，如图 2-1 所示。

能量理论是输入与消耗，其理论研究集中在能量作用方式、手段及其作用效率，破碎操作条件与参数对能效的影响机制与规律的探究与揭示，破碎过程能耗

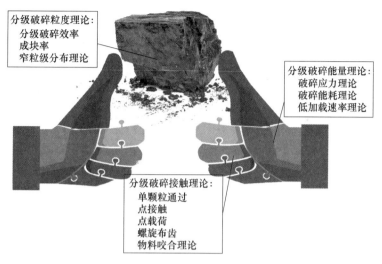

图 2-1　分级破碎理论体系

的在线和离线的定量化测定，能量输入和粒度变化的定量关系，能量利用类型等方面。

粒度理论是结果，理论研究集中在产品分布规律、定量化研究和破碎效果评价，通过结果分析，去探寻能量、机械、技术、工程等的利用效果与创新方向。

接触理论是实现能量输入达到粒度变化的工具和手段，它是实现能量转化为粒度变化的桥梁，理论研究包含破碎齿体及其组合体、破碎机械与物料接触过程中的运动学、动力学等，揭示不同接触方式与类型或强度对破碎过程效率、能力、粒度变化的影响机制与规律，为分级破碎齿体和破碎机械的设计、研发、创新提供理论基础和方向引领。

2.2　分级破碎的"五指篮球理论"

为了直观地表述分级破碎理论，笔者以自己喜欢的篮球运动为例，以手抓篮球作比喻，提出分级破碎的"五指篮球理论"。分级破碎两齿辊破碎物料就好比两只手抓篮球，其中，手腕手掌的力量就好比输入的破碎力，手掌大小可看成齿辊直径，五个手指可看成齿形，手指和手掌的固定关系就是齿体组合，五个手指的不同摆布就是布置形式，两只手十个手指如何配合抓住篮球就是两个齿辊的耦合作用，齿体组合和布置形式共同决定了两个齿辊耦合作用形式和效果。篮球就是待破碎的大块物料，球上黏附的沙粒等小颗粒会从手指间顺利通过，如图 2-2 所示。

（1）五指如齿形。五个手指的长短、灵活配合是手抓住物体的第一影响因素，所以分级破碎机的破碎齿形及齿的布置至关重要，也就是分级破碎机的螺旋

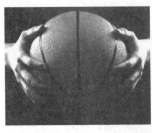

最终
接触点

图 2-2 分级破碎理论的 "五指篮球理论"

布齿理论（screw distribution teeth，SDT）。如果五个手指没有分开和灵活配合，就变成了鸭蹼一样的效果，在齿形设计时就要让破碎齿保持相对大的距离，无论横向还是圆周向，既有利于对物体形成咬合力，也有利于小颗粒物料的直接通过，实现破碎、筛分的双重功能，即筛破耦合（sizing and crushing coupling，SCC）。

（2）手掌大小如辊径。五个手指是在手掌的支撑下进行动作，即便手指非常灵活，如果手掌很小，一只手依然抓不住篮球，需要另一只手的配合，才能一起抓球投篮，而如果手掌大、手指长，就可以一只手抓住篮球。这说明了齿辊直径的重要性，适当增加辊径，可以提高物料的咬入效果，提高处理能力、减少磨损。当然，齿辊直径也不宜太大，否则容易出现因杠杆效应产生的破碎齿损伤、减速器打齿、破碎轴折断等恶性事故。

（3）拇指的固定作用。有经验的篮球运动者都知道，投篮时，拇指的作用是在球外侧，与其他四个手指接近垂直，在其他四指将球拨出时，拇指起到很重要的定向作用，防止篮球运行方向跑偏。在此，可将其比作分级破碎是固定中心距强行破碎，刚性破碎腔（rigid crushing cavity，RCC）可以实现物料粒度的准确控制。

（4）四指点接触载荷篮球。正规的投篮动作，篮球出手瞬间是由四指拨出，球做反向旋转前行，球出手最后瞬间是与手指尖接触的。分级破碎过程也是破碎齿尖对物料的点接触载荷加载，即点接触载荷加载理论（point load comminution，PLC）；细颗粒通过手指间以单颗粒通过，即单颗粒破碎理论（single-particle breakage，SPB）；四指及齿辊与物料在象限点的点接触载荷，即点接触载荷排料理论（point contact discharging，PCD）；以及齿辊慢速加载的低加载速率理论（low speed loading，LPL），这四点恰好是以汉语拼音 D 开头，由此称之为 "四指点接触载荷"。

（5）内、外旋如双、单手。齿辊内旋好比两只手配合起来抓篮球，两个手的合力大，物料啮入角度大，容易把篮球抓住，也就是说齿辊内旋有利于破碎齿抓料，有利于大块破碎。但两只手耦合的间隙大，也容易出现超粒度现象。

与之对应的是，齿辊外旋就像是一只手和墙壁配合抓篮球，此时的咬合力和物料啮入角理论上都小，所以不利于抓住大块物料破碎，也就是破碎比会小一些。由于只有一只手的间隙，对粒度的保证会好一些，因此不容易出现过多超粒度产品。

2.3　分级破碎物料咬合理论

物料咬合理论是接触理论的重要组成，它揭示了分级破碎齿辊与齿形结构对物料的咬入能力。咬料能力的深刻揭示有利于确定分级破碎的处理能力、破碎比、破碎力等。

2.3.1　实验设备

以 SCEM-A5030 试验用分级破碎机为例，破碎比范围 2~4，对其咬料情况进行受力分析，研究分级破碎机齿辊两种旋向下影响其咬料能力的因素，整机参数见表 2-1。

表 2-1　SCEM-A5030 试验用分级破碎机参数

名　　称	参　　数
整机尺寸/mm×mm×mm	1580×720×460
整机质量/kg	450
驱动辊质量/kg	69
从动辊质量/kg	66
光辊直径/mm	210
辊长/mm	223
两齿错位角/(°)	30
电机功率/kW	2.2

分级破碎机咬入物料时，齿辊的结构参数会对分级破碎机咬入能力产生影响。分级破碎机齿辊通常采用一定角度的螺旋布置，以增加其对物料的推动作用及处理量，如图 2-3 所示。

采用螺旋布齿的齿辊，因为相邻齿间距与入料粒度相比较小，可以将螺旋布置的齿看成连续的一条线，将齿辊上沿一定螺旋角布置的齿看成一个斜齿圆柱齿轮的斜齿，斜齿的布置如图 2-3 所示。斜齿受到总法向力 F_n，可以分解为圆周力 F_t、径向力 F_r 和轴向力 F_a。各分力的方向如下：圆周力 F_t 的方向与齿辊的运动方向相反，径向力 F_r 的方向指向齿辊的轴心，轴向力 F_a 的方向决定于斜齿的螺旋方向和齿辊的回转方向。齿辊的螺旋布置旋向为右旋，故用右手，四指沿回转方向握拳，右手拇指向即为轴向力方向。

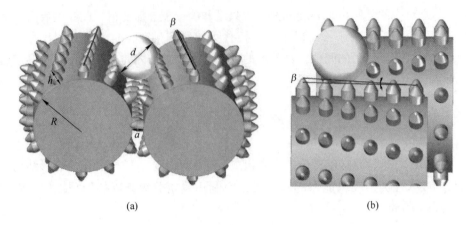

图 2-3 齿辊螺旋布齿示意图

(a) 齿辊纵向；(b) 齿辊横向

2.3.2 齿辊外旋受力分析

现将入料颗粒假设为一个球体，受到破碎齿与侧板间共同的作用力。齿辊对物料作用力主要分为圆周力与径向力。物料在分级破碎机中的受力情况如图 2-4 所示，其中两辊的运动方式为向外旋转。

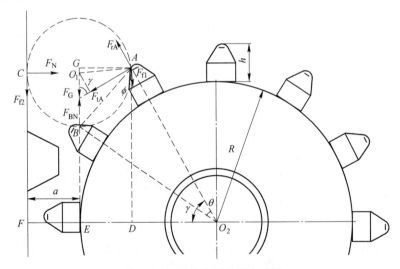

图 2-4 齿辊外旋颗粒受力分析

$$F_t = F_{tA} = \frac{T}{R + h} \qquad (2-1)$$

$$F_{rA} = F_t \tan\gamma \qquad (2-2)$$

式中 T——齿辊破碎物料施加的扭矩，N·m；

R——齿辊半径，m；

γ——AO_2 与齿辊中心到侧板的水平方向所成的夹角，（°）；

h——齿高，m。

$$\gamma = \arccos \frac{R + a - \dfrac{d}{2} \cdot \left\{ 1 + \sin\left[2\arccos \dfrac{2(R+h)\sin\dfrac{\theta}{2}}{d} \right] \right\}}{R + h} \tag{2-3}$$

式中　θ——两齿之间的夹角，（°）；

a——齿辊与侧板间隙，m；

d——物料粒度，m。

A 处径向力和圆周力的合力大小为：

$$F = \frac{F_t}{\cos\gamma} = \frac{T}{(R+h)\cos\gamma} \tag{2-4}$$

物料在 A 处所受的摩擦力大小：

$$F_f = \mu F \tag{2-5}$$

式中　μ——齿辊与物料间的摩擦系数。

物料所受的重力大小：

$$F_G = \rho V = \frac{4}{3}\rho\pi\left(\frac{d}{2}\right)^3 \tag{2-6}$$

式中　ρ——物料密度，kg/m^3。

假设物料在 B 处主要受到支撑作用，支撑物料自身重力：

$$F_{BN} = F_G \tag{2-7}$$

$$O_2C = (R+h)\cos\gamma \tag{2-8}$$

$$AG = R + a - \frac{d}{2} - (R+h)\cos\gamma \tag{2-9}$$

$$\phi = \arccos \frac{R + a - \dfrac{d}{2} - (R+h)\cos\gamma}{\dfrac{d}{2}} \tag{2-10}$$

A 处水平分力向左的分量为：

$$F_{x1} = F_{rA}\cos\gamma + F_{tA}\sin\gamma = \frac{2T\sin\gamma}{R+h} \tag{2-11}$$

A 处水平分力向右的分量为：

$$F_{x2} = \mu F\sin\phi = \frac{\mu T\sin\phi}{(R+h)\cos\gamma} \tag{2-12}$$

物料在 A 处水平方向上的合力大小为：

$$F_x = F_{x1} - F_{x2} = \frac{T(\sin2\gamma - \mu\sin\phi)}{(R + h)\cos\gamma} \tag{2-13}$$

根据式（2-13），物料水平方向的合力和破碎比之间的关系曲线如图 2-5 所示。

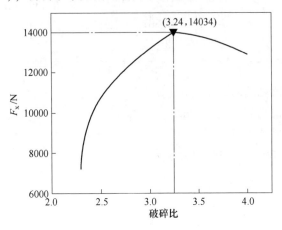

图 2-5 物料水平方向合力与破碎比之间的关系曲线

当物料在水平方向所受的合力 F_x 达到条件：

$$\sigma = \frac{F_x}{S} \geqslant [\sigma]_{max} \tag{2-14}$$

式中 $[\sigma]_{max}$——物料抗压强度；

$\qquad S$——齿尖与物料的接触面积。

物料在两齿辊的共同作用下被破碎，随着齿辊的转动被咬入破碎腔中，式（2-14）可称为分级破碎机的临界破碎公式。

根据式（2-14）可得物料在水平方向所受的强度，如图 2-6 所示。

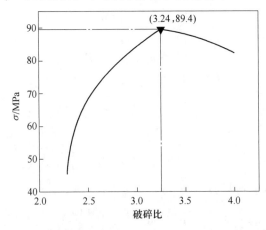

图 2-6 物料水平方向破碎强度与破碎比之间的关系曲线

因为物料在水平方向上不产生位移，因此侧板对物料的压力大小与 F_x 相等，即：

$$F_N = F_x \tag{2-15}$$

物料与侧板间的摩擦力大小为：

$$F_{f2} = \mu F_N \tag{2-16}$$

A 处竖直向上的分量为：

$$F_{y1} = F_{rA}\sin\gamma = \frac{T\sin^2\gamma}{(R+h)\cos\gamma} \tag{2-17}$$

A 处竖直向下的分量为：

$$F_{y2} = F_{tA}\cos\gamma + \mu F\cos\phi = \frac{T(\cos^2\gamma + \mu\cos\phi)}{(R+h)\cos\gamma} \tag{2-18}$$

齿辊对物料在竖直方向上的合力大小为：

$$F_y = F_{y1} - F_{y2} + F_{BN} - F_{f2}$$
$$= \frac{T[\mu^2\sin\phi - \mu\sin(2\gamma) - \cos(2\gamma) - \mu\cos\phi]}{(R+h)\cos\gamma} + \frac{4}{3}\rho\pi\left(\frac{d}{2}\right)^3 \tag{2-19}$$

根据式（2-19），物料竖直方向的合力和破碎比之间的关系曲线如图 2-7 所示。当竖直方向上的合力 F_y 为正值时，合力方向竖直向上；反之，当 F_y 为负值时，合力方向竖直向下。因此，式（2-19）称为分级破碎机外旋受力公式，物料咬入的先决条件就是其值为正。

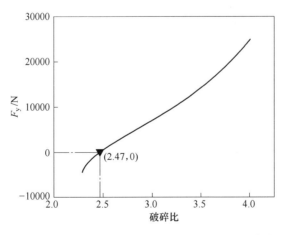

图 2-7　物料竖直方向合力与破碎比之间的关系曲线

上述分析中，γ 和 ϕ 与齿辊参数、入料颗粒大小及颗粒的形状有关，齿辊和侧板对物料施加的力均可以通过齿辊参数和入料粒度表示。

在竖直方向上，径向力 F_{rA} 和支持力 F_{BN} 给予物料向上逃逸的力，而圆周力

F_{tA}、齿辊与物料间产生的摩擦力 F_{f1} 及侧板与物料间产生的摩擦力 F_{f2} 则给予物料向下咬入的力。在水平方向上，径向力 F_{rA} 和圆周力 F_{tA} 提供对物料的破碎力。

如图 2-7 所示，当入料粒度较小，破碎比小于 2.47 时，物料竖直向下的分量较大，被齿辊直接咬入。随着粒度的增大，竖直向上的分量不断增大，竖直方向的合力开始向上，且随着粒度的增大，水平方向上的力也不断增大，此时破碎表现就是被破碎大颗粒向上做跳跃、翻滚等动作。当破碎比达到 3.24 时，水平方向上的合力达到最大。物料在水平方向上所受的破碎强度达到其最大抗压强度时，物料被破碎，随着齿辊转动被咬入破碎腔并排出。当入料粒度过大时，物料在水平方向上的力反而减小，难以达到物料的破碎强度，物料更无法被咬入。

O_1 到 F_{rA} 方向的距离：

$$x_1 = \frac{d}{2}\cos\left(\frac{\pi}{2} - \gamma - \phi\right) \tag{2-20}$$

O_1 到 F_{tA} 方向的距离：

$$x_2 = \frac{d}{2}\sin\left(\frac{\pi}{2} - \gamma - \phi\right) \tag{2-21}$$

O_1 到 F_{f1} 和 F_{f2} 方向的距离：

$$x_3 = x_4 = \frac{d}{2} \tag{2-22}$$

F_{rA} 产生的力矩：

$$M_1 = F_{rA} \cdot x_1 = \frac{dT\tan\gamma\sin(\gamma + \phi)}{2(R + h)} \tag{2-23}$$

F_{rA} 产生的力矩 M_1 方向为逆时针转动。

F_{tA} 产生的力矩：

$$M_2 = F_{tA} \cdot x_2 = \frac{dT\cos(\gamma + \phi)}{2(R + h)} \tag{2-24}$$

F_{tA} 产生的力矩 M_2 方向为顺时针转动。

F_{f1} 产生的力矩：

$$M_3 = F_{f1} \cdot x_3 = \frac{dT\mu}{2(R + h)\cos\gamma} \tag{2-25}$$

F_{f1} 产生的力矩 M_3 方向为顺时针转动。

F_{f2} 产生的力矩：

$$M_4 = F_{f2} \cdot x_4 = \frac{dT\mu[\sin(2\gamma) - \mu\sin\phi]}{2(R + h)\cos\gamma} \tag{2-26}$$

F_{f2} 产生的力矩 M_4 方向为逆时针转动。

物料所受的总力矩 ΣM：

$$\Sigma M = M_1 + M_4 - M_2 - M_3$$

$$= \frac{dT\left[\sin\gamma\sin(\gamma + \phi) + \mu\sin(2\gamma) - \mu^2\sin\phi - \cos\gamma\cos(\gamma + \phi) - \mu\right]}{2(R + h)\cos\gamma}$$

$$(2\text{-}27)$$

根据式（2-27），物料所受力矩和破碎比之间的关系曲线如图 2-8 所示。物料所受的总力矩 ΣM 为正值时，物料逆时针旋转；反之，ΣM 为负值时，物料顺时针旋转。

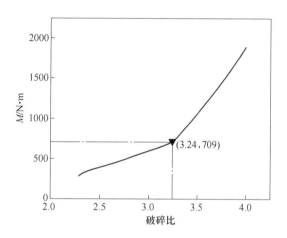

图 2-8　物料所受力矩与破碎比之间的关系曲线

物料在实际的破碎过程中伴随着一定的转动。如图 2-8 所示，当入料粒度较小，物料逆时针旋转，物料受到的力矩较小；因力矩产生的转动速度较小，物料的状态较为稳定，且此时竖直方向向上的分力也较小，物料更容易被破碎机咬入。当入料粒度不断增大，破碎比达到 3.24 后，物料所受的力矩也不断增大，转动速度也随之增大，物料不断在齿辊与侧板间打滑翻滚，难以被破碎机咬入。

对比齿辊内旋和外旋两种旋向下物料的受力分析中可以看出，在相同破碎比下，外旋时物料所受的竖直向上的分量要大于内旋，咬入能力要弱于内旋。内旋时，破碎比小于 2.74 时，物料竖直方向的合力开始向下，而外旋情况下，破碎比小于 2.47 时，物料竖直方向的合力就开始向下。从物料水平受力角度看，在相同破碎比状况下，外旋要大于内旋情况，通过水平方向的合力将物料破碎成比原本粒度更小的物料，而后随着齿辊的转动被咬入破碎腔。在力矩变化方面，相同破碎比下，物料受力外旋力矩大于内旋，粒度较大的物料无法被很快咬入并进行破碎，而是在齿辊和侧板间打滑翻滚，加大对破碎齿的磨损。

通过以上定量化的分析，可以得出结论，齿辊内旋的破碎比大于齿辊外旋，外旋情况下容易出现物料跳跃翻滚、磨蚀破碎齿面等不良状况。

2.4 点接触载荷理论

如1.6节所述，点接触载荷是分级破碎的基本特征之一，主要包括破碎齿体与物料接触过程的点接触载荷和破碎腔体与物料在象限点处的瞬间类点接触载荷，前者是物料破碎形式的决定因素，后者是入料与排料效率高的主要原因。

2.4.1 点接触载荷破碎

分级破碎齿体通过特殊设计，基本都是尖状形式，根据不同的破碎强度和破碎力，齿尖的形状或曲率半径有所不同。这种尖状设计是分级破碎机破碎齿体的典型形式，以近似点接触载荷的方式刺入物料，破碎齿体与物料的接触面积小。

点接触载荷破碎通过类似两点刺破或三点弯曲对物料进行破碎，最大限度地克服物料的抗拉强度，如图2-9所示。由于脆性物料的抗拉强度远低于抗剪切强度和抗压强度，该种破碎方式在实现节约破碎能耗的同时，还可以提高破碎过程的成块率。

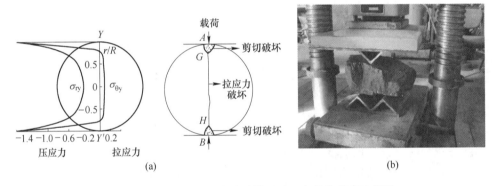

图 2-9 点接触载荷破碎力学模型及三点弯曲破碎示意图

(a) 点接触载荷物料断裂应力分布；(b) 破碎齿配合三点弯曲破碎试验

同样，由于接触面积小，在相同破碎力的状况下，破碎齿所承受的破碎强度要大很多，耐磨损的体积也小，这就要求点接触载荷破碎方式的破碎齿具有高强度和高耐磨损性，这也是让齿辊式破碎设备长期只能用于中硬以下脆性物料破碎的主要原因。随着破碎齿体材质强度、韧性、耐磨性能力及整机结构强度的极大提高，分级破碎技术不断突破破碎强度极限，在高硬度物料的粗、中碎作业中成功应用。

2.4.2 点接触载荷给排料

图2-3(a)中，在两齿辊最近处距离为 a，此时两辊与物料的接触是一条沿

齿辊长度的线，由于物料形状的不规则性，因此从断面可以看成是点接触载荷。这一点是物料进入破碎腔破碎到破碎后排出破碎腔的转换点，本书将其称为象限点。象限点之上是物料在破碎齿的强制挟带作用下以近似破碎齿线速度进入破碎腔，并在体积不断压缩过程中到达象限点。物料通过象限点后，体积空间不断变大，物料在破碎齿的裹挟之下被排出。

2.5 点接触载荷破碎

由于分级破碎多采用齿体与物料的点接触载荷方式进行破碎，因此对其进行点接触载荷破碎规律研究不但可以相对准确地确定破碎力，还能预测物料强度分布规律及破碎产品粒度分布规律，优化破碎工作参数，为破碎过程的节能提效提供理论依据。

2.5.1 点接触载荷物料强度

为了对分级破碎物料的破碎力、断裂强度、破碎后粒度分布等进行预判与计算，进行与分级破碎作用方式相近的点接触载荷试验研究。研究表明，物料断裂强度是决定破碎力与产品粒度分布的关键因素之一，对物料断裂强度分布模型的准确描述是预测分级破碎过程中产品粒度分布的重要步骤。

在不同加载方式下，颗粒的断裂强度是有差异的。在以挤压破碎为主的颚式破碎机中，断裂强度可通过压力试验机测得；在以冲击破碎为主的冲击式破碎机中，断裂强度要通过霍普金森压杆试验；对于以刺破、弯折为主要破碎方式的分级破碎过程，通过落重试验、摆锤试验、点接触载荷试验进行。

2.5.1.1 试验材料与数据

试验采用最大破碎力与断裂应力定义颗粒强度。最大破碎力为试样出现贯穿性裂隙时对应的外加载荷，其数据可从显示仪中直接读取。断裂应力 σ_c 公式如下：

$$\sigma_c = \frac{F_c}{d^2} \tag{2-28}$$

式中　d——压头与物料接触时，两压头之间的距离，mm；

　　F_c——最大破碎力对应的载荷，N。

以点接触载荷与断裂应力定义断裂强度的表达式如下：

$$F_c = F_{50}\left(\frac{S_F}{1-S_F}\right)^{1/D_F} \tag{2-29}$$

$$\sigma_c = \sigma_{50}\left(\frac{S_\sigma}{1-S_\sigma}\right)^{1/D_\sigma} \tag{2-30}$$

式中　F_{50}——中值强度对应的点接触载荷，N；

σ_{50}——中值强度对应的断裂应力，MPa；

S_F，S_σ——点接触载荷与断裂应力定义强度分布的断裂概率；

D_F，D_σ——点接触载荷和断裂应力定义强度分布的离散程度。

物料的断裂强度，由于材料内部随机分布缺陷、裂隙和杂质等，使得其强度具有离散性。通过前期试验验证和比对，从 Boltzmann、Weibull、Lognormal 和 Logistic 四种统计学模型中最终选择 Logistic 模型拟合煤岩颗粒强度分布数据。

试验选取物料为阳泉地区的煤矸石与准格尔旗矿区的烟煤。煤矸石的主要成分为高岭石、伊利石、石英及黄铁矿等矿物；烟煤的有机组分主要是均质静质体，无机组分主要为黏土和黄铁矿。两种物料的基本物理参数见表 2-2。

表 2-2　烟煤与煤矸石的基本物理参数

试样名称	抗压强度 /MPa	抗拉强度 /MPa	弹性模量 /GPa	泊松比	密度 /g·cm^{-3}
烟煤	21.27	1.56	4.92	0.31	1.46
煤矸石	34.70	3.00	5.63	0.25	1.82

试验以四个粒级的烟煤与矸石颗粒作为研究对象，选取几何形状相似的颗粒以降低颗粒形状对试验结果的影响。试验前，测量并记录每个颗粒加载方向的直径。

加载过程中，试验进行到颗粒的上下接触点之间出现贯穿性裂隙为止，记录破坏时最大的破碎力数值。由于颗粒内部结构的复杂性，需选取大量的样本进行试验，以获得一条可靠的强度分布曲线。试验共选择 540 个粒度为 5~40 mm 的烟煤与煤矸石颗粒进行点接触载荷试验，其中无效试验（颗粒部分断裂，结果存在误差）共计 40 组，本节对 500 组有效数据进行分析，见表 2-3。

表 2-3　四种粒级煤矸石与烟煤的拟合结果[1]

材料	粒度/mm	点接触载荷/N			断裂应力/MPa		
		F_{50}	D_F	R^2	σ_{50}	D_σ	R^2
煤矸石	8.05	525.59	2.07	0.990	8.80	1.80	0.994
	14.64	650.79	1.64	0.997	3.14	1.50	0.995
	24.40	1147.42	1.58	0.995	1.92	1.55	0.992
	38.07	2799.68	1.53	0.983	1.84	1.39	0.934
$\overline{R^2}$				0.991			0.979
烟煤	7.37	459.50	3.05	0.987	8.96	3.87	0.992
	15.13	1022.45	3.71	0.980	4.73	3.70	0.982
	25.37	1178.86	2.24	0.992	1.87	2.35	0.986
	37.76	1762.26	2.61	0.987	1.41	2.54	0.993
$\overline{R^2}$				0.987			0.988

2.5.1.2 试验结果分析

利用不同粒级煤矸石与烟煤的 Logistic 模型拟合结果，拟合曲线与试验数据的吻合度均较好，详细数据见表 2-3。为了进一步扩展断裂强度分布模型，本节建立式（2-29）和式（2-30）中参数 D_F、D_σ、F_{50} 和 σ_{50} 与颗粒尺寸之间的关系式。将表 2-3 中煤矸石与烟煤的不同粒级的 D_F 和 D_σ 呈现在图 2-10 中，可以看出随着颗粒尺寸的增加，D_F 和 D_σ 总体呈下降趋势。其中，不同粒级烟煤的 D_F 和 D_σ 均大于煤矸石的 D_F 和 D_σ，说明烟煤断裂强度的离散程度比煤矸石小，物料的均质性较好。

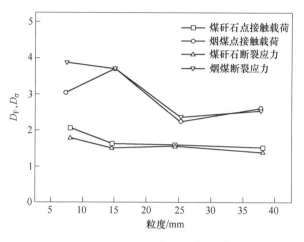

图 2-10 D_F、D_σ 与粒度的关系

通过对模型中的 F_{50} 与 σ_{50} 进行研究，结果如图 2-11 和图 2-12 所示。由图 2-11可知，F_{50} 与粒度呈幂函数规律增加，即颗粒的尺寸越大，F_{50} 随之增加。由图 2-12 可知，σ_{50} 与粒度呈幂函数规律减小，即颗粒的尺寸越大，σ_{50} 随之降低，这和物料颗粒增加内涵裂隙缺陷增加伴随强度降低的规律吻合。试验现象与"尺寸效应"规律一致，即颗粒越小越难破碎。综上所述，试验煤矸石与烟煤的破碎断裂强度分布模型如下：

$$F_{c石} = 9.23x^{1.56}\left(\frac{S_F}{1-S_F}\right)^{1/1.71} \qquad (2-31)$$

$$F_{c煤} = 120.74x^{0.73}\left(\frac{S_F}{1-S_F}\right)^{1/2.90} \qquad (2-32)$$

$$\sigma_{c石} = 79.96x^{-1.09}\left(\frac{S_\sigma}{1-S_\sigma}\right)^{1/1.56} \qquad (2-33)$$

$$\sigma_{c煤} = 154.90x^{-1.38}\left(\frac{S_\sigma}{1-S_\sigma}\right)^{1/3.12} \qquad (2-34)$$

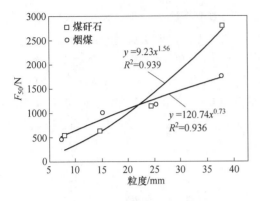 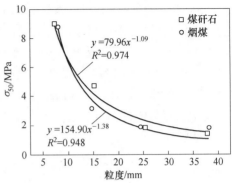

图 2-11　煤矸石与烟煤的 F_{50} 与粒度的关系　　图 2-12　煤矸石与烟煤的 σ_{50} 与粒度的关系

2.5.2　点接触冲击载荷试验

上述点接触载荷试验是在静态下进行的。实际物料分级破碎时为动载荷破碎，要想更好地贴近真实的破碎过程，就要研究冲击载荷和静态载荷的区别。采用数字化解离冲击试验机对水泥砂浆试块和无烟煤试块等准脆性物料进行破碎，利用同一质量的锥形落锤进行不同高度的冲击破碎试验，研究在不同冲击速度下不同物料受单点动载荷时冲击破碎力的变化规律和产品粒度分布规律。试验过程中，采集破碎物料试样的相关尺寸和破碎过程的最大破坏力、破碎时间等数据，并结合高速摄影对破碎过程进行研究。

2.5.2.1　试验装置与数据

数字化解离冲击试验主要通过落锤部分冲击物料，将破碎力传递给砧板，砧板部分的传感器进行数据采集。试验系统主要由电控柜（用来控制电闸、设备开关和调节按钮）、冲击试验台（落锤冲击物料试验平台，可以观测试验过程）、传感器（采集落锤冲击试验的冲击破碎力数据）和信号采集系统（将传感器数据传入电脑中，对数据进行集中收集，方便后续分析和处理）四部分组成。落锤冲击最大有效高度由升降装置改变，基本可以满足各种低速冲击试验的要求。测试所用落锤的质量为 8.722 kg，冲击部分为锥形锤头。

试验装置对物料作用的冲击能量是由落锤在一定高度积蓄的势能自由下落时转化为动能，落锤的下落近似成自由落体运动。落锤冲击速度公式如下：

$$v = gt \tag{2-35}$$

式中　v——发生自由落体运动时物体的瞬时速度，m/s；

　　　g——重力加速度，一般取值 9.81 m/s²；

　　　t——落锤降落的冲击时间，s。

对于落锤冲击试验，一般可以利用落锤降落的冲击时间准确地计算落锤的冲击速度。但是，在实际落锤试验中，落锤下落有一定的阻力，公式如下：

$$mg - F_1 - F_2 = ma \tag{2-36}$$

式中　F_1——滑杆的摩擦力，N；

　　　F_2——空气阻力，N。

当摩擦因数一定时，摩擦阻力 F_1 为定值，即 $mg-F_1$ 为定值，由于落差较小，忽略空气阻力影响，此时 $mg-F_1=ma$。当落锤质量一定时，加速度 a 是确定的，得出当初速度为零时冲击速度为：

$$a = \frac{\Delta v}{\Delta t} = \frac{v}{t} \tag{2-37}$$

试验使用的准脆性物料为标准水泥砂浆试块 M5（70.7 mm×70.7 mm×70.7 mm）和不规则无烟煤块（50~80 mm）试件，如图 2-13 所示。对物料进行编号，把存在明显节理、裂隙的试样进行剔除。在进行规则块体和不规则块体试验时，加载方向是试样的短边方向。

(a)

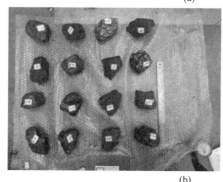

(b)

图 2-13　落锤冲击试验物料

（a）水泥砂浆试块；（b）无烟煤试块

试样放置在冲击试验台中央，连接好数据采集仪。落锤提升到所需高度，周围由挡板防护，打开照明灯和高速摄像机，释放落锤，破碎物料。试验数据见表2-4和表2-5。

表 2-4　单颗粒水泥砂浆试块试验数据[2]

编号	质量 m/kg	下落高度 h/mm	冲击破碎力 F/kN	剔除无效数据冲击破碎力平均值 F/kN	冲击速度 $v/\text{m} \cdot \text{s}^{-1}$	破碎冲击时间 t/ms
砂浆 1	0.61	250	11.69			23
砂浆 2	0.63	250	8.15	11.47	2.79	25
砂浆 3	0.61	250	14.57			20
砂浆 4	0.61	225	16.14			34
砂浆 5	0.63	225	11.52	13.46	2.65	29
砂浆 6	0.60	225	12.70			27
砂浆 7	0.61	200	10.43			55
砂浆 8	0.63	200	13.59	12.65	2.50	55
砂浆 9	0.61	200	13.94			44
砂浆 10	0.63	175	21.23			59
砂浆 11	0.64	175	14.90	11.05	2.33	55
砂浆 12	0.64	175	11.05			59

表 2-5　单颗粒无烟煤试块试验数据

编号	质量 m/kg	下落高度 h/mm	冲击破碎力 F/kN	剔除无效数据冲击破碎力平均值 F/kN	冲击速度 $v/\text{m} \cdot \text{s}^{-1}$	破碎冲击时间 t/ms
无烟煤 1	0.33	250	12.70			19
无烟煤 2	0.31	250	117.65	62.9	2.79	18
无烟煤 3	0.29	250	124.35			20
无烟煤 4	0.32	250	62.89			23
无烟煤 5	0.33	200	75.40			24
无烟煤 6	0.31	200	23.09	72.1	2.39	27
无烟煤 7	0.29	200	17.62			28
无烟煤 8	0.32	200	68.87			30
无烟煤 9	0.33	175	69.90			28
无烟煤 10	0.31	175	69.90	75	2.24	35
无烟煤 11	0.29	175	10.32			36
无烟煤 12	0.32	175	80.05			37

续表 2-5

编号	质量 m/kg	下落高度 h/mm	冲击破碎力 F/kN	剔除无效数据冲击破碎力平均值 F/kN	冲击速度 v/m·s⁻¹	破碎冲击时间 t/ms
无烟煤 13	0.33	150	7.74	64.3	2.07	52
无烟煤 14	0.32	150	87.54	64.3	2.07	50
无烟煤 15	0.28	150	2.16			52
无烟煤 16	0.32	150	41.14			58

在水泥砂浆试块和无烟煤试块破碎过程中，去除无效数据求冲击力平均值，从图 2-14 中可以看出，当落锤高度从 150 mm 到 250 mm 时，随着落锤高度的增加，传感器测得的冲击力先增大后减小，即随着落锤冲击速度的增加，冲击力先增大后减小，说明物料在破碎过程中，并不是冲击速度越大冲击破碎力越大。但是，从物料破碎时间可以看出，随着冲击速度的增加，破碎时间是逐渐减小的。

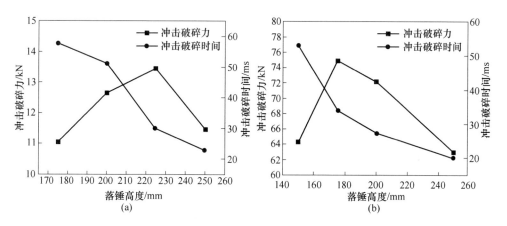

图 2-14 落锤高度与冲击破碎力、冲击破碎时间之间的关系
（a）水泥砂浆试块；（b）无烟煤试块

2.5.2.2 高速摄影参数设定

因为冲击是一个快速发生过程，普通设备对时间的采样频率无法完全捕捉其完整物料的破碎瞬间情况。试验采用高速摄影机对试验的整个过程进行图像采集，将瞬间发生的破碎过程快速清晰地记录下来。高速摄像机采集的图像帧数据具有时序性的特点，对落锤的下落运动特性、物料的破碎和形变规律进行相应的时域分析。

高速摄像机可以以多幅静止连续图像的形式高频捕捉动态图像，并以特定时间或速度进行记录。试验所用高速摄像机的主要参数见表 2-6。

表 2-6　高速摄像机的主要参数

主 要 参 数	数 值	试验采用参数
相机最大分辨率	1280×1024	800×700
相机拍摄像素尺寸/μm×μm	12×12	
传感器类型	Mega Speed 黑白	
拍摄图像回放速度/fps	1~300 可调	
曝光时间/μs		1000
采样频率/fps		1000

高速摄像机可以将拍摄的图片储存后导入计算机进一步处理，也可通过计算机实时记录拍摄图像。由于试验需要拍摄大量清晰的试验过程图像及对其进行实时监测，因此需要选择内存较高的高速摄影机，通过计算机观测试验过程实时图像。由于试验室高速摄像机只能拍摄黑白两种颜色，因此在光线较差的试验场地进行拍摄时需要对光源进行补偿，试验所用的光线补偿设备主要为 500 W 的 LED 灯。

黑白图像的每个像素点灰度值处于 [0, 255] 的区间，每个像素点的灰度值会根据高速摄像机的曝光时间、采样频率、图像大小和分辨率而变化；在试验真实数据处理和真实模拟阶段，数据对像素点的像素变化、灰度分布等信息异常敏感，因此试验需要在高速摄像系统采集图像时进行严格的控制变量。

步骤 1：确定摄像系统采样频率。图像作为信息的载体，采集图像的本质其实就是采集监控过程的原始信息。在整个监控过程中，如果采样频率过高，会导致摄像机采集的帧数过多造成极大的数据冗余，浪费存储资源的同时，也会增加后续处理的负担，尤其是当数据需要嵌入式系统进行处理时，其负面影响尤为明显。如果采样频率过低，则无法捕捉目标物体的真实变化情况，也就是可能出现捕捉不全漏帧的情况。因此，采样频率的选择变得尤为关键，试验将采样频率设为 1000 fps。

步骤 2：确定图像大小和分辨率。试验采用设备选用定焦镜头，其最大分辨率见表 2-6，总的来说图像分辨率越高，单位像素包含的数据越多，但是随之而来的是对更大的存储空间的需求。因此，考虑到清晰度、存储空间和控制变量的多重因素，试验将图像大小设为 800×700。

步骤 3：确定曝光时间。因为曝光时间与环境亮度（进光量）、图片尺寸息息相关，而试验采用的是固定光源，光源照射到拍摄平面的光照强度固定、相机采集图像大小固定，因此试验摄像系统曝光时间设定为 1000 μs。

2.5.2.3　水泥砂浆试块冲击破碎

高速摄像机记录的锥形锤头冲击形状规则的水泥砂浆试块（质量 0.62 kg 左

右，落锤高度 250 mm，以第三组试块为例）。

图 2-15 为高速摄像机对锥形落锤从 250 mm 冲击水泥砂浆试块过程拍摄的图片：图（a）是砂浆试块静置于砧板中央，等待落锤冲击；图（b）是锥形落锤开始降落逐渐靠近于水泥砂浆试块；图（c）是锥形落锤与砂浆试块冲击接触的临界点；图（d）是锥形落锤冲击水泥砂浆试块，初次产生裂纹；图（d）和（e）是锥形落锤首次冲击水泥砂浆试块，并将试块破碎成两部分；图（f）~（h）是锥形落锤继续下落，由于冲击能继续对砂浆试块进行第二次冲击，此时会飞溅一些细颗粒，细颗粒指的是粒径较小的粉末状颗粒或碎屑。最后砂浆试块被破碎成 2~3 大块和少部分细颗粒。

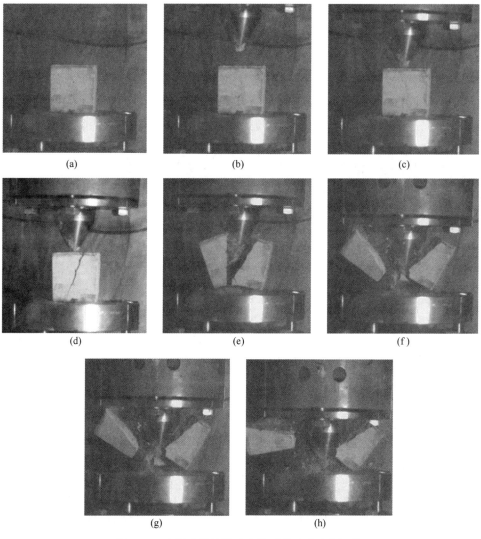

图 2-15　水泥砂浆试块冲击按时序破碎过程记录

图 2-16 为锥形落锤从 250 mm 冲击水泥砂浆试块的冲击力-时间图，由位于砧板下的力传感器采集得到的。由图中可以看出，落锤冲击瞬间冲击力在很短的时间里迅速增大，冲击力峰值为 14570.887 N，之后冲击力便开始减小，并且冲击力增大所用的时间小于冲击力减小所用的时间，说明锥形锤头冲击水泥砂浆试块破碎力增大得快减小得慢。

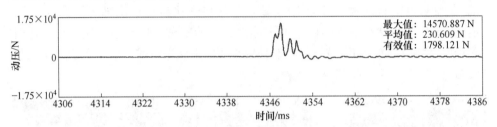

图 2-16　锥形落锤从 250 mm 冲击破碎水泥砂浆试块砧板下的冲击力-时间图

根据水泥砂浆试块破碎后的破碎情况可以看出，冲击破碎断裂接触面受锥头冲击有小部分锥头凹槽，同时基本上被破碎成 2~3 块及部分细颗粒。从图 2-15 也可看出，锥头冲击破碎的破碎裂纹是从锤头接触面展开的。

2.5.2.4　无烟煤试块冲击破碎

高速摄像机拍摄内容为锥形锤头冲击不规则形状的无烟煤试块（质量 0.33 kg左右），尺寸和水泥砂浆试块相差不大，落锤冲击试块的破碎过程由高速摄像机拍摄（落锤高度 250 mm，以第一组试块为例）。

图 2-17 为高速摄像机对锥形落锤从 250 mm 冲击无烟煤试块过程的拍摄：图（a）是无烟煤静置于砧板中央，等待锥形落锤冲击；图（b）是锥形落锤开始降落逐渐靠近无烟煤试块；图（c）是锥形落锤与无烟煤试块冲击接触的临界点；图（d）是小部分粉尘飞溅；图（e）是锥形落锤冲击无烟煤试块，初次产生裂纹，之后裂纹扩展；图（c）~（f）是锥形落锤首次冲击无烟煤试块，并将试块破碎成两部分；图（g）~（j）是锥形落锤继续下落，由于冲击能继续对无烟煤试块进行第二次冲击，此时会破碎出部分小颗粒，最后无烟煤试块被破碎成 2~3 大块和少部分细颗粒。

图 2-18 显示的是锥形落锤从 250 mm 冲击无烟煤试块冲击力-时间图，由位于砧板下的力传感器采集所得。由图中可以看出，锥形落锤冲击瞬间冲击力在很短的时间里迅速增大，冲击力峰值为 62891.867 N，之后冲击力便开始迅速减小，并且冲击力增大所用的时间基本等于冲击力减小所用的时间，说明锥形锤头冲击无烟煤试块破碎力增大和减小的速率相同。

根据破碎后物料的破碎情况可以看出，冲击破碎断裂接触面也有小部分锥头凹槽，同时基本上也被破碎成 3 块及部分碎颗粒。从图 2-17 也可看出，锥头冲

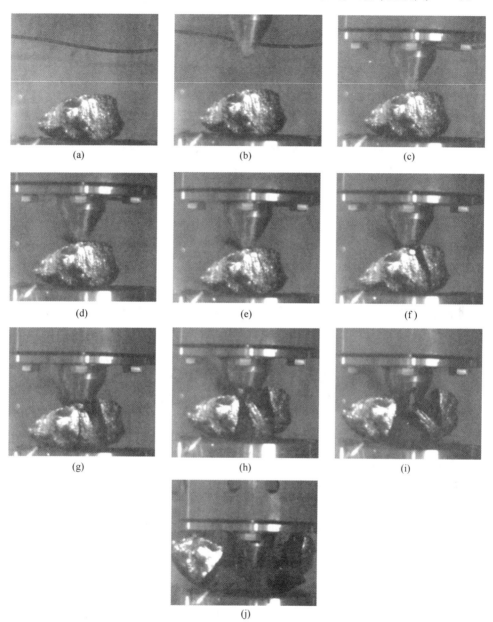

图 2-17　无烟煤块冲击按时序破碎过程记录

击破碎的破碎裂纹是从锤头接触面展开的。

2.5.3　点接触载荷破碎规律

第一，点接触破碎物料的产品粒度有少量大粒度，也有很少的细颗粒或粉状

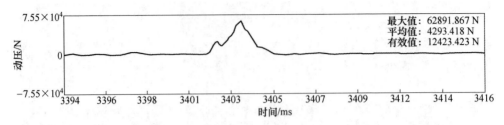

图2-18 锥形落锤从250 mm 冲击破碎无烟煤试块砧板下冲击力-时间图

颗粒，充分证明点接触破碎方式有利于提高破碎过程的成块率，降低过粉碎，是追求成块率、减少破碎粉尘排放的破碎作业的首选破碎方式。

第二，点接触载荷由于接触面积小，可以相对较小的破碎力实现物料的破碎，较小破碎力意味着较低的破碎功耗，有利于实现破碎过程的节能降耗。

第三，单点动载荷作用下，冲击速度对物料的破碎力影响显著，且不同的物料冲击速度变化范围不同。在一定破碎速度内，冲击破碎力先随冲击速度增加而逐渐增大，当冲击速度增加到一定值时，冲击破碎力反而会减小。对于水泥砂浆试块而言，冲击速度在2.33~2.65 m/s 之间，冲击破碎力随速度的增加而增加；在2.65~2.795 m/s 之间，冲击破碎力随冲击速度的增加而减小；对于无烟煤试块也有类似规律。结果表明：对于水泥砂浆试块和无烟煤试块来说，一次破碎主要导致物料的破碎，二次破碎只有少数颗粒飞溅；无烟煤二次破碎的颗粒数量和大小均大于砂浆试块二次破碎的颗粒。

第四，在分级破碎腔内，可认为是由多个破碎齿尖对物料进行的群点接触动载荷作用。不同的冲击速度对齿尖破碎冲击力的影响也比较大，当冲击速度在0.52~1.57 m/s 范围内，实验和模拟都发现破碎冲击力随冲击速度的增加而增加；冲击速度为2.09 m/s 时，发现对于水泥砂浆试块，齿尖的冲击破碎力反而下降。对水泥砂浆试块和无烟煤试块分级破碎机冲击破碎过程研究发现：群点接触载荷破碎物料时，物料首先经由一次破碎减小尺寸，然后继续进行第二、三次破碎，直至完全破碎排出。

第五，不同破碎方式下，对同一物料的破碎力是不同的。单点接触静载荷破碎力数值波动不大，单点接触动载荷和群点接触动载荷破碎时冲击破碎力数值波动较大。当物料受单点静载荷试验时，水泥砂浆试块的冲击破碎力是无烟煤试块冲击破碎力的3倍。但当物料受单点动载荷冲击试验时，水泥砂浆试块的冲击破碎力反而小于无烟煤的冲击破碎力，砂浆试块的冲击破碎力是无烟煤试块冲击破碎力的0.2倍。当物料受群点动载荷破碎时，水泥砂浆试块的冲击破碎力是无烟煤试块冲击破碎力的1.5倍。这说明：点载荷冲击方式及次数对冲击破碎力影响较大；对于点动载荷而言，破碎力都是随破碎速度先增大后减小的，说明在实际破碎过程中并不是破碎冲击速度越大破碎力就越大，不同物料最大破碎力时的破碎速度不同。

第六，对于点载荷冲击方式和次数而言，单点静载荷更利于物料的破碎，破碎力最小，可以节省能量；单点动载荷破碎力最大，耗能较大，群点动载荷破碎力适中。因为冲击动载荷具有一定的冲击速度即冲击能，并且冲击动载荷的破碎产品颗粒比静载荷多，即新生表面能大，所需的冲击能大，破碎力也就大。

第七，如果综合考虑工作效率与生产成本，单颗粒采用单点静载荷破碎，多颗粒采用群点动载荷破碎为最适宜的破碎方式。同时，关于辊速的选择，当可调转速范围为 5~20 r/min 时，针对水泥砂浆和无烟煤等脆性物料可选择辊速为 15 r/min，此时，设备达到最优的工作状态。同时结合工程实际，可以先利用点静载荷对大颗粒物料进行一次破碎，破碎成几大部分，之后再利用分级破碎机对其继续进行破碎以达到粒度要求，实现节能降耗。

参 考 文 献

[1] 潘永泰，李泽康，周强，等. 点载荷作用下煤岩颗粒断裂强度的试验研究 [J]. 煤炭工程，2022，54（8）：97-101.

[2] 廖璐铭. 基于点载荷的脆性物料破碎力试验与仿真研究 [D]. 北京：中国矿业大学（北京），2022.

3　分级破碎技术

分级破碎技术，是研究、设计、制造、选用、管理使用分级破碎设备所需要的系统知识、工艺和服务，需要回答"分级破碎做什么"和"分级破碎怎么做"的问题。分级破碎技术是分级破碎科学与经验知识的物化，使可供应用的理论和知识变成现实，实现物料颗粒由大变小变化功能的知识、设备、工艺、工程、服务的总称。

分级破碎技术成果一般以装备、工艺流程、设计图、操作方法等形式出现，可以是一项发明、一项外形设计、一项实用新型、一台设备，或者一种技巧、一项技能，或者反映在为设计、安装、开办或维修一个特定工厂或为管理一个相关企业或其活动而提供的服务或协助等方面。

3.1　分级破碎技术的概念

分级破碎，是指在对物料进行破碎的同时，也起到了破碎产品这一粒度级别的分级作用。分级破碎过程由两个带有特殊设计破碎齿的齿辊相向或反向向侧壁旋转，通过破碎齿对物料的刺破、拉伸、剪切或挤压等综合作用破碎物料；完成破碎的同时，破碎齿辊旋转形成特定包络空间，小于产品粒度的物料在破碎齿的裹挟作用和重力综合作用下无须破碎直接通过，如图 3-1 所示。

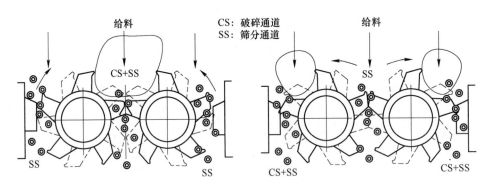

图 3-1　分级破碎原理图

分级破碎过程，通过对破碎齿形、齿的螺旋布置及齿的安装形式的设计，实现对不同粒度组成的入料进行通过式、选择性破碎，只对大于破碎产品粒度要求的物料进行破碎，而符合粒度要求的小颗粒物料直接通过；在一个破碎过程实现破碎、分级双重功能，可以实现开路破碎，用一台设备替代整个原料粒度准备系统，大幅简化工艺流程和设备基建投资。

分级破碎使用同一台设备、同一个作业过程实现了破碎和分级两种功能，这也是分级破碎名称的含义。

这里举例明确一下，所谓分级是指在破碎要求的产品粒度这一粒级实现了分级功能。假设一台分级破碎机入料粒度 300 mm，出料粒度是 100 mm，则 0~300 mm 的入料经过分级破碎设备时，100~300 mm 严格破碎到 100 mm 以下，0~100 mm 理论上不经过物料的夹杂破碎，而像经过一个滚轴筛一样直接通过。最终所得物料都是 100 mm 以下，这样就实现了 100 mm 这个粒级的分级与破碎两种功能。

相较于此，传统的筛分破碎流程一般是将来料经过一台筛分机进行 100 mm 筛分，筛上物 300~100 mm 进入破碎机，破碎产品再和筛分机筛下小于 100 mm 产物混合，进入下一步工序。

分级破碎机的常见名称有：分级破碎机、筛分破碎机、强力双齿辊破碎机、分级机、齿辊式分级破碎机、轮齿式破碎机、齿式破碎机等，英文名称一般用 sizer, low speed sizer, roll sizer, two shaft mineral sizer, sizing-crusher 等。

3.2　分级破碎的适用范围

分级破碎技术是 20 世纪 80 年代出现的一种全新的破碎技术与设备，于 20 世纪 90 年代初伴随大型分级破碎设备的进口而引入我国。经过多年的推广应用，分级破碎设备已成为国内外煤炭、焦炭等中硬以下物料粗、中碎作业的主导设备，替代了原有传统齿辊式破碎机、锤式破碎机、颚式破碎机等。

分级破碎设备非常适合脆性或黏湿物料的粗、中碎作业，尤其是期望破碎产品成块率高、过粉碎小的应用场合。经过多年技术提高，分级破碎设备破碎脆性物料时，破碎强度可达单轴抗压强度 300 MPa，单级破碎比 2~6，入料粒度可达 1500 mm，出料粒度 25~400 mm，单机处理能力最大可达 12000 t/h。

煤炭、焦炭、石灰石、氧化铝矿石、油母页岩、石膏、钾盐矿等中硬脆性物料，也包括白云石、铁矿石、花岗岩、钢筋混凝土等很多坚硬岩石与物料的初级、二级破碎作业，都可以采用分级破碎技术与装备。

3.3　分级破碎原理

3.3.1　破碎齿辊内、外旋向的确定

典型的分级破碎过程从齿辊的旋转方向可分为相对向内旋转（简称内旋）和相背向外旋转（简称外旋）两种方式，破碎辊旋向的确定可主要依据以下标准，如图3-1所示。

（1）分级为主，齿辊外旋。当入料粒度中大粒度物料比例小、所需破碎比小、物料硬度低，需要以分级为主时采用外旋。此时，大粒度物料的破碎作用集中于齿辊与侧梳齿板间进行，类似于单辊破碎的效果，分级作业在两辊之间和两辊与侧面梳齿板间同时进行；根据物料的流动方向与破碎齿的运动方向的相互关系，此时，形成物料的两个侧面的主动通道和一个中间的被动通道，优点是通过能力强、保证产品粒度好、黏湿物料适应性强等。

（2）破碎为主，齿辊内旋。当入料粒度中大粒度物料比例多、所需破碎比大、物料硬度高，需要以破碎为主时两破碎辊内旋。对大块物料的破碎作业集中于两破碎辊间，分级作业则在两齿辊与侧面梳齿板间的两个被动通道和两辊间的一个主动通道内完成。

分级与破碎哪个为主的标准主要考虑以下几个方面：入料粒度组成、破碎比、过粉碎率要求、物料的破碎特性等。两种情况相比，外旋的分级效率高，但破碎效果差，对入料粒度组成适应性差，所以实际生产过程还是以内旋为主。

3.3.2　破碎齿对物料作用过程解析

3.3.2.1　第一阶段：小粒度筛分作用

当全部粒级的物料给入破碎机时，小粒度物料沿齿前空间和齿的侧隙及齿辊与侧面梳齿板之间的间隙直接通过破碎辊排出，就像旋转的滚轴筛般实现物料的筛分作用，同时将两侧破碎辊与梳齿板之间的大粒度物料卷入两破碎辊间的破碎腔进行破碎。小粒度物料通过主要依靠破碎齿的夹带作用，同时辅助以物料重力的作用。

小粒度物料通过破碎腔时，物料的运动方向和破碎齿运动方向相同的称为主动筛分通道，反之称之为被动筛分通道。由此可知，齿辊内旋时，两辊相向运动构成主动筛分和破碎通道，齿辊与两侧梳齿板构成两个被动筛分通道；外旋时，则是两个侧面的破碎加主动筛分通道和中间的被动筛分通道。

本阶段完成小粒度筛分作用，决定了分级破碎的分级效果与效率。

3.3.2.2　第二阶段：大粒度首次刺破破碎

大粒度物料给入两破碎齿辊的啮料空间内，破碎齿对大粒度物料通过刺破、

撕拉等破碎方式进行首次破碎作用。

如果大粒度物料尺寸在产品粒度的 2~3 倍以下，一般交错布置的破碎齿会一次性将其咬入，依靠齿尖对物料的刺破、撕拉进行破碎，物料在破碎齿的裹挟夹带作用下，破碎齿尖和物料间基本上以接近的速度进入下一步的挤压破碎，两者间的相对运动较小。此时，破碎齿的磨损最小，作业成块率高、过粉碎率小、破碎能耗低。

如果物料尺寸属于"超大块"（初级破碎一般大于两辊中心距，二级破碎大于齿尖弧顶距的 3 倍以上），两齿辊相互配合的破碎齿不能将其顺利咬入。一般破碎齿会在超大块表面强行滑过，犁切掉物料的一部分，沿齿辊轴线螺旋布置的破碎齿会推动超大块物料横向移动，迫使其翻滚，等待下一对齿的继续作用，使破碎齿咬到较小尺寸部位，直到破碎至物料能被啮入为止，依此逐步将超大块物料蚕食破碎。这个过程破碎齿和超大块物料间产生多次大量的相对滑动和犁切蚕食作用，破碎齿的磨损严重、过粉碎加剧、破碎能耗急剧加大、设备的处理能力降低。

本阶段主要功能是完成大块物料的咬入，决定了破碎机的入料上限和啮入物料的效率与效果。

3.3.2.3 第三阶段：大粒度二次挤压破碎

经第二阶段大粒度刺破后，大粒度物料已被破碎至能被齿辊一次啮入的情况，从而进入第三阶段破碎。在第三阶段主要依靠一对齿的前韧与齿根圆和对面两对齿的齿底圆形成包络空间对物料的弯曲、挤压作用进一步破碎物料，这一破碎阶段从物料被啮入开始，到相互啮合的三对齿脱离啮合终止，是一个边破碎边排料的过程。破碎过程中，伴随着齿辊旋转，齿前包络截面由大变到最小，粒度大的物料由于包络体积逐渐变小而被强行挤压破碎，当相互配合的齿开始脱离啮合时，通过两辊齿底圆象限点最近距离处，齿前包络截面积从最小迅速增大，伴随两对齿的分离，经挤压破碎的物料，在齿前包络空间夹带作用下甩出或重力作用下从齿侧间隙漏下。

这一阶段决定了破碎产品粒度，是粒度把关过程，破碎齿尺寸与破碎空间依此确定，原则是在保证产品粒度和破碎齿强度前提下，尽量加大物料通过空间，提高处理能力和破碎效率。

到此，一对齿的破碎行程结束。因此在齿辊运转一周时，每周上有多少个齿，这样的过程将进行多少次，循环往复，将给入的物料重复进行筛分—刺破、撕拉—啮入—弯折、挤压—排出的破碎作用。

3.3.2.4 第四阶段：固定齿梁的三次包络破碎（非必须过程）

经过上述三个阶段，绝大部分工况设备已经完成破碎作业。在一些特殊情况下可以增加固定破碎齿梁（也称劈裂棒、破碎梁），如图 3-2 所示。例如，希望在一台分级破碎设备实现更大破碎比，咬入更大物料同时，还要保证破碎产品粒度就可以考虑这种技术方案。在两破碎齿辊底部中间增加一个固定齿梁，齿梁上的固定破碎齿和两辊配合使用，增加了两个单辊破碎过程，此过程中破碎齿辊上旋转的齿前空间和齿梁的固定空间形成接近破碎产品粒度的包络空间，对物料挤压破碎、夹带排出。

图 3-2　分级破碎的破碎齿梁

这种结构的优点是在基本不增加设备高度的前提下，由单台设备实现了上、下两级破碎，提高了破碎比；但缺点也非常明显，静止的破碎梁停滞了物料正常下行的排出速度，且主要靠挤压破碎，物料和破碎梁的摩擦严重，使得破碎过程过粉碎严重、磨损快、功耗大、不易维护等。此结构不属于分级破碎必需的，一般在初级破碎时选择使用。

3.4　分级破碎技术优势

分级破碎的主要技术优势包括：（1）通过一次破碎过程可实现分级、破碎双重作用；（2）严格保证产品粒度，可作为粒度把关设备，无须检查筛分和闭路破碎流程；（3）过粉碎低，细粒增量少，成块率高；（4）单机处理能力大，破碎效率高；（5）破碎强度大，可靠性高；（6）整机高度低，运行振动小，噪声低，粉尘少等。

3.4.1　分级和破碎双重功能

分级破碎技术最本质的特征就是通过对破碎齿形、两辊破碎齿耦合空间、沿轴线破碎齿的螺旋布置等特殊设计，使得分级破碎机既是一台破碎机，同时还是一台滚轴筛分机，只对大粒度物料进行破碎，小粒度物料直接筛分通过。

破碎齿形设计，在确保破碎齿有充分强度韧性和可靠性同时，优化破碎过程，提高破碎效率。两辊破碎齿耦合空间的优化设计，保证产品粒度前提下最大限度提高物料通过空间，如图3-3所示。

图3-3 分级破碎双功能破碎齿形式

破碎齿沿齿辊轴线的螺旋布置可以沿齿辊长度均布物料、强化分级功能，这两点都可以大幅提高物料的通过能力，并最大限度减小合格粒度物料通过破碎腔体的掺杂破碎。

3.4.2 严格保证产品粒度，实现开路破碎

分级破碎设备均采用固定中心距强行破碎方式，设计好的两个破碎辊形成的破碎空间固定不变，破碎齿形及其布置方式根据不同的入料、出料粒度而专门设计，故能严格保证产品粒度。

一般破碎设备都有防异物进入的退让功能，采用弹簧、液压缸、液氮缸等装置进行退让操作。这种退让结构的优点是保护设备，有利于连续生产；缺点是不能严格保证产品粒度，不能作为粒度准确控制设备，破碎后的产品要先检查筛分而后再返回破碎的闭路流程。这样系统就会变得复杂，设备台数、故障和维修维护点增加，不利于系统简化与智能化实现。

采用分级破碎机便可采用开路破碎，原料经除铁后直接进入分级破碎机。作为粒度把关设备，直接生产出合格粒度产品，相当于一台设备代替了整个原煤准备车间，极大地简化了工艺流程，节省了设备及基建投资，如图3-4所示。对于异物进入破碎腔分级破碎设备的自我保护则采用不同的技术路线来处理，这一点将在第9章中详述。

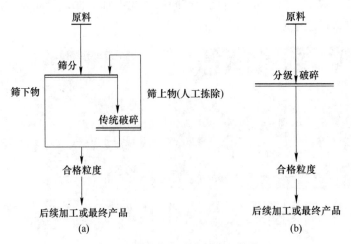

图 3-4　采用分级破碎后流程简化

（a）传统闭路破碎；（b）采用分级破碎开路破碎

3.4.3　成块率高—过粉碎率低

分级破碎的产品粒度分布具有成块率高、粒度分布上趋近产品粒度、产品粒形立体状三大特点，如图 3-5 所示。

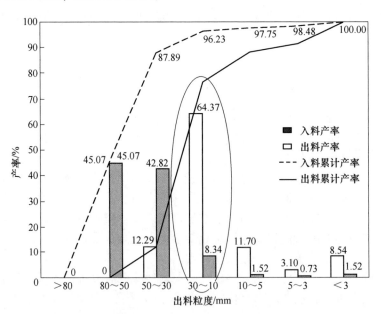

图 3-5　分级破碎的粒度特性曲线

（破碎物料：石灰石，入料粒度：80 mm，产品粒度：30~10 mm）

上述特点主要成因有以下几个方面：

（1）破碎齿对物料点式刺破。这样有利于提高成块率和产品粒形立体状，粒度分布上趋近于产品粒度。

（2）采用分级破碎原理。两齿辊耦合空间最大化设计，提高物料原状态直接通过概率，小于要求粒度的物料直接通过，只对大于粒度要求的物料进行破碎，同时降低了进入破碎机的物料掺杂破碎的概率。

（3）螺旋布齿、齿辊低转速。根据不同的入料粒度、出料粒度及物料特性进行破碎齿形及其布置形式的设计，在合理的破碎比、较低转速下，大块物料被破碎齿一次性啮入而很少有打滑、外吐等现象，减少了齿对物料表面进行犁切的概率，不但直接造成的块率损失较小，且经过破碎后的物料内隐藏裂隙及残余应力也相应较小，降低了随后在储运、加工过程中二次破碎的概率，从而全方位地保证了产品的成块率、降低过粉碎率。

3.4.4 处理能力大且能耗低

分级破碎和破碎齿强制排料原理使得分级破碎设备的处理能力，尤其是混合物料的通过能力非常大，这一点在粗、中碎作业更加明显。

（1）采用分级破碎原理，物料通过空间最大化设计。通过空间大，效率高，小粒度直接通过，极大提高了设备的通过能力。

（2）点接触破碎和点接触破碎空间变化、排料效率高。破碎齿与物料接近属于点接触式的破碎过程，破碎效率高；破碎腔体截面在两辊齿根最近位置，也就是两辊齿根圆象限点处也是点接触状态，此点命名为破碎腔象限点。此点上面是物料进入的过程，空间由大变小，采用体积压缩原理破碎物料；此点之后，破碎腔体积迅速增大，物料被破碎齿前空间裹挟夹带甩出。此种排料过程空间大，属于强迫排料，排料效率高。这与颚式、圆锥等破碎设备结构相比，破碎腔体逐渐变小，主要靠物料自重排料比，排料效率提高了很多。

（3）破碎齿形及其螺旋布置根据破碎要求特殊设计，在合理破碎比范围内，破碎齿与物料相对运动少，破碎齿对物料有很强的夹带通过作用；螺旋布置使得物料沿齿辊长度均匀分布，提高整个辊长的通过效率，这些都极大提高了物料的通过速度与效率。

（4）根据不同的入料组成及破碎比，选择两破碎辊旋转方向，可以内旋，也可外旋，增加了破碎和筛分通道；有时可以一台设备，平行布置几对破碎齿辊，这些技术手段都可以大幅提高设备处理能力，如图3-6所示。

上述技术手段的使用，使得分级破碎能够高效地运转，没有多余的动力消耗，而且主要利用刺破、撕拉等方法对物料进行破碎；这些工作原理都使得分级破碎与其他破碎方法相比能耗降低很多，尤其在大处理能力的前提下，平均单位处理能力的比能耗会更低。

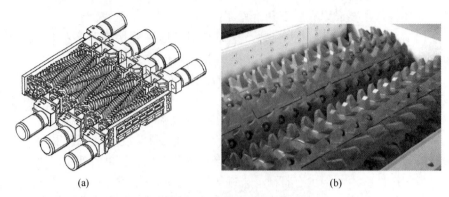

(a)　　　　　　　　　　　　　　　　　(b)

图 3-6　分级破碎提高处理能力的技术手段

（a）多辊分级破碎机；（b）外旋式分级破碎机

3.4.5　整机高度低且振动小

分级破碎采用双齿辊式结构形式，整机高度主要就是齿辊直径，从结构原理上高度就很低。另外，通过对破碎齿形和两破碎辊耦合作用的优化设计，破碎齿辊的咬住物料能力强，不需要像传统齿辊破碎机一样基本要靠齿面或小齿牙对物料的摩擦力咬入物料。原则上，分级破碎机入料粒度上限是齿辊中心距，接近中心距大小的大块物料可以在大破碎齿及其螺旋布齿的综合作用下顺利咬入。前期采矿过程经过爆破开采，矿岩的最大粒度一般小于 1500 mm，最大也不会超过 2 m，由此分级破碎机最大辊径也在 2 m 以内。现以入料粒度 1200 mm 为例，将分级破碎机与旋回破碎机、颚式破碎机、偏心颚辊破碎机的实际高度比较，如图 3-7 所示。

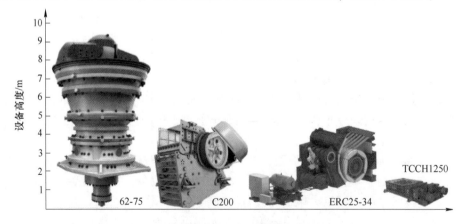

图 3-7　分级破碎与不同破碎设备高度比较

（入料粒度 1200 mm）

分级破碎机采用固定中心距方式，高强度连体轴承座吸收了破碎过程中的横向载荷；高强度的整体机架或悬臂式传动装置安装在破碎机机体上，这样都很好地在内部平衡了从电动机传递到齿辊动力的反向作用力。这样设计的结果，再加上齿辊较低的运转速度，使得分级破碎机运行过程中振动很小，动载荷系数远小于常规破碎设备。

设备高度低，振动小，非常有利于分级破碎设备的安装布置，移出检修方便，也可降低系统高度和基础强度要求，有利于降低新建厂房的基建成本和原有工厂的更新改造，如图 3-8 所示。

图 3-8　分级破碎机的移出检修装置和轨道

3.4.6　黏湿物料不堵塞

黏湿物料的破碎是旋回、颚式、圆锥、锤式等破碎设备的噩梦，易造成设备堵塞严重，无法正常生产。分级破碎机由于不一样的工作原理，对黏湿物料有着很好的适用能力，有时甚至比筛分机的适应性还强。主要基于如下几个原因：

（1）分级破碎机侧面配有梳齿板，梳齿板直接深入到齿辊齿根圆部位，齿辊旋转过程中无论内旋还是外旋，梳齿板都起到了很好的反向强制清理齿沟，防止黏湿物料堆积堵塞齿侧空间，如图 3-9 所示。

（2）分级破碎采用强制入料和强制排料的原理，这一点和上述面接触或冲击破碎设备不同，通过齿的夹带作用，强制排出黏湿物料。

（3）破碎齿形可以采用适应化设计，防止黏湿物料堵塞齿前空间。

（4）齿辊转速低，黏湿物料产生的反向阻滞力可控，一般不会因阻滞力过大堵转。

（5）可通过两辊差速设计，用两辊的线速度差起到互相擦洗，防止堵转。

3.4.7　结构简单、维护便捷、停机时间短

分级破碎一般由电动机通过减速器直接驱动破碎辊旋转工作，两套齿辊结构独立。电动机、联轴器、齿辊部件均为模块化设计，故障率低；即便需要更换，

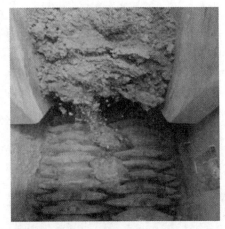

图 3-9 分级破碎对黏湿物料的适应性强

由于设备高度低、可移出检修，也方便快捷，更换整个齿辊部件时间一般一个班就可完成。日常维护工作主要是更换破碎齿体，齿体一般设计成可原位更换形式，更换时间以小时计算。

分级破碎机最大的特点是整机结构为平面布置，没有类似旋回、圆锥等破碎机复杂立体结构关系，如图 3-10 所示（图中圆圈标注部分是设备常出现故障

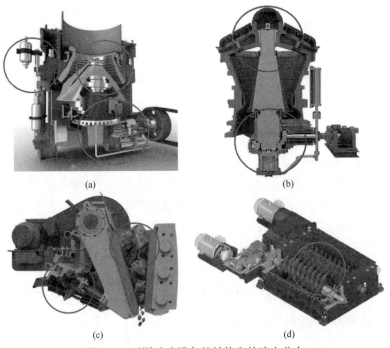

图 3-10 不同破碎设备的结构和故障点分布

（a）圆锥破碎机；（b）旋回破碎机；（c）颚式破碎机；（d）分级破碎机

点)。从图中可看出，由于复杂空间关系，故障点与空间构件之间相互干涉，再加上生产现场的空间、给排料限制，使得旋回、圆锥等立体结构破碎设备维护、维修操作复杂时间长，对生产影响大，操作强度难度也大，更不利于实现智能化。

3.5 分级破碎技术

3.5.1 筛分破碎耦合技术

分级破碎技术最独特之处是一次实现细颗粒分级和粗颗粒破碎两种功能。这个过程通过一对经过特殊设计齿辊相向或反向旋转，同时与侧面配置的边齿板或者两辊中间下方的破碎齿梁共同完成。

分级与破碎都有不同的细化技术要求。细颗粒分级要求有很好的分级处理能力，满足粒度要求的物料可以高效迅速通过，同时也要最大限度地减少细颗粒物料间相互挤压、碰撞、摩擦而产生夹杂破碎问题。

另外，当处理黏湿物料时，除要考虑防止堵塞外，还要尽量减少对分级能力的不利影响。

粗颗粒破碎要尽量提高破碎处理能力、产品成块率、破碎比、咬料能力及对黏湿物料破碎的适应能力，减少破碎过程过粉碎率、齿部磨损、单位能耗等。这些技术要求是通过分级破碎设备差异性的结构与参数来实现，此时矛盾的问题出现了，在确定或调整这些结构与参数时，往往相同的结构或参数的变化对分级与破碎的影响很难做到都朝着有利的方向发展，这两个性能指标通过设备结构与参数的中间桥梁，表现出很强的耦合关系。

分级与破碎这两种功能在共同实现过程中，也相互影响、相互作用，甚至互为矛盾。如要想提高分级能力选择齿辊外旋更有利，而外旋过程就会使得破碎能力下降；再比如提高齿辊转速，可以同时提升分级与破碎能力，看似很完美，但却降低了破碎的成块率、提高了分级过程的夹杂破碎。分级与破碎的耦合关系如图 3-11 所示。由此看出，分级破碎设备的结构与参数确定很难达到完美，只能根据分级破碎作业的主要技术要求综合考虑确定。

3.5.2 分级破碎齿设计技术

破碎齿是分级破碎的核心技术，包括齿的设计、加工制造、使用维护等。其中，齿的设计又分为齿体、齿体组合、齿的安装和齿的布置等方面。

为了很好地理解破碎齿对于破碎过程的影响，可以打个比方，破碎齿辊抓住物料，就好像两只手配合共同抓住篮球。其中，手指就是齿体，手掌大小看成齿

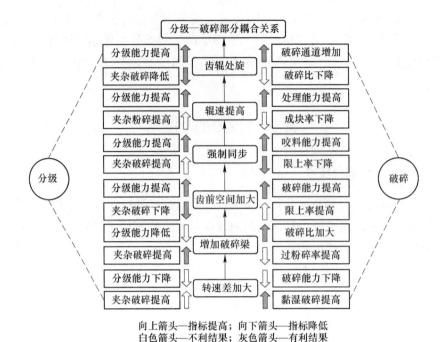

向上箭头—指标提高；向下箭头—指标降低
白色箭头—不利结果；灰色箭头—有利结果

图 3-11　分级—破碎部分因素耦合关系图

辊直径，手指和手掌的固定关系就是齿体组合，五个手指的不同动作就是布置形式，两只手十个手指如何配合抓住篮球就是两个齿辊的耦合作用。因此，齿体组合和布置形式共同决定了两个齿辊耦合作用形式和效果。

3.5.2.1　齿体

齿体是完成破碎动作的直接部位，就像手指尖接触篮球，齿体形状决定了齿和物料的接触类型和破碎效果，分级破碎的齿体形状共同特征是"尖"，目的是便于刺破被破碎物料。依据其形状大致包括：子弹头式、鹰嘴式、鹰爪式、梭镖式等，如图 3-12 所示。齿体设计优化原则是，综合考虑刺入物料的效果最佳化（pierce）、破碎齿体强度可靠化（strength）、物料通过空间最大化（space）的"PSS 三化原则"。

3.5.2.2　齿体组合

齿体组合是指齿体相互之间的连接关系和位置关系，是一个不可拆分的单元体，即每一个齿体组合就是一个机械零件。一个齿体组合就像一个手掌连接五个手指，使得手指既可以独立工作，也可以使手指有顺序、相互配合并有不同变化。齿体组合设计除了要考虑齿体相互的位置、连接、破碎动作配合、载荷释放均匀外，还要兼顾到结构强度、寿命、可靠性、加工制造、更换操作等方面的要求。

图 3-12 不同形状的破碎齿体

目前应用的齿体组合类型很多，典型类型有独立式齿体、齿板、齿环等。其应用范围和优缺点见表 3-1。

表 3-1 分级破碎齿体组合常见形式与特点

齿体组合类型	适用场合	优 点	缺 点
独立齿体：齿尖、齿靴、齿帽等	一般用于粗碎，高破碎强度	破碎强度高，可原位更换，单体体积大，耐磨体大且可更换	为保证结构强度，安装体积大，不能用到中、细碎作业中
齿板：平底齿板、弧底齿板等	中、细破碎，中等破碎强度	适合原位更换，且使用和生产效率高，适应性强	不适合过高破碎强度
齿环：整体齿环、分体齿环等	一般粗碎、中碎，超高破碎强度	可靠性高，结构强度高	不能原位更换

3.5.2.3 齿的安装

齿的安装是为了让齿体组合完成各项功能所采取的固定方式。齿体组合要利用齿体对物料完成破碎动作，需要将驱动装置传递过来的扭矩转换为破碎力，完成破碎作业。齿的安装设计是所有设计任务中最为关键的环节，因为要通过齿的安装满足很多功能，有时甚至难以做到面面俱到。齿的安装需要考虑的因素主要有以下方面：

（1）充足的破碎力和强度，以完成对高硬度物料的破碎作业，完成破碎机的核心功能；

（2）齿体组合需要保持高可靠性，不能出现脱落、折断等失效行为；

（3）确保可靠性前提下，还要尽量提高齿体和齿体组合的使用寿命，减少维护带来的生产损失和维护费用；

（4）可靠运转一定周期，正常磨损后，齿体组合的更换要尽量能原位更换，以减少停机时间对生产影响和维护人员劳动强度的增加；

（5）满足破碎强度和破碎处理量的前提下，要求当破碎机腔体内进入铁器等异物、产生较大冲击时，设备能自我保护，不出现严重损坏，尤其对于固定中心距采用强行破碎的工作方式，矿山规模不断加大，给料杂物很难通过管理手段完全杜绝的背景下，这一点变得更加难以实现；

（6）齿体组合的安装、搬运还要考虑到生产现场的实际情况，尽量让使用者能轻松、高效、简便的使用；

（7）满足上述所有要求的同时，还要尽量让齿体组合安装使用标准化、系列化、通用化，易于被机械手或检修机器人操作，让分级破碎设备朝着无人化、智能化方向发展。

齿的安装方式大致可分为：键连接、螺栓连接、几何连接或者其组合。键连接又可分为平键、燕尾槽、楔键连接；几何连接包括圆柱、弧面、曲面、多边形、回形沟槽等；螺栓连接往往是和上述两种方法配合使用。由上述结构传动破碎力和扭矩，螺栓连接起到固定、锁死的辅助功能。常见齿的安装形式如图3-13所示。

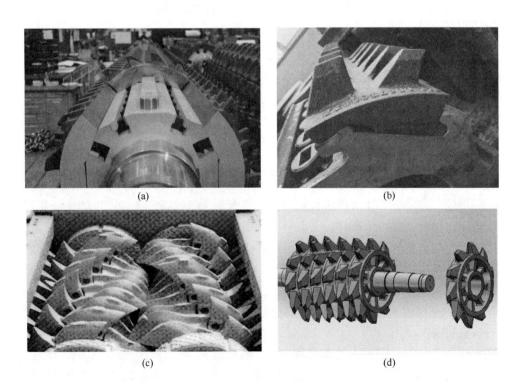

(a)

(b)

(c)

(d)

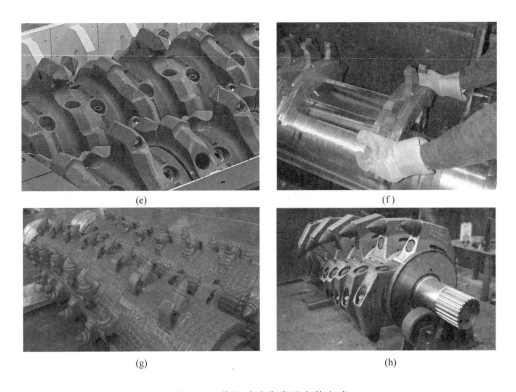

(e)   (f)

(g)   (h)

图 3-13　分级破碎齿常见安装方式

（a）燕尾槽+平键+螺栓组合安装；（b）回形沟槽+螺栓组合安装；（c）曲面+螺栓组合安装；
（d）圆柱面+平键组合安装；（e）圆柱面+限位键+螺栓混合安装；（f）燕尾槽+螺栓组合安装；
（g）圆柱面+限位键+螺栓混合安装；（h）圆锥面+多曲面+螺栓混合安装

3.5.3　分级破碎螺旋布齿技术

分级破碎齿沿齿辊轴线方向采用螺旋布置，是分级破碎机典型技术特征，也是实现其独特技术优势的重要技术手段，以下简称"螺旋布齿"。

齿沿齿辊轴线的螺旋布置，对于完成物料的分级、大粒度咬入、物料均布、均匀载荷、提高齿辊整体使用寿命都有重要作用。采用什么样的螺旋布置是根据设备的实际应用决定，主要影响因素有入料粒度、出料粒度、给料位置、处理能力等。

分级破碎齿螺旋布置，是指分级破碎机相邻破碎齿围绕齿辊轴线按照一定规律沿圆周依次转过一定角度（称为错位角），相邻齿尖连线和齿辊轴线成一定角度（称为螺旋角）的破碎齿排列方式。详细的螺旋布齿理论将在第 5 章详细阐述。

3.5.4 多通道筛碎技术

多通道筛碎技术是分级破碎技术中极具创新性的技术，该技术通过双齿辊内旋、外旋、多辊组合等方式极大增大设备的处理能力同时，也为主动调控产品粒度组成、优化粒形、防止过粉碎、提高破碎齿使用寿命提供了全新技术手段。该项技术为简化破碎工艺流程、降低系统高度、提高设备的适应性提供了更多选择。

该项技术依据参与齿辊数量和旋向选择又可细分为双辊内旋、双辊外旋、单辊外旋、多辊配对旋、多辊同向旋等多种方式。实际工作方式的选择要依据入料粒度组成，处理能力，破碎比，物料硬度、磨蚀性、黏湿等性质综合确定。

3.5.4.1 双辊内旋

两齿辊向内相向旋转，两辊破碎齿相互配合对物料进行破碎，主要完成破碎功能，称之为破碎通道。由于其破碎齿运行方向和物料下落方向相同，齿辊旋转对于物料通过起到促进作用，因此也称这一通道为主动通道。与之相对应的，齿辊外侧与梳齿板间形成的空隙主要用于小粒度物料的筛分作用，但由于破碎齿向上运动，和物料下降方向相反，阻碍着筛分的进行，故称之为"被动通道"。

对比两齿辊内旋配合和单齿辊外旋和侧梳板配合破碎的效果，就好像对比双手配合抓篮球和单手与墙壁抓篮球的效果。双手配合抓球，由于两个手的手指都能给予篮球以主动的咬合力，因此篮球受到的啮合力更大，更容易被抓住；与之不同，静止的侧板和梳齿板给予物料的只能是摩擦与支撑，没有主动的施力过程，这就使得单手"孤掌难鸣"，抓球的效果要差一些。通过上面的分析可知，双辊内旋，中间是主动破碎通道，两侧是被动筛分通道；换句话说，此种方式，有利于破碎、不利于筛分。所以当实际工况破碎比大、大粒度物料含量高、物料硬度高、需要以破碎为主时，双辊内旋是最佳选择。

3.5.4.2 双辊外旋

由上述分析可以看出，双辊外旋是外侧两个主动筛分通道，中间一条被动筛分通道，破碎是在单齿辊和侧梳板间配合进行，抓料能力偏弱。所以此种方式有利于筛分，当入料粒度中大粒度含量低，实际破碎比小、物料硬度低，需要以筛分为主、破碎为辅宜采用这种方式。不但筛分能力提高，实际的破碎通过能力也会提高。

此种方式还有自身的优势，一是保证粒度效果会更好，因为双辊内旋，两辊破碎齿形成的破碎腔体积大，容易出现粒度超限现象，而这种外旋侧梳板没有多增加破碎腔空间，单辊破碎齿的空间可控，所以保证粒度好；二是此种工况梳齿板和破碎辊保持相对运动，变成天然的梳齿，对入料中黏湿物料的破碎有更好的适应能力。三是两个破碎辊分别外旋，客观上形成两个独立运行的单辊破碎机，双驱状态下两个齿辊没有相互依存关系，这为单辊外旋提供了可能。

3.5.4.3 单辊外旋

单辊外旋是一种特殊工作状态，可以实现以下两个目的。第一，节能降耗。当入料量变化大、入料量急剧减少时，可以考虑只运行一个齿辊，另一齿辊停机备用，需要时再运行，这样可以减少空载或严重欠载造成的电机空载功耗。第二，两齿辊可以单独使用，互作备机，提高整机的运行时间，降低运行成本。

3.5.4.4 多辊配对旋

分级破碎为了最大限度提高成块率、减少功耗、减少磨损、降低过铁造成的冲击等目的，采取的是低速运行设计，此时处理能力不能充分保证，尤其在破碎空间受限不能安装更多破碎设备、单系统处理能力又要求很大时，就可以考虑采用多齿辊，两两配对破碎，其他相邻齿辊间隙筛分的方式。此种方式相当于把多台双辊分级破碎机进行了并联组合，节省了机架占用的空间，属于高度集成化的分级破碎设备。

3.5.4.5 多辊同向

多辊分级破碎机当实际有要求时，可以切换成多辊同向旋转，此时的破碎机就演变成了滚轴筛，起到了一机多用、灵活方便的效果。

3.6 分级破碎的绿色低碳

分级破碎采用低转速、刺破方式对物料进行分级与破碎，效率高、能耗低、粉尘排放少，设备运行噪声低，工作环境友好。

破碎过程中的高成块、低过粉碎率，可以极大限度发挥矿物的高价值，提高抛尾效果和效率，减少资源浪费，降低不必要的处理费用。

由于分级破碎高度低、振动小，容易移动，以其为基础的大型自移式破碎站可以随露采工作面移动，配合可移动皮带机、转载机构等，实现采掘、破碎、运输的连续工艺，替代传统的卡车—半移动破碎站的半连续开采工艺。由于以皮带运输为主的能量利用效率是单斗卡车运输的一倍左右，因此可以减少大量的能量消耗和温室气体排放，如图 3-14 所示。

图 3-14　自移式破碎站现场工作布局

移动式破碎机，通过可移动胶带输送机运送物料，由于胶带滚动摩擦阻力小，使胶带磨损低，能量利用效率高，而且整个系统只消耗电能，其能量效率可高达 80%，且基本不排出 CO_2。与之相比，柴油驱动的大型自卸卡车组成的间断工艺，典型的"用油换矿"，自卸车自身质量占整个运输质量的很大比例，消耗大量柴油，能量效率只有 40% 左右。例如一套 3000 t/h 移动式破碎系统配合胶带输送机可取代 26 台重载卡车，这些卡车小时油耗共约 190 L。如果使用这些卡车完成移动式破碎系统的年产量，共计年消耗 2200 万升柴油。由此可以看出，移动式破碎机的连续工艺对于 CO_2 减排有着突出的表现。这些优点都使得分级破碎成为一种绿色低碳的破碎技术。

3.7   分级破碎技术常见问题

3.7.1   什么情况采用分级破碎开路流程？

分级破碎机在不同出料粒度情况下分级作用与效果差别较大，一般地粒度越大分级效果越好，也就是对于合格粒度物料直接通过破碎机的效果越好。当出料粒度较小时，因细颗粒物料与需要破碎的大块物料的夹杂破碎现象会变得普遍，分级效果明显变差，而且较小出料粒度的破碎机齿形较小，破碎空间很小，通过能力急剧下降，并且破碎强度低，也不适合破碎所有的原矿（尤其是含有很多较硬矸石、岩石、杂物，甚至铁器的情况），此时就不再推荐采用分级破碎流程。

简单说：一看粒度，二看杂物，三看条件。按照这三方面综合考虑，某种工况下是否适合设计采用分级破碎简化流程。

3.7.1.1   粒度因素

粒度，首先是指出料粒度，然后是破碎流程对成块率的要求。

出料粒度在 100~300 mm，由于破碎齿体大，破碎齿前空间也随之变大，入料中大、小粒度物料混合通过效率高，此时的破碎工艺基本可以采用分级破碎开路简化流程。即便是考虑成块率问题，大概率也是采用简化流程合理。假设粒度 100~150 mm 范围内的分级破碎会产生一部分夹杂破碎问题，与采用先筛分—再破碎的常规流程相比，因为后者要经过振动筛、转载等多道流程，这期间增加的过粉碎和前者产生的夹杂破碎估计在同一个范围内，而前者流程更为简化，在其他方面更有优势。

出料粒度在 50~100 mm，则要看成块率或入料中杂物情况。如果希望保持最大程度的成块率且物料易碎，或者入料中杂物过多过杂、无法去除，就可以考虑采用传统筛分—人工手捡杂物—破碎流程，而不采用分级破碎简化流程。

出料粒度小于 50 mm 时，分级破碎设备的筛分作用会比较弱。如果对过粉碎不敏感的破碎作业，从简化流程角度看，依然可以采用直接分级破碎，但此时的夹杂破碎概率会比较高。

3.7.1.2 杂物

被破碎物料强度一般不影响分级破碎流程的选用，由于分级破碎采用高强度设计，破碎强度可以达到 300 MPa，基本可以满足一般矿物的强度要求。

入料中杂物是指大块铁器、大块木头等，尤其是大型矿山，由于处理量大、运输机上料层厚，大块铁器不易被清除干净，或者有些铁器的磁性较弱，也不容易被除铁器吸走。分级破碎采用的是强行破碎方式，如果大块铁器进入破碎腔且较长时间停留在破碎齿面，产生巨大冲击力，破坏力很大，容易出现齿辊轴折断、减速器箱体开裂、烧电机等恶性事故。

因此，破碎系统是否采用分级破碎简化流程，入料中的铁器是重要因素。从生产实践看，一般大块木头对于齿辊破碎机会卡堵，但分级破碎机由于有螺旋布齿，可以将其剪切破碎，可以不用重点考虑。对于大块铁器可以通过多增加几道高磁场强度的除铁器来处理。

同时，还可通过被动预防的技术手段，降低铁器对设备的损坏。也就是如果大块铁器进入破碎腔应该尽快停车报警，减少停留时间。常规手段主要有失速保护、电流报警、易熔塞保护等，这些保护只能针对破碎齿能把铁器咬住、出现齿辊堵转的情况。

铁器不能被破碎齿咬住、在破碎齿面不断跳跃的情况，是最难以解决的问题。如果有经验的操作人员在现场一般可以发现问题并及时停车。面临矿山高产高效、无人值守的工作状况，及时发现这种情况就变得困难，但又非常重要。

近年来，人工智能技术的发展为解决这个铁器跳跃问题提供了很好的解决手段，本书第 9 章将对这一问题展开详细研究。

3.7.1.3 工艺条件

新建与老厂房改造情况不同，选择侧重点也不同。新建厂房主要考虑设备技术的先进性、可靠性，尽量采用分级破碎简化流程，设备处理能力也应留出增产时的富余空间。老厂改造因已配备筛分、手选等工艺，可用分级破碎设备破碎筛上物，发挥其效率高、成块率高的优点，但要考虑新设备外形尺寸、整机重量等是否适合于老系统，设备处理能力只要达到现流程技术要求即可。

3.7.2 破碎齿体磨损快是材质问题吗？

分级破碎设备作为一个相对新的技术装备，在国内经过大概 20 年的快速发展，取得了长足进步，与发达国家先进产品相比差距在不断缩小，在设备结构形式、设备规格、处理能力、入料粒度等方面基本达到类似水平。破碎齿材料配方基本相同，但在热处理工艺、力学性能指标的先进性、稳定性等这种隐形技术层面，国内外差距还是比较明显。

国内产品需要加大力气练好内功，在看不到的技术差距上潜心提高。同时，发达国家产品限于人才更新乏力，生产成本控制压力增加，社会环境对实体经济，尤其是传统机电产品的重视程度不够，也存在很大的发展和质量控制压力。基于这样的背景，破碎齿体的磨损快，如果是在生产工况和破碎物料没有太大变化情况下，有可能是分级破碎设备的质量控制出现了一些问题。但这种情况较为罕见，因为一旦破碎齿体铸造和热处理工艺稳定成熟，出现比较大面积质量问题的可能性较小，即使出现往往是以下几个方面出现了问题。

3.7.2.1 设备选型

"世有伯乐，然后有千里马"，这句话同样适用于设备的选用。先进的技术与设备要想达到理想的使用效果，合理选型是灵魂。分级破碎虽然从表面上看是一台单机设备，但必须从整个生产系统的角度综合考虑才会得到理想的效果。

合理选型除了对各家设备性能和参数的富裕性有客观准确掌握外，最主要的基础是基础数据的准确性，尤其是入料粒度上限、粒度组成、物料强度上限等数据。如果数据是借用或根据标准预估的，就有可能和实际生产情况有较大出入，最终出现问题。例如有些没有经验的设计人员自然地认为标准规定，粒度300 mm以上物料不能升井，针对浅槽生产工艺，就提出了原煤破碎粒度从入料300 mm破碎到200 mm。从表面看，破碎比不到2，太容易了。实际情况是，所有大型煤矿都存在超粒度物料升井问题，有时甚至有达到700~900 mm的物料进入破碎机里。破碎机面对超出比选型大得多的入料粒度，不但磨损快，而且处理能力、可靠性都会受到极大影响。

3.7.2.2 破碎比太大

破碎过程中的实际破碎比大，如果再遇上物料磨蚀性强，破碎齿会很快磨损到不能使用。入料粒度大、出料粒度小、物料来源变化，都会造成实际破碎比较大。当处理中硬以下物料破碎比大于5~6、中硬到高硬物料破碎比大于4~6时，一般都会出现破碎齿磨损快、不耐磨的问题。破碎比和选型问题一般是破碎齿急剧磨损的主要原因。

3.7.2.3 破碎齿材质问题

材质选择出现问题，第一种原因是没有针对性选用材质。比如，高锰钢是一种常见的耐磨材质，但其初始硬度或耐磨性并不高，其应用前提是需要破碎物料坚硬，通过破碎过程的剧烈冲击的冷作硬化过程，高锰钢才能变硬耐磨，如果没有这个过程就会很快磨损，这在传统的金属矿山容易出现。

第二种原因是破碎齿表面硬度不够，热处理出问题。材料的耐磨损一般和表面硬度高度相关，但过于硬，也会牺牲材料的韧性，容易折断。

第三种原因是在热处理或铸造过程存在的夹砂、气孔、缩松等加工缺陷造成，此种情况会极大降低耐磨性，遇到坚硬物料还会出现破碎齿断裂的现象。

3.7.3 分级破碎机和齿辊破碎机的区别是什么？

分级破碎机虽然和双齿辊破碎机都是两个齿辊的旋转破碎，但两者有本质的差别，对比内容见表 3-2。

表 3-2 分级破碎机和双齿辊破碎机对比

比较项目	分级破碎机	双齿辊破碎机	备注
破碎齿的多样性和专业性	有，依据不同工况设计齿形和布置、安装	没有，基本是固定齿形齿板	退让的优点：对进料适应性强，遇到铁器、不可破碎物料等退让排出，破碎机的连续性得到保证，破碎机也不易损害，还可以简便调整出料粒度。 退让的缺点：遇到硬的物料或者物料量集中，退让机构就会动作，这样大量超粒度物料通过，所以辊式破碎机的破碎强度低、不能严格保证产品粒度，对于粒度要求严格的工况只能采用闭路破碎、配套检查筛分环节，工艺流程复杂
齿辊中心距是否固定	固定，可以保证出料粒度	不固定，活动辊有退让装置；辊的弹性退让单元，采用最多的是弹簧，也有采用液氮缸、液压缸等方式，不能保证出料粒度	
齿辊转速	低	高	
处理能力	大	小	
破碎强度和整机结构强度	高，可达 300 MPa	低，一般小于 100 MPa	
是否开路破碎	是	一般需要配套检查筛分	
成块率	高，过粉碎低	低，过粉碎和其他类型破碎机比低，但和分级破碎比高	

3.7.4 分级破碎机减速器箱体开裂、齿辊轴折断的原因有哪些？

分级破碎采用固定中心高强度设计，自身强度高。对于一般岩石类物料，合格的分级破碎机产品一般不会出现问题，只会随着坚硬岩石增多出现堵转、破碎齿磨损加剧、设备可靠性降低等问题，不会出现减速箱体开裂、齿辊轴折断等问题。出现这种问题主要原因包括铁器频繁进入、齿辊直径或转速设计不合理。

3.7.4.1 铁器频繁进入

分级破碎采用固定中心距强行破碎，物料中混有铁器进入，大概分三种情况：第一种是小铁器小于出料粒度一般直接通过，对设备一般不会出现伤害；第二种是铁器形状规矩，当破碎齿体够大时，就会被破碎齿咬住，堵转报警；第三种是铁器形状特殊，破碎齿不能将其咬入，就会在箱体内反复跳跃，对破碎齿辊、齿辊轴、齿轮箱剧烈冲击，积累一段时间很容易出现上述问题。

解决办法就是：一定要通过优化管理、多安装几道效果好的除铁器、增加铁器监测手段等，从多处着手加以解决。

铁器频繁进入是分级破碎机减速器箱体开裂、齿辊轴折断的主要原因，可以说铁器是分级破碎机的第一天敌，必须谨慎对待，严加管理。

3.7.4.2 齿辊直径大、转速高

齿辊直径过大，面对同样冲击强度的铁器，由于杠杆作用加大，就会使更大的冲击载荷和破坏力作用在破碎齿、齿辊轴和齿轮箱上，造成更加严重的伤害。齿辊转速过高原因相似，这样会加剧冲击速度和强度。所以在分级破碎机设计过程中，要适当控制辊径和转速。

3.7.4.3 设备松动

设备松动，也是产生上述问题的原因之一。松动后的动载荷急剧增加，设备之间的连接精度被破坏，附加载荷和扭矩会无限放大对轴齿轮箱的破坏作用，一定要做好设备的防松设计、制作和使用维护管理。

3.7.5 分级破碎与其他类型破碎设备的比较优势是什么？

3.7.5.1 中、细碎设备对比

分级破碎机在中、细碎作业中和圆锥、锤式、反击式等传统设备进行对比，优势体现在以下几方面：

（1）设备高度低，同等工作参数下，整机高度低50%以上；

（2）黏湿物料适应性强，避免面接触和冲击式破碎设备黏湿物料堵塞问题；

（3）主动进料与排料，极大提高了物料通过效率，节能降耗；

（4）成块率高，为准确高效抛尾和特定物料提供窄粒级最优产品粒度组成；

（5）结构简单，维护量小、维修简便快捷；

（6）单机处理能力大；

（7）模块化设计，结构可控性强，容易实现智能化；

（8）环境友好，振动、噪声、粉尘小。

当然，分级破碎与锤式、反击式等破碎机相比也有相对的技术弱点，比如成块率高，对于后续需要继续磨碎的设备不利，单机破碎比相对小。

3.7.5.2 粗碎设备对比

分级破碎机在粗碎作业中和颚式、旋回等传统粗碎设备进行对比，优势有以下几方面：

（1）设备高度低，同等工作参数下，整机高度大概是颚式破碎机的1/3，旋回破碎机的1/6；

（2）黏湿物料适应性强，避免面接触和冲击式破碎设备黏湿物料堵塞问题；

（3）主动进料与排料，极大提高了物料通过效率，节能降耗；

（4）成块率高，为准确高效抛尾和特定物料提供窄粒级最优产品粒度组成；

（5）结构简单，维护量小、维修简便快捷，停机时间比旋回、圆锥等面接触设备缩短几倍至几十倍；

（6）处理能力大，粗碎可达 10000 m^3/h，中碎 1000~3000 m^3/h，细碎 200~500 m^3/h；

（7）模块化设计，结构可控性强，容易实现智能化；

（8）环境友好，振动、噪声、粉尘小。

分级破碎设备与其他粗碎设备的主要参数对比见表 3-3。

表 3-3　分级破碎设备与其他粗碎设备的主要参数对比

类型	参考型号	入料粒度/mm	出料粒度/mm	入料口尺寸/mm	设备尺寸: 高×长×宽/m×m×m	设备高度与颚辊破碎机比较差异/%	驱动功率/kW	处理能力/t·h⁻¹	破碎强度/MPa	破碎面类型	功能部件尺寸/mm	转速/r·min⁻¹	设备质量/t
分级破碎机	TCC-H1250	1200	300	3000×2500	1.6×8.0×3.6	-168	500	8000~10000	200	点接触式	齿辊直径×辊长1500×3000	30	80
颚辊破碎机	ERC25-34（Krupp）	1100	300	1300×3400	4.3×5.6×7.1	100	600~800	4400~8800	200①	点-面接触式	偏心辊径×辊长2500×3400	130~200	240
复摆颚式破碎机	C200（Mesto）	1200	300	1500×2000	4.5×6.7×4.0	+5	300	855~1110	300	面-面接触式	入料口1500×2000	200	147
简摆颚式破碎机	PEJ（沈冶）	1250	170~220	1500×2100	4.5×9.2×9.1	+5	280	400~500	300	面-面接触式	1500×2100	100	220
旋回破碎机	TSUV 1400×2200（FLsmidth）	1200	300	入料口宽度 B 为1400	8.0×9.0×5.6	+78	600~750	6208~9490	300	面-面接触式	入口宽度1400, 动锥直径2200	120	250

注：表中数据来源于各品牌官方网站和公开宣传资料，仅供参考。

①此表数据是该产品宣传材料涉及的可见数据，实际破碎强度应该可以达到 300 MPa。

4 分级破碎能量理论

矿石破碎过程能量消耗巨大。根据国家统计局数据，破碎磨矿（以下简称破碎）能耗可达全国总能源消费的 1.15% 以上，直接消耗能量约 $1.520×10^3$ PJ。世界上用于碎矿、磨矿的电能占总电能消耗 3.3% 左右，如此巨大的能量消耗下相对应的磨矿能量效率仅为 1%~2%，破碎效率也在 5% 以下。与人类工业快速发展、破碎机械更新换代相对应的是破碎能耗理论在长达几十年的时间里的进步缓慢。随着国民经济的快速发展，行业在物料破碎的质和量方面都提出了更高的要求。

世界本质起源于能量，约 138 亿年前，宇宙由一个体积无限小能量无限大的奇点爆发，能量幻化出世间万物，能量也在推动整个世界运转。世界运转的目标就是通过数量和效率的升级使能量释放更持久与充分。

能量是永恒的，其本质属性是不变的，与其对应的物理规则也是不变的，唯一变化的是对于能量使用的方法。科技推动生产效率的提高、发明创造促进方法的提高，从而推动能量的持久释放和能量利用效率的不断提高。分级破碎技术就是一种新型的破碎方法，用以实现破碎能量的持久释放和效率的提高。

分级破碎理论的核心内容是能量、粒度及与破碎过程相关的接触，其中能量是手段，如何选取最佳的能量形式，提高能量效率，降低破碎过程功耗，是破碎科学研究的最重要内容。

4.1 分级破碎能量类型

破碎是以能量输入实现粒度变化的过程科学，输入电能等能量转化为机械能对物料进行分级破碎的过程中，破碎体通过与物料不同的接触作用方式，实现施力加载与粒度变化，如图 4-1 所示。

图 4-1 破碎能量与粒度

破碎过程是依靠能量的输入，对物料进行做功，通过机械力或内应力等方式，实现物料内部裂纹的形成、扩展，直至断裂破碎，如图 4-2 所示。工业中常见的是机械能方式，机械破碎装置对物料施加破碎力，克服物料的机械强度，达到破碎物料的目的。

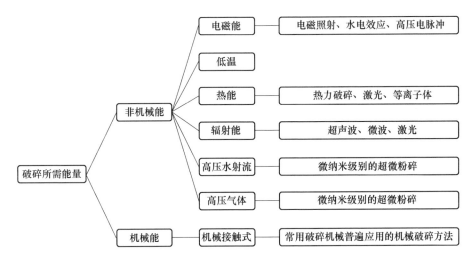

图 4-2　破碎的主要能量形式

破碎过程中能量的定量化研究可针对以下两种工况：基于单颗粒的破碎力研究和基于颗粒群的破碎耗功。

分级破碎过程主要形式是基于单颗粒的破碎，主要研究单颗粒物料破碎过程中破碎力的大小与其随操作参数、加载方式与加载速率变化的规律，为破碎过程，尤其是粗、中碎破碎过程装机功率、破碎部件的机械强度、破碎机动力驱动系统及结构的计算与设计提供直接的数据支持与参考。

破碎能耗定量化研究有着悠久的历史，可以确定的是，1806 年第一台蒸汽机驱动的齿辊式破碎机诞生之前，该研究就已经达到一定水平，因为一台破碎设备的设计首先就是驱动功率的确定。随后，1867 年，R. P. Rittinger 在德国出版的《选矿知识教科书》提出表面积学说；1883 年，F. Kick 在《对脆性材料研究的贡献》一文中提出体积学说；1952 年，F. C. Bond 提出裂缝学说。以 Rittinger、Kick 和 Bond 为代表的研究者分别提出了破碎作业输入能量与破碎前后矿物几何参数（面积、体积及裂缝等）之间关系的学说，尤其是依据裂缝学说所推出的邦德功指数、磨矿功指数等一系列的物料试验方法、装置和逐步积累的矿岩破碎大数据，极大推动了破碎过程能耗的定量化计算与预测水平，经过后来研究者的完善与修正，提出更加准确的粉碎功耗计算方法，基本满足了矿物破磨工业的发展需要。

4.2   分级破碎能量耗散结构理论

4.2.1   破碎系统的耗散结构

分级破碎处理准脆性物料的过程中,破碎齿体使物料由大块颗粒变成不同粒级的小颗粒的过程是不可逆的,但传统动力学范围内对物料破碎过程进行研究,局限于可逆的、连续的、渐变的平衡态,分级破碎物料过程更符合非平衡态热力学规律。

将分级破碎腔体内的物料看作一个系统,那么在物料破碎过程中,该系统与外界既有物质交换也有能量交换,是个典型的开放系统。这个开放系统通过入料、排料和破碎能量的持续输入,不断地与外界交换物质和能量,在外界加载变化达到物料破碎强度极限时,破碎腔内物料通过内部的作用产生自组织现象,从原来的无序状态自发地转变为时空上和功能上的宏观有序状态,形成新的、稳定的有序结构,这种非平衡态下新的有序结构就是耗散结构。

根据非平衡热力学,物料在进入破碎腔未开始进行破碎进程时处于平衡态;随着破碎齿体对物料施加刺破、挤压等作用,外载机械能持续向物料内能转化,导致物料内能增加,进而引起系统状态偏离其初始的平衡态;当物料开始发生线弹性变形但还没发生宏观破碎时处于非平衡定态;破碎齿体侵入物料,破碎进程继续发展,物料产生宏观裂纹,会处于非线性非平衡状态,随后发生物料的最终破碎;当破碎过程完成后,被破碎物料整体达到了一个全新的状态,即进入一个新的平衡态,如图 4-3 所示。

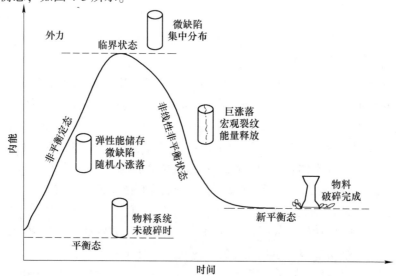

图 4-3   分级破碎过程自组织的耗散结构分析

4.2.2 分级破碎的自组织

物料破碎过程主要体现为物料内部微缺陷的演化与巨涨落。

涨落是物料微观组分之间的一种相互作用与运动，被破碎物料不断加载过程中，输入能变为弹性能并储存在物料内部，处于非平衡定态，破碎齿体输入的能量主要以弹性能的形式储存在物料内部；随着破碎齿咬入物料，输入能越来越大，物料储存的内能随之增加，向有较高内能的临界状态发展。在这一状态下，物料内部存在随机无序的微缺陷，这些微缺陷的演变是一种典型的涨落运动，此时微缺陷的数量和尺寸不足以使物料失稳破碎。

当物料受到逼近破碎临界值的加载条件时，微小的缺陷会集中分布在某些区域，呈现出自组织性。这些涨落将被不断放大，涨落间的关联尺度迅速增大，微观组分间联系变得更强，从而引发了宏观裂纹的产生，形成了巨涨落，物料状态失稳并最终向另一个稳定状态发展，这就是物料从大颗粒转化为不同粒级小颗粒的过程。

物料失稳破碎过程中，物料系统会释放出其内部储存的弹性能，物料的内能降低，重新处于一种新的平衡状态。

根据耗散结构理论，待破碎物料通过和外界环境不断交换物质和能量，以及通过内部适当的非线性能量耗散过程，重新到达某种有序的状态。

物料的破碎过程是内部微缺陷演化导致的涨落被放大形成宏观裂纹的结果。在这个过程中，物料的载荷-位移曲线是非线性的，物料系统发生的热传导、内部微缺陷的长大和塑性变化等均是不可逆的，且该过程伴随着能量的耗散，因此物料分级破碎是一种自组织现象。

4.2.3 能耗定量化与能效提高

分级破碎过程是一个熵增的过程，消耗大量有用或高效能量，而伴生热能、声能等很大比例无法再加以利用的无用或低效能量，将使得环境温度升高。

物料的破碎过程具有能量消耗量大、能量利用效率低两个显著特点。

由于实际破碎过程能量流复杂，从电能等输入能转化为最终的物料新增表面能，从输入端经过多级传动系统将输入扭矩转化为破碎齿体的破碎力。其中，破碎力还要经过物料内部复杂的能量释放与转化，外加待破碎物料自身基本不可重复的复杂物质结构和力学特性，使得破碎过程的能量定量化非常困难。破碎过程定量化是确定系统能量输入、准确计算破碎过程能量效率的基础。同时，定量化是确定物料分级破碎过程实际的能量消耗量，以此为破碎过程参数确定、设备设计研发、工艺流程优化提供理论和数据支撑。能量提效就是为降低破碎能耗，提高破碎过程能量的利用效率探索理论依据、试验方法、实现途径和建立影响与评价机制。传统的三大破碎假说：体积假说、表面积假说、裂缝假说，就是典型的破碎能耗定量化理论。

研究分级破碎理论的另一重要目的是为提高能量利用效率的方法找到理论基础。达到最优破碎目的的同时，消耗最少的能量是破碎科学永恒的研究课题。所以，分级破碎能量理论主要研究破碎过程能量种类、能量传递、能耗定量化和能量利用效率的提高。

4.3 分级破碎载荷理论

破碎是一个将机械载荷施加到物料颗粒上，迫使颗粒变形、断裂、破坏的过程。机械载荷包括，载荷形式、载荷大小、加载速率等方面。此处载荷是指破碎体施加到物料颗粒上的力、应力或应变。

载荷形式主要是拉伸、压缩、剪切等，根据破碎体和物料接触类型，载荷的作用形式可分为点接触、面接触、线接触和冲击接触等。

根据加载速率大小可将载荷分为动载荷、准静态载荷和静载荷。静载荷是指不随时间变化的恒载（如重力）。准静态载荷是指加载变化缓慢，以至于可以略去惯性力作用的准静载。动载荷是指随时间做明显变化的载荷，其外力作用速度有明显改变，即产生较大加速度。

实际的物料破碎过程主要是动载荷和准静态载荷两种。根据岩石力学相关经验，准脆性物料受冲击动载荷作用与静载荷作用相比有如下几个特点：

（1）冲击动载荷作用下形成的应力场（应力分布及大小）与岩石性质有关，静载荷作用则与岩性无关。

（2）冲击动载荷是瞬时性的，一般为毫秒级，准静态载荷加载速度慢，与前者相比，后者的变形和裂纹发展比较充分。

（3）岩石的强度在动载荷加载条件下要高于准静态加载，高出比例依岩石性质和应变率不同而异。

4.3.1 基于点接触的分级破碎载荷形式

分级破碎设备中大粒度物料首次刺破过程以点接触破碎方式为主，大粒度物料二次挤压破碎或者选择性的破碎齿包络破碎以面接触挤压破碎为主。

4.3.1.1 大粒度物料初级破碎的点接触破碎

点接触破碎，是指破碎齿尖刺入物料，克服以张应力为主的物料抗拉强度，实现物料破碎的方式。此种破碎方式突出特点是尖状破碎体以很小的接触面积对物料进行刺破，在相同破碎力的情况下产生最大化的破碎强度和最大化的产品块度，如图4-4所示。

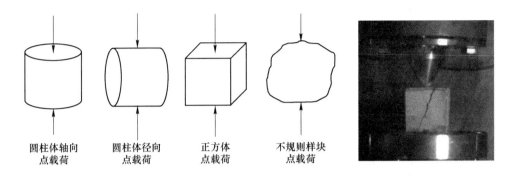

圆柱体轴向　　圆柱体径向　　正方体　　　不规则样块
点载荷　　　　点载荷　　　　点载荷　　　点载荷

图 4-4　点接触破碎原理示意图与试验过程图

点接触破碎最大的优点是破碎能耗低、成块率高。但点接触破碎对破碎体的强度、韧性要求高，同时，因为接触体积小，破碎体的磨损也会更快，需要有更好的耐磨损技术与材质相适应。

4.3.1.2　大粒度物料二次包络挤压面接触破碎

面接触是指物料在两个或多个面形成的包络空间内，随着包络空间逐渐变小，物料受到挤压、弯曲折断等综合作用而破碎。此种破碎方式理论上是主要克服物料的抗压强度，但实际上还是通过工作腔体的棱形设计和物料内部的架桥作用对物料进行拉断、弯曲或折断，分别克服物料的抗拉强度、抗剪强度和抗压强度，达到物料破碎的目的。

面接触破碎方式，从原理上采用了多面体包络腔体对物料进行挤压破碎，因破碎过程接触面积大，就能破碎更加坚硬的物料，破碎腔表面耐磨面积大，使得磨损寿命相对长，工作稳定可靠。

如图 4-5 所示，分级破碎过程中，点接触一般是以单颗粒破碎状态进行。物料进入面接触空间里，随着给料量的增加，物料颗粒间的距离减小，单位体积物

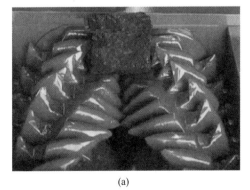

(a)

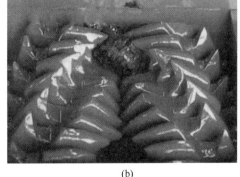

(b)

图 4-5　分级破碎过程中典型载荷形式

（a）点接触破碎；（b）面接触破碎

料逐步增加，颗粒间密集挤压在一起，料层呈现出单颗粒和颗粒层破碎的双重状态。如果饱和式给料，除了破碎腔面对物料进行接触破碎外，更多的接触和相互挤压、架桥折断弯曲等破碎作用发生在料层内的物料之间，这样就大幅提高了物料的破碎概率和破碎幅度，在提高破碎效果的同时，也造成物料大比例的过粉碎问题。

4.3.2 破碎的主要应力形式——拉应力

破碎方法重点研究破碎机械以什么样的施力方式对物料进行破碎，施力方式决定了破碎效果和能量效率，而高效的施力方式需要基于物料力学特性的深入研究与针对性设计。破碎部件形状与结构形式的设计，就是实现更加高效的施力方式，同时确保设备的可靠持久，机械机构和传动都服务于破碎方法。

煤炭、岩石等常见脆性物料，最大的力学特性是：抗拉强度<抗剪强度<抗压强度。基于此，高效的施力方式就是尽量通过克服物料的抗拉强度对其进行破碎，而通过克服抗压强度进行破碎的施力方式则尽量少采用或优化处理。

施力方式与破碎部件的形状相关，常见的破碎部件形状可归纳为：枪尖状点型形状，斧头、剪刀形线型形状，平面（弧面）为代表的面型形状，或者这三者的相互组合。

点型破碎部件主要通过刺破方式进行（见图4-4），线型加载以劈裂、折弯、剪切为主（见图4-6），平面（弧面）的以挤压、磨削等为主（见图4-7）。实际的破碎过程是几种施力方式的综合作用，只是以具体一种施力方式为主。例如，齿辊破碎机以点型刺破施力方式为主，兼有线剪切和面挤压。颚式破碎机和旋回破碎机以面挤压为主，兼有线弯折。

图4-6　线接触剪切破碎设备

除上述三种慢速施力方式外，还有一种依靠高速冲击方式进行的冲击破碎，如图4-8所示。冲击式破碎设备种类很多，如反击式、锤式、石打石、鼠笼式、选择性破碎机等。

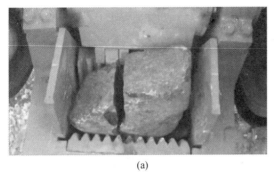

(a)   (b)

图 4-7　面接触破碎中折断、弯曲应力与压应力同时作用

(a) 颚式破碎机破碎；(b) 圆锥破碎机

图 4-8　冲击式破碎高速冲击克服物料抗拉强度

对于煤岩等脆性、准脆性物料机械破碎过程中，是哪种应力方式主导了物料的破碎呢？

传统观点认为，点型刺破为主的齿式破碎和冲击式破碎依靠刺破、劈裂和高速冲击，克服拉应力对物料进行破碎，但颚式破碎机、圆锥破碎机、旋回破碎机是通过挤压方式，依靠压应力实现破碎。

笔者认为，破碎过程中，尤其是粗、中碎作业，几乎所有的破碎设备拉应力都是主导的破碎应力。此观点与传统观点最大的分歧发生在颚式、圆锥等面接触类设备。那么，为什么面接触设备也主要是依靠拉应力进行破碎呢？

第一，面接触类型的破碎设备，虽然从整体看是两个平面或圆弧面之间对物料进行挤压，但颚板、圆锥体表面一般都有破碎棱（见图 4-9 和图 4-10），这些破碎棱单独或配合对物料进行劈裂或弯折等综合作用，尤其当破碎棱间距和物料尺寸接近时，效果会更加显著。这些结构的存在，使得物料在破碎腔内靠弯折、劈裂产生的拉应力对物料进行破碎。

第二，物料形状的不规则和颗粒间的架桥作用（见图 4-11），使得物料在颚

标准齿形　　　　多齿形　　　　超级齿形

采石齿形　　　　重载齿形

图 4-9　颚式破碎机颚板破碎棱

动锥部分瓦楞纹形状　　动锥全部瓦楞纹形状

图 4-10　旋回破碎机动锥破碎棱

铜矿石内部微裂纹

图 4-11　破碎过程颗粒间的架桥与相互作用

粒间或与破碎腔及破碎棱之间受到局部的弯折或挤压作用，形成很多类似"巴西劈裂试验"般的受力状态，如图 4-12 所示。使得物料颗粒受力更接近于局部受压，形成大部分拉应力破坏的状态，而很难形成单轴抗压试验颗粒两端由理想平面均匀受压的状态。

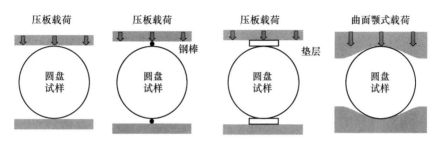

图 4-12 巴西劈裂试验颗粒受力状态

第三，试验数据也证明，颚式破碎机实际破碎岩石时其强度接近抗拉强度。B. A. Bayman 用圆柱形压板压碎花岗岩和大理石的试验说明：花岗岩实际强度仅为 11.8～17.2 MPa，只有抗压强度的十分之一左右，约为抗拉强度（平均 8.8 MPa）的 1.5 倍。如系压应力导致破碎，强度应为 127.5～134.8 MPa，Bayman 用颚式破碎机破碎不规则矿块，测定花岗岩的破碎应力为 9.2～13.3 MPa（平均 10.8 MPa），其抗拉强度为 8.8 MPa，实测值约为抗拉强度的 1.2 倍，而花岗岩在颚式碎矿机中的瞬时抗压强度为 264.8～298.1 MPa。

试验结果也很好证明了以面接触为主要接触类型的颚式破碎机，实际破碎应力更接近其抗拉应力，而不是更大的抗压应力。旋回、圆锥破碎机可以看成圆形展开的面接触破碎设备，其工作方式和物料在破碎腔内的受力状态和颚式破碎机很相似，破坏过程也同样以拉应力为主。

4.3.3 分级破碎低加载率效应

物料都是在破碎力作用下发生变形与破碎，且物料强度随着加载速率的变化也会有很大差异，加载速率是对破碎过程重要的影响因素之一。

4.3.3.1 加载速率和应变速率

破碎过程是外加载荷以一定速度与强度作用在被破碎物料上，物料在应力作用下短时间内产生应变，随后变形、断裂直至破碎。

对物料破碎过程的载荷研究，从主动施力的破碎体和被破碎物料两方面进行，会更加全面系统。施加破碎力的加载速率是指载荷的速度与强度随时间的变化，被作用对象——物料的应变速率是指单位时间内应变改变量。

应力（stress）：物体由于外因（受力、湿度、温度场变化等）而变形时，在物体内各部分之间产生相互作用的内力，以抵抗这种外因的作用，并试图使物体从变形后的位置恢复到变形前的位置。在所考察的截面某一点单位面积上的内力称为应力，用 σ 表示，常用单位：Pa、MPa 或 GPa。

弹性模量（elastic modulus）E：单向应力状态下应力除以该方向的应变。材料在弹性变形阶段，其应力和应变成正比例关系（即符合胡克定律），其比例系数称为弹性模量。弹性模量是描述物质弹性的一个物理量，常用单位：MPa 或 GPa。

假设破碎体单向均匀压缩在一物料柱体上，下垫板不动，破碎体以 $\dot{u}_0$ 下移，取柱体下端为坐标圆点，压缩方向为 x 轴。柱体某瞬时高度为 h，此时，柱体内各质点在 x 方向上的速度为：

$$\dot{u}_x = \frac{\dot{u}_0}{h}x \tag{4-1}$$

式中　　$\dot{u}_0$ —— 整体加载速度；

$\dot{u}_x$ —— 物料中某一点的加载速度。

应变速率分量：

$$\dot{\varepsilon}_x = \frac{\partial \dot{u}_x}{\partial x} = \frac{\dot{u}_0}{h} \tag{4-2}$$

A　加载速度

加载速度（loading velocity）通常是指破碎体的移动速度，即单位时间内外加载荷经过的位移。分级破碎机的加载方式是齿尖对物料的点载荷加载，加载速度可以近似等同于齿尖的线速度，速度具有大小和方向，是矢量；单位一般为 m/s 或 mm/s。此概念只表达了载荷的移动速度，没有涉及载荷强度，也就是没有考虑载荷施加的受力面积。

B　加载速率

破碎过程的加载速率是指破碎过程中破碎机单位时间内将破碎力施加到物料上的速度或强度。加载速率是破碎设备的重要技术参数，直接影响到破碎效果与破碎能量效率。因试验目的及方法不同，加载速率也有不同的表达方法和计量单位，常见的有以下几种情况：

（1）加载速率是指加载板（点）的移动速度，单位是 mm/s 或 mm/min。如动颚板横向摆动作用在物料上的速度，或者齿辊破碎机破碎齿尖对物料进行刺破、剪切作用时的圆周线速度等，这些都可近似看成此类加载速率，如图 4-13 所示。

（2）单位时间载荷增加量，单位是 kN/s。单轴压缩测定岩石抗拉强度等试验时，读取单位时间载荷的增加量，作为加载速率指标使用。

（3）固体力学中，加载速率是指外载荷随时间的变化率，以 $\mathrm{d}\sigma/\mathrm{d}t$（或 $\dot{\sigma}$）表示，此时单位是 $\mathrm{MPa} \cdot \mathrm{m}^{1/2}/\mathrm{s}$。在断裂力学中，以应力强度因子 K 对时间的变化率 $\mathrm{d}K/\mathrm{d}t$（或 $\dot{K}$）表示加载速率，单位是 $\mathrm{N}/(\mathrm{mm}^{3/2} \cdot \mathrm{s})$。

加载速率和加载速度的差别是加载速率考虑了载荷承载面积，是一个单位时

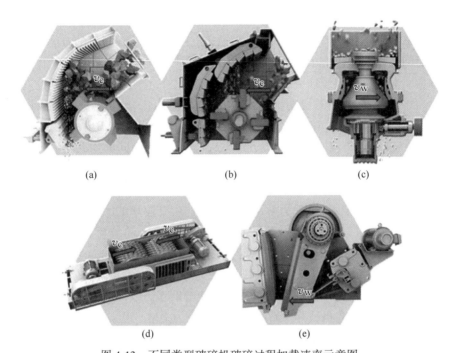

图 4-13 不同类型破碎机破碎过程加载速率示意图

（a）锤式破碎机；（b）反击式破碎机；（c）圆锥破碎机；（d）齿辊破碎机；（e）颚式破碎机

v_c—锤式、反击式、齿辊式破碎机转子破碎部位的圆周线速度；

v_w—圆锥或颚式破碎机动颚或动锥横向摆动速度

间内强度的大小变化。如果在相同的加载状况下，载荷受力面积相同，加载速度和加载速率有着相同的数值变化规律。如分级破碎机齿尖的线速度，就可近似等同于加载速度。如果考虑了被破碎物料与破碎部件间的接触面积因素，并已知物料的破碎强度，就可以计算出加载速率。

C 应变速率

应变速率（strain rate）：表示试样或实际被破碎物料的动态加载程度，一般称为应变速率、应变率或变形速率，是指单位时间内的应变改变，用 $\mathrm{d}\varepsilon/\mathrm{d}t$ 表示（或 $\dot{\varepsilon}$），单位是 s^{-1}。或者用位移速率 $\dot{\Delta}$ 表示，单位是 $\mathrm{mm/s}$ 或 $\mathrm{m/s}$。上述 $\dot{\varepsilon}_x$ 就是应变速率。

从数值上，应变率是物料受载后单位时间内的应变量，数学表达式为：

$$\dot{\varepsilon} = \frac{\mathrm{d}\varepsilon}{\mathrm{d}t} \tag{4-3}$$

式中　$\dot{\varepsilon}$——应变速率或应变率，s^{-1} 或 $\mathrm{MPa/s}$；

　　$\mathrm{d}\varepsilon$——应变量；

　　$\mathrm{d}t$——单位时间，s。

物料在承受破碎、凿岩、爆破、振动等冲击载荷作用时，从承受载荷开始到破坏的荷载周期很短，有时仅有 $10^{-4} \sim 10^{-2}$ s，即使在这样短暂的时间内，载荷仍然随时间而变化。因此，物料破碎单元体实际上是处于随时间而变化的动态变化过程中。对其进行系统研究，有利于为破碎过程的节能、高效提供理论基础。

为便于理解，现举例说明：破碎体的线速度为 1.98 m/s，则加载速度为 1.98 m/s 时，加载时间按 1 s 计算，假设该被破碎物料的应变：变形量/原长 = 0.001，应变速率就是 0.001/1 s = 0.001 s^{-1}。显然，在相同的加载速度下，被破碎物料越长，应变速率就越小。

4.3.3.2 物料破碎过程的加载率效应

常见的岩石、矿物等破碎力学试验中，按照应变速率的大、小为参照，可以分为静载荷（static load）、准静态（quasi-static load）、动载荷（dynamic load）、冲击载荷（impulsive load）等。一般应变速率低于 $10^{-4} s^{-1}$ 称为静态，高于 100 s^{-1} 称为动态，介于 $10^{-4} \sim 100$ s^{-1} 之间称为准静态。

不同破碎设备破碎矿石的应变率不同，冲击破碎机破碎矿石的应变率范围为 $30 \sim 100$ s^{-1}，滚筒式磨机破碎矿石的应变率范围为 $10 \sim 30$ s^{-1}，齿辊式破碎机加载速率的变化范围为 $1 \sim 10$ s^{-1}，爆炸冲击波破碎的应变率大于 1000 s^{-1}。典型破碎与磨矿作业的施载应变速率范围如图 4-14 所示。大多数破碎与磨矿作业的施载应变速率属于准静态，因此研究准静态施载范围内的物料破碎特性可以为矿石破碎工艺的改进提供理论依据。

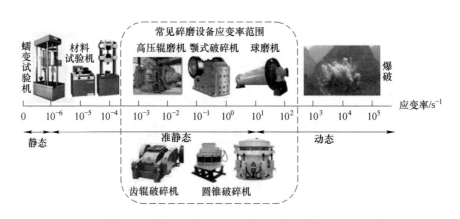

图 4-14 典型破碎与磨矿作业的施载应变速率范围

4.3.3.3 加载速率与物料强度的影响

动、静载荷作用下物料的效应是不同的，尤其是煤炭、矿石等各类矿岩类准脆性物料。静载荷作用在物料上，由于加载慢，惯性力影响小，外力通过物料层结构直接施加在目标质点或者固有缺陷裂纹上；动载荷作用时间短，惯性力影响变大，物料中应力分布不均匀，目标质点或固有缺陷裂纹处所受内外力不平衡，物料对外就表现出更高抵抗性，也就是随着加载速率的加大，矿岩类物料的强度也随之增大，详见表 4-1。从理论上说，这对破碎节能是不利的。

表 4-1 不同加载速率下花岗岩抗压、抗拉强度试验结果

抗压强度加载速率			抗拉强度加载速率	
加载速率 $\dot{\sigma}/\text{MPa} \cdot \text{s}^{-1}$	应变率 $\dot{\varepsilon}/\text{s}^{-1}$	抗压强度（UCS） σ_c/MPa	加载速率 $\dot{\sigma}/\text{MPa} \cdot \text{s}^{-1}$	抗拉强度 σ_t/MPa
0.38	1.13×10^{-5}	74.7	0.025	5.30
4.8	1.18×10^{-4}	84.8	0.27	5.53
172	4.42×10^{-3}	107.4	15.5	6.27
1.2×10^3	3.31×10^{-2}	125.0	1.04×10^2	6.45
1.67×10^4	3.30×10^{-1}	168.1	1.17×10^3	7.34

4.3.3.4 加载速率对破碎能耗的影响

外加载荷的形式与程度直接决定了破碎过程的能耗。分级破碎的破碎过程中破碎齿对物料的施加载荷方式在前面已经做过分析，下面主要探讨加载速率对破碎能耗的影响。结合分级破碎的工作原理，破碎载荷的加载速率等同于破碎齿的线速度，破碎齿的线速度又与齿辊转速成正比，所以可等效看成是研究破碎辊转速与破碎能耗的关系。

Griffith 将表面能的概念应用于弹性理论，认为矿块实际强度大大低于理论数值是由于存在着极细微的裂纹。这些裂纹既有可能是原始存在，也可能是在矿物开采、转运或前期破碎过程中形成。因此，裂纹特性直接影响矿块破碎后的粒度分布与破碎过程中的能量消耗。

首先，裂纹的存在降低了矿块的有效强度。矿块的表观杨氏模量及其他弹性模量将依赖于应变率。其次，因为裂纹扩展表现为平面特征，所以在稍不完善的各向同性材料中，裂纹扩展将造成平行于裂纹扩展方向的响应，不同于垂直裂纹面方向的响应，从而使一种初始各向同性的材料迅速转变成高度各向异性的材料，这意味着矿块的极限强度强烈依赖于加载速率。在准静态加载速率条件下，最大的或者临界的缺陷是引起物体破坏的原因，而在更快的加载速率条件下，一个具有有限扩展速度的单一裂纹不足以释放不断增加的拉应力，于是更多的裂纹必须参加这个过程，最终就是消耗了与裂纹总长度等比例的能量。如图 4-15 和图 4-16 所示，加载速率与物料的极限强度成正比，即加载速率低、参与的裂缝数量少、极限强度低，从而所需破碎功耗低。结论：要采用低加载速率，也就是低转速有利于降低破碎过程的能耗。

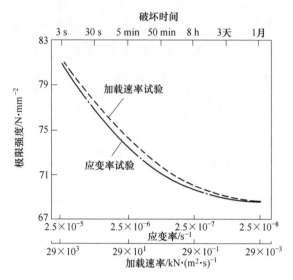

图 4-15　加载速率与极限强度及应变率的关系图

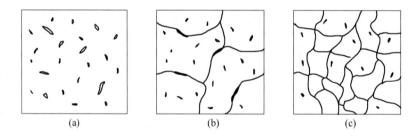

图 4-16　不同加载方式下破碎块度的差别
（a）自然含裂隙岩石；（b）慢拉伸加载速率；（c）快拉伸加载速率

4.3.4　分级破碎的低加载速率

多项研究结果表明，降低破碎过程的加载速率从多个角度都是有利的。

（1）准脆性物料的破碎过程，降低加载速率可使物料强度降低，从而减小所需破碎力和破碎功耗。产生这种现象的原因是，准脆性物料的破碎过程并不是完全的弹性变形，在弹性阶段，应力与应变的响应是以声速进行的。当变形速率低于材料声速时，变形速率对材料的弹性变形性质没有影响，但在塑性变形阶段，塑性变形过程是比较缓慢的，为进行充分的塑性变形，需要较长的时间；当加载速率过高时，变形速率超过了进行塑性变形所需的临界变形速率，则塑性变形过程受到了约束和限制，将使材料的屈服点升高，塑性有可能降低，变形硬化过程也受到影响，从而增加了材料的强化趋势。

（2）降低加载速率，物料中已有裂纹扩展应力释放充分，可以使应力沿着原有少数裂纹扩展，不会出现因加载迅速生成更多裂纹的现象，从而降低破碎过程的能量消耗。

（3）加载速率低、参与裂纹少，也有利于物料保持更大粒度，减少不必要的细颗粒产生，从而提高破碎过程成块率、降低过粉碎，这也是分级破碎过粉碎低形成的理论依据。

上述是低加载速率的有利之处，但在实际工作过程中，过低的加载速率意味着分级破碎齿辊运行速度低，这样会降低设备的处理能力。分级破碎设备实际设计过程中，就要综合考虑破碎强度、处理能力、过粉碎、破碎功耗等多方面因素。

分级破碎设备的齿辊转速范围为 15~300 r/min，一般为 30~120 r/min。考虑到齿辊直径差异，齿尖线速度一般为 1~6.5 m/s，见表4-2。

表4-2　常见破碎机典型加载速度比较

破碎机类型	规格型号	常规转速 /r·min⁻¹	转子直径 /m	破碎作用线速度 /m·s⁻¹	电机功率 /kW	破碎强度 /MPa
高压辊磨机	HRC1700	23.26	1.70	2.07	1575	250
分级破碎机	TCCH1250	35	1.25	2.29	2×200	200
可逆锤式破碎机	PCK1212	740	1.25	48.4	320	120
立轴冲击式破碎机	VSI B7150SE	1500~2500	1.20	45~70	300	120~150

4.4　分级破碎功耗定量化理论

分级破碎作为一门全新的破碎技术，尤其是该技术中筛分、破碎同时进行，此时功耗定量化与传统破碎定量功耗的方法、思路有很大区别，需要一套与之吻合的理论体系，用以揭示分级破碎的功耗与破碎方法、齿形结构、物料特性等各相关技术参数间的影响规律，为破碎设备与工艺的设计、研发、评价提供理论指导和数据支持。

4.4.1　传统破碎功耗学说及其发展特点

破碎是物料粒度减小的过程，对物料施加外力以克服物料内部质点间的内聚力，也就是给予物料充分的能量，对物料做功，功转化为变形能，当变形达到极限时破碎发生。破碎是一个功能转换的过程，破碎功耗理论就是研究破碎过程中破碎能量消耗和破碎前后粒度、粒形变化之间定量关系的理论，简单地说就是揭示能量消耗与粒度变化的定量关系。

1867 年，德国学者 R. P. Rittinger 提出表面积说：破碎过程是以减小物料颗粒尺寸为目的，破碎过程将使物料的表面积不断增加。为此，物料破碎时，外力所做的功用于产生新表面，即破碎功耗与破碎过程中物料新生成表面积成正比。

1874 年俄国学者吉尔皮切夫和 1885 年德国学者 F. Kick 分别提出体积说，认为几何上相似的物体在同样工艺状态下发生类似变化所需的能量与这些物体的体积或质量成比例。

1952 年，美国学者 F. C. Bond 提出的裂缝学说（crack theory）：矿石破碎过程中消耗的功与颗粒内新生成的裂缝长度成正比。破碎物料时外力所做的功首先使矿块发生变形，当变形超过极限后即生成裂缝，裂缝一旦产生，储存在矿块内部的变形能立即促使其扩展，继而形成断面。因此，粉碎矿石所需要的功，应考虑变形能和表面能两部分。

邦德对其解释为破碎物料时外力所做的功首先使矿块发生变形，当变形超过极限后即生成裂缝，裂缝一旦产生，储存在矿块内部的变形能立即促使其扩展，继而形成断面。因此，粉碎矿石所需要的功，应考虑变形能和表面能两部分，前者与体积成正比，后者与表面积成正比。

裂缝学说注意到裂缝的形成和发展，但不是以裂缝形成和发展的研究为依据，而是为了解释其经验公式所做的假定。裂缝学说的经验公式是用一般的碎矿及磨矿设备做试验定出的，所以适用于中等矿石破碎比的情况。

D. R. Wolker 用微分公式表示破碎过程功耗，公式如下：

$$\mathrm{d}W = - cx^{-n}\mathrm{d}x \tag{4-4}$$

式中　　$\mathrm{d}W$——粉碎功微功；

　　　　$\mathrm{d}x$——粒度减小微分；

　　　　x——颗粒粒度；

　　c，n——系数。

对式（4-4）积分后可得：

$$W = \int_{D}^{d} - cx^{-n}\mathrm{d}x = \frac{c\left(\dfrac{1}{d^{n-1}} - \dfrac{1}{D^{n-1}}\right)}{n - 1} \tag{4-5}$$

其中，n 取 1、1.5、2，即可分别得到 Rittinger、Bond、Kick 学说公式：

$$A_{\mathrm{Rittinger}} = K_{\mathrm{R}} Q\left(\frac{1}{d} - \frac{1}{D}\right) \tag{4-6}$$

$$A_{\mathrm{Bond}} = K_{\mathrm{B}} Q\left(\frac{1}{\sqrt{d}} - \frac{1}{\sqrt{D}}\right) \tag{4-7}$$

$$A_{\mathrm{Kick}} = K_{\mathrm{K}} Q\ln\frac{D}{d} \tag{4-8}$$

　　三个学说的提出经历了 80 余年时间，面积学说是形成新表面，体积学说是外力发生变形的阶段，裂缝学说是裂缝形成和发展。从直观的表面积增加到破碎过程深入的功能转化——变形能，再从物料微观裂纹扩展的视角将表面能与变形能综合考虑，提出系统的试验方法与手段，将破碎过程功耗定量化，并直接指导生产实践。

　　人类对破碎功耗问题的认识是不断进化、不断提高、由表及里、从宏观到微观、从定性到定量、由粗糙到最大限度精细化的过程，三个学说的先后出现有其认识规律内的必然逻辑。

　　三个功耗学说发展至今已有 150 余年，世界矿物、矿石等脆性物料生产已经发生了翻天覆地的变化，从破碎强度、产能、粒度等方面取得了巨大进步。与此相比，对破碎功耗的认识相对来说发展缓慢，取得的主要成就集中在对原有学说的细化与丰富。通过试验方法与手段的提高与创新，提高了 Bond 裂缝学说的适用性。150 余年的发展期间，也有一些新的非接触式、非机械能破碎方法出现，但在可预期的未来，依赖机械能采用接触式进行破碎，仍然还是最主要的破碎方法。

　　上述基于三大学说的破碎能耗测定，都是尝试从输入能量与破碎前后矿物特征参数建立经验模型，或重复大量物料试验，在大量的数据中，通过经验与比较确定实际破碎功耗。它们还是属于经验或试验比对型的方法，缺乏可重复性和理论唯一的准确性，更缺乏对破碎过程物料微观断裂机制与各类能量耗散演化规律等机理的深度揭示，尤其是缺乏对破碎过程中各类耗散能量与外加载荷相互影响机制的系统研究成果。

　　摆脱对经验和试验比对型方法的依赖，加深对物料力学性质分布规律性的认识，提高破碎过程能耗的在线、实时定量确定的理论和实践水平，极大提高定量化应用的普适性，并基于此提高破碎装备与破碎工艺的智能化水平，将是未来相当长时间的努力方向。

　　现代技术迅猛发展的当代，在继续完善三大学说的同时，破碎工程的专家学者们在吸收其他学科的研究方法与手段，对破碎过程做进一步的深层研究。其中，最为突出的就是将岩石断裂力学的理论与研究方法应用于相近的物料破碎过程，其典型的研究方法是单颗粒粉碎，按加载方式又分为静压粉碎和动压粉碎两种。

　　单颗粒粉碎的代表性理论是 Griffith 裂纹扩展能量理论。Griffith 基于脆性固体材料的实测强度值较它的分子间力的理论计算值小 2~3 个数量级，即实测值只是理论值的几百或几千分之一。认为这是由于物料内存有微裂缝，在其微裂缝尖端附近产生高度的应力集中，当应力集中值达到弹性极限时，就会导致裂纹扩展，造成物料破坏。

4.4.2 分级破碎功耗适用体积学说

分级破碎的破碎比为 2~6, 入料粒度为 100~2000 mm, 出料粒度为 25~400 mm。它属于典型的低破碎比, 粗、中碎作业。很明显与其相适应的功耗理论应该是体积学说。但鉴于破碎状况的千差万别, 体积学说也只能是相对定性的理论指导。

分级破碎的适宜破碎对象是煤炭等中硬以下矿物的脆性物料, 且在破碎过程中采用的是低转速分级破碎, 经笔者初步试验研究, 分级破碎对物料产生单颗粒破碎的概率在 70%~100%, 由此说明将 Griffith 裂纹扩展能量理论用于分析分级破碎的破碎过程、载荷特点、破碎效果, 确定重要工作参数等目的是比较贴切的。

1961 年, 芬兰学者 R. T. Hukki 对三个破碎功耗学说做了更系统和精细的试验验证和再研究, 选取测试物料为石英、长石和 A、B、C 三种金属矿石, 见表 4-3。

表 4-3 胡基对三个破碎功耗学说验证试验结果

阶段序号	阶段 1	阶段 2	阶段 3	阶段 4	阶段 5	阶段 6	阶段 7
阶段名称 (production)	爆破 (explore shattering)	一级破碎 (primary crushing)	二级破碎 (secondary crushing)	粗磨 (coarse grinding)	细磨 (fine grinding)	精细磨 (very fine grinding)	超细磨 (super fine grinding)
粒度范围 (product size)	1 m 或更大	1 m~100 mm	100~10 mm	10~1 mm	1 mm~100 μm	10~1 μm	1 μm 或更小
实测值 (net energy consumption) /kW·h·t^{-1}	—	0.35	0.6[①]	1.6[②]	10		
Kick 理论值 /kW·h·t^{-1}	2.50	2.50	2.50	2.50	2.50	2.50	2.50
Bond 理论值 /kW·h·t^{-1}	0.07	0.23	0.69	2.18	6.9	21.8	69
Rittinger 理论值/kW·h·t^{-1}	0.0009	0.009	0.09	0.9	9	90	900
	← 常规工业破碎范围 10 kW·h/t →						

注: 每次试样不少于 100 kg。

① 颚式破碎机 (jaw crusher) 规格 7 in×12 in (1 in=2.54 cm), 开口是一次性设置为 10 mm 或者先后设置为 35 mm 和 10 mm, 每种产品颗粒三维尺寸都小于开口设定尺寸。

② 对辊式破碎机规格 25 cm×12 cm。

Hukki 的试验结果表明：粗碎，以体积学说计算的结果较为准确，裂缝学说计算的不可靠，面积学说的数据则差得太远。粒度由 100 μm 至 10 μm 以下，裂缝学说的数据过于小，而以面积学说计算的结果较合理；但磨到 10 μm 以下或更细，面积学说计算结果也不符合实际情况，如图 4-17 所示。

目前，三个学说应用最为广泛的还是 Bond 裂缝学说，主要原因是 Bond 提出了一系列完整的试验方法，引领破碎行业做了大量基础试验，并将试验数据和工业应用进行深度融合，提高了裂缝学说的适用性和生命力。表面积学说和体积学说则因没有发展出相应的试验和数据支撑体系，缺乏相应的适用性和生命力，但这并不意味着两种学说对破碎功耗的指导作用可以被裂缝学说所替代。

将此三个学说综合起来看，可以说它们各代表破碎过程的一个阶段：弹性变形（Kick）、开裂和裂缝扩展（Bond）、断裂形成新表面（Rittinger），三者互不矛盾，互相补充。在粗碎、中碎、低破碎比时，Kick 学说较适宜，分级破碎的工作参数就在此范围内；细碎、粗磨、中等破碎比时，宜用 Bond 学说；细磨、高破碎比时以 Rittinger 学说吻合度更高。这些结论既符合认知逻辑，也被众多学者的试验数据与理论计算所证明。

安德烈耶夫根据前人观点，用数学方法计算各学说的功耗，结果归纳为功耗和破碎比相关曲线图。

从图 4-18 中可以看出，在低破碎比阶段，体积学说与破碎功耗的吻合度最

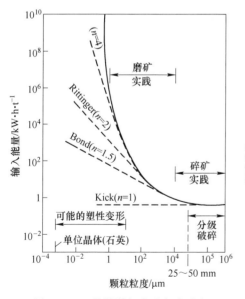

图 4-17 三种学说与碎矿实践对比

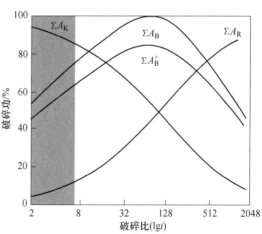

图 4-18 破碎比与各学说功耗的比较

$\sum A_B$—用 Bond 公式的原形和其中关于
粒度的规定计算的；$\sum A_B'$—用平均粒度计算的

高，面积学说最差，裂缝学说中最大粒度方法要好于平均粒度计算结果。

经实践检验，三种学说分别适用于高破碎比、低破碎比和中破碎比。从粒度看，面积学说较适用于排料粒度为 0.01~1 mm 的粉磨作业，体积学说较适用于排料粒度大于 10 mm 的粗碎和中碎作业，而裂缝学说则介于两者之间，适用于从中碎到粗粉磨作业的比较广泛的范围内。

4.4.3　分级破碎功耗计算的特点

分级破碎的功耗计算与传统破碎设备完全不同，需要解决两个理论上的问题。一是分级破碎过程有很大比例物料直接通过，这部分理论上不耗功，或者消耗很少，甚至还有物料流的势能作用在齿辊上，对驱动系统反向做功，如何考虑这部分的功耗？二是大颗粒物料破碎符合什么样的功耗规律？这个问题已经在上述内容分析清楚，从原理上可以基于体积学说加以定量化计算。

4.4.3.1　体积学说与分级破碎能耗计算

通过三个功耗学说的计算公式可以看出，破碎过程的功耗主要由三部分组成，第一部分是由入料粒度 D 和出料粒度 d 决定的，可将其称为粒度因子；第二部分是产生粒度因子单位质量物料消耗的比功耗；第三部分是破碎物料的总质量。要想计算实际破碎功耗第一、第三部分可以直接根据实际生产需要确定。最为复杂和难以确定的是第二部分的比功耗，因为影响它的因素很多。破碎物料性质、破碎方法、参数、环境条件等都会影响其最后的结果。

目前，裂缝学说用于计算破磨过程的功耗，并以此指导破碎设备与系统的功率确定，发展得比较完善与成熟。究其原因是经过 70 年发展，Bond 与后续学者和行业工作者不断创新与进步，形成一套行之有效的知识、试验方法与试验装置、数据挖掘与思想方法体系，适应实际工业设计与生产需要。针对破碎、棒磨、球磨、自磨机等常见破磨环节，都有其对应的专门的试验装置与方法。

同裂缝学说相比，体积学说和表面积学说则像是缺乏有力支撑的空中楼阁，缺乏试验手段、数据和知识体系的支撑。从已有试验数据结果和基本原理上来看，体积学说与分级破碎吻合度较高。

4.4.3.2　Bond 冲击破碎功指数

Bond 冲击破碎功指数试验是一种单颗粒破碎试验方法。通过将双摆锤摆高的势能转化为冲击破碎能，反映块状物料在破碎机中受到冲击而破碎的能耗指标和破碎粒度分布。这个试验设计初衷是用于计算和评价旋回、圆锥、颚式等面接触式破碎机的使用效果与工作状况，指导破碎机设计与创新。该试验方法与设备由美国 Allis Chalmers 的 F. C. Bond 在 1934 年发明创造，1945 年又进行了改进，随后一直沿用至今。该设备一般称为：Bond crushing work index 或者 Bond low-energy impact crushing work index 或 Bond crushability test，详细技术参数见表4-4，试验原理与装置如图4-19所示。

表 4-4　Bond 冲击破碎功指数试验参数

项　目	参　数	数　据
摆锤	个数/个	2
	尺寸/mm	711.2×50×50
	质量/kg	13.62
	两近端面距离/mm	50.8
	回转半径/mm	412.75
摆轮半径	半径 R/mm	279.4
	中心距/mm	761.2
试验物料	一般物料块数/块	20
	自磨后质地均匀物料块数/块	10
试样粒度	粒度范围/mm	50~75
摆锤角度	两摆锤各自单独摆角/(°)	5~30
	步长/(°)	5
	速度/m·s^{-1}	0.15~0.87

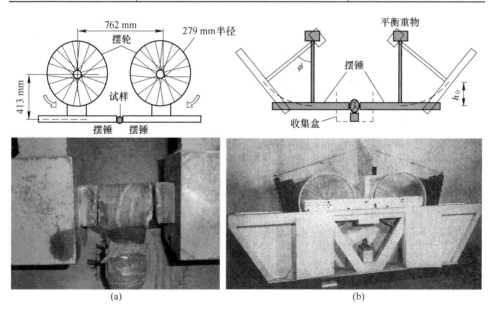

图 4-19　Bond 冲击功指数试验工作示意图

（a）Bond 冲击试验冲击试样过程瞬间；（b）摆锤装置工作原理示意图

冲击破碎功指数计算，摆锤总势能 E(J)：

$$E = 2mgR(1 - \cos\varphi) \tag{4-9}$$

每块样品 Bond 冲击破碎功指数:

$$W_{ic} = \frac{53.84E}{hS_g} = \frac{5893(1 - \cos\varphi)}{hS_g} \tag{4-10}$$

式中　　W_{ic}——冲击破碎功指数,kW·h/t;

　　　　E——摆锤总势能,J;

　　　　m——单个摆锤质量,13.62 kg;

　　　　R——摆锤中心到摆轮质心的距离,0.41275 m;

　　　　φ——试样破碎时摆锤旋转的角度,(°);

　　　　h——破碎样品厚度,mm;

　　　　S_g——破碎样品密度,g/cm³。

4.4.3.3　冲击功指数用于分级破碎功耗计算

Bond 冲击功指数试验条件与分级破碎的实际破碎工况具有很大的相似性,主要体现在载荷作用方式、加载速率、试样粒度范围等几个方面。

(1) 冲击试验与分级破碎都是采用机械能接触破碎方式,通过两摆锤对物料进行冲击破碎,摆锤接触界面 50 mm×50 mm 与分级破碎齿头面积接近,尤其是粗碎齿头与物料的接触面积,数据很接近;中碎破碎齿与物料的接触面积稍小于摆锤截面,但都在一个数量级内,这一细微差别可通过相关系数加以修正。

(2) 二者加载速率接近,Bond 冲击功指数试验加载速率为 0.15~0.87 m/s,分级破碎齿对物料的加载速率为 1.5~3.5 m/s,这二者虽然差了将近一个数量级,但都属于非常慢的加载速率,属于典型的准静态加载。根据矿岩强度与加载速率之间的关系可知,这二者的加载速率对于物料强度都不会有太大影响。

(3) 冲击功指数试样粒度 50~75 mm,正好属于分级破碎中碎粒度范围,试样粒度范围接近,就会有更加接近的破碎能耗规律。

综合上述三者可以看出,Bond 冲击功指数的试验条件和分级破碎机非常相似,将其测定物料的破碎功指数用于分级破碎功耗计算,是非常合理可行的,见表4-5。

表4-5　常见矿物冲击功指数和磨损指数试验数据统计

矿物类型	矿物名称	密度 /t·m⁻³	抗压强度 /MPa		冲击强度 /J·m⁻¹		冲击功指数 W_i /kW·h·t⁻¹			磨损指数 A_i (试验值)
			最大值	平均值	最大值	平均值	试验值	最大值	平均值	
	L.S. 水泥	2.70					12.7			0.0238
	水泥渣块	3.15					13.5			0.0713
	重硫化物	3.56					11.4			0.1284

矿物类型	矿物名称	密度/t·m⁻³	抗压强度/MPa		冲击强度/J·m⁻¹		冲击功指数 W_i/kW·h·t⁻¹			磨损指数 A_i（试验值）
			最大值	平均值	最大值	平均值	试验值	最大值	平均值	
	正长岩									0.400±0.10
铁矿石	磁铁矿1					8±4			0.2~0.6	
	磁铁矿2									0.200±0.10
	磁铁矿3							18.13	9.38	
	磁铁矿4	3.70					13.0			0.2217
	赤铁矿1	4.17					8.5			0.1647
	赤铁矿2					11±4			0.3~1	
	赤铁矿3									0.500±0.30
	铁矿石1	3.81					7.19			
	铁矿石2	3.84					4.05			
	铁矿石3							8.30	4.73	
花岗岩	花岗岩（细粒）							28.44	20.76	
	花岗岩（粗粒）							19.38	10.33	
	花岗岩1		200~300				16±6			0.3~0.7
	花岗岩2							18.10	13.68	
	花岗岩3							22.06	16.76	
	花岗岩4	2.72					16.6			0.3880
	花岗岩5									0.550±0.10
石灰石	石灰石1	2.71					8.03			
	石灰石2	2.88					8.07			
	石灰石3	2.63					7.18			
	石灰石4	2.73					4.95			
	石灰石5	2.73					14.90			
	石灰石6							22.27	15.82	
	石灰石7							9.00	4.87	
	石灰石8	2.70					11.7			0.0320
	石灰石9									0.001~0.03
	石灰石（致密）		80-180				13±2			0.001~0.2
	石灰石（松散）		80~180				7±3			0.001~0.2

续表 4-5

矿物类型	矿物名称	密度/t·m⁻³	抗压强度/MPa		冲击强度/J·m⁻¹		冲击功指数 W_i /kW·h·t⁻¹			磨损指数 A_i（试验值）
			最大值	平均值	最大值	平均值	试验值	最大值	平均值	
暗色岩	暗色岩1							37.84	30.99	
	暗色岩2	2.80					17.8			0.3640
	暗色岩3							38.79	29.75	
砂岩	砂岩1		30~180				11±3			0.1~0.9
	砂岩2									0.600±0.20
	硬砂岩1		150~300				17±2			0.1~0.4
	硬砂岩2									0.300±0.10
	粗砂岩					16±3		0.1~0.3		
角岩	角岩	3.37					16.3			0.6237
	角页岩		150~300				18±3			0.2~0.6
页岩	页岩1	2.66	63	56	1180	804				
	页岩2							8.44	6.07	
	页岩3	2.62					9.9			0.0209
片麻岩	片麻岩1	2.64	184	125	1457	875				
	片麻岩2		200~300				16±4			0.3~0.6
	片麻岩3									0.500±0.10
矸石	碎石	2.68					15.4			0.2879
	废石（矸石）	2.97		217	1591	881				
辉长岩	辉长岩1		170~450				22±3			0.4~0.6
	辉长岩2							41.21	24.68	
	辉长岩3									0.400±0.10
	辉长岩-Narrows采石场	2.85	318	262	1644	1044				
辉绿岩	辉绿岩1									0.300±0.10
	辉绿岩2		250~350				18±4			0.1~0.4
闪岩	闪岩					16±4		0.2~0.6		
	闪长岩		170~300				19±4			0.1~0.4
安山岩	安山岩1							14.19	9.12	
	安山岩2		170~300				17±3			0.1~0.6

矿物类型	矿物名称	密度 /t·m⁻³	抗压强度 /MPa		冲击强度 /J·m⁻¹		冲击功指数 W_i /kW·h·t⁻¹			磨损指数 A_i （试验值）
			最大值	平均值	最大值	平均值	试验值	最大值	平均值	
玄武岩	玄武岩1		300~400				20±4			0.1~0.3
	玄武岩2									0.200±0.20
白云石	白云石1		50~200				13±3			0.01~0.04
	白云石2	2.70								0.0160
	白云石3									0.010±0.05
大理石	大理石1		80~180				12±3			0.001~0.2
	大理石2							19.71	13.47	
	大理石3							18.65	9.40	
斑岩	斑岩1									0.100~0.90
	斑岩2		180~300				18±2			0.2~0.9
石英岩	石英岩1		150~300				15±4			0.7~0.9
	石英岩2							24.51	19.81	
	石英岩3	2.70					17.4			0.7751
	石英岩4									0.750±0.10
铝土矿	铝土矿1							15.62	6.22	
	铝土矿2	2.41					10.44			
	铝土矿3	2.42					11.98			
	铝土矿4	2.49					4.88			
	铝土矿5	2.41					7.56			
	铝土矿6	2.43					9.80			
	铝土矿7	2.45					5.98			
	铝土矿8	3.90					17.50			0.8911
	铝锌矿							21.14	13.37	
	铝土矿黏土							10.49	5.79	
铜矿	铜矿1							12.23	8.01	
	铜矿2							18.77	10.15	
	铜矿3	2.93					19.73			
	铜矿4	2.92					13.48			
	铜矿5	3.39					12.32			
	铜矿6	3.25					12.67			
	铜矿7	3.25					4.74			
	铜矿8	2.95					11.70			0.1472

续表 4-5

矿物类型	矿物名称	密度 /t·m⁻³	抗压强度 /MPa		冲击强度 /J·m⁻¹		冲击功指数 W_i /kW·h·t⁻¹			磨损指数 A_i （试验值）
			最大值	平均值	最大值	平均值	试验值	最大值	平均值	
酸性岩	酸性岩1	2.64					12.25			
	酸性岩2	2.79					15.20			
	酸性岩3	2.80					6.90			
	酸性岩4	2.69					9.41			
煤	煤1	1.68					7.04			
	煤2	1.55					3.55			
	煤3	1.78					5.72			

注：表中数据来源于网络，不能准确确定文献来源，数据仅供参考。

4.4.4 分级破碎小粒度物料无耗通过

分级破碎与传统破碎设备计算功耗的最大区别在于其具有的分级特性，也就是说小颗粒物料在齿辊旋转过程中直接通过，这部分比例有时很大，如井工综采出的煤炭，有时小粒度物料占整体物料的 80% 左右，见表 4-6。这部分在计算破碎功耗时如何处理将会对计算结果产生极大影响。

表 4-6 柴沟煤矿原煤破碎前筛分试验数据

粒级/mm	产物名称		质量 /kg	产率（占全样） /%	筛上物累计 /%
300	手选	煤	151.8	2.37	
		夹矸煤	362.0	5.65	
		矸石	270.4	4.22	
		小计	784.2	12.24	12.24
300~250	手选	煤	130.7	2.04	
		夹矸煤	98.0	1.53	
		矸石	148.6	2.32	
		小计	377.3	5.89	18.13
250~200	手选	煤	61.5	0.96	
		夹矸煤	79.4	1.24	
		矸石	87.1	1.36	
		小计	228.1	3.56	21.69

续表4-6

粒级/mm	产物名称		质量/kg	产率（占全样）/%	筛上物累计/%
200~150	手选	煤	67.9	1.06	
		夹矸煤	55.7	0.87	
		矸石	77.5	1.21	
		小计	201.2	3.14	24.83
150~100	手选	煤	157.0	2.45	
		夹矸煤	46.8	0.73	
		矸石	137.1	2.14	
		小计	340.8	5.32	30.15
100~150		煤	464.5	7.25	
		夹矸煤	134.5	2.1	
		矸石	191.6	2.99	
		小计	790.6	12.34	42.49
50~25		煤	761.1	11.88	54.37
25~13		煤	682.3	10.65	65.02
13~0		煤	2241.0	34.98	100.00

注：破碎前筛分煤样总重6406.6 kg，最大粒度750 mm×820 mm。

如果按照常规破碎机的功耗计算方法，会把全粒级所有物料作为整体计算，但在分级破碎过程中，大部分物料可以去除不予考虑，或者以另外的思路加以计算。只把大粒度物料的量作为计算基数，这样计算出的功耗和实际情况符合度理论上更高。

如图4-20所示，物料从给料机给入破碎腔体，经分级破碎后从腔体下方排出。

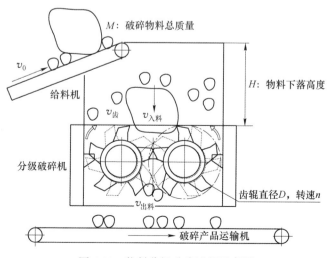

图4-20 物料分级破碎过程示意图

这个过程的能量消耗可以分成三部分，第一部分是大粒度物料的破碎耗功，可称之为 $W_{块}$；第二部分是整体物料流的势能变化，以及其与齿辊的能量耦合后最终形成的功耗变化 $W_{流}$；第三部分是破碎机械本身机械部分的机械损耗 $W_{损}$。由此，分级破碎整体的能耗 $W_{总}$ 为：

$$W_{总} = W_{块} + W_{流} + W_{损} \tag{4-11}$$

其中，$W_{流}$ 物料流能量的主要影响因素是物料势能和齿辊旋转动能之间的耦合过程，整体物料从给料面下落高度 H 后到达齿辊表面，势能 MgH 转化为物料的动能 $\frac{1}{2}Mv^2_{入料}$。此时，物料与破碎齿辊接触，就要比较 $v_{齿}$ 和 $v_{入料}$，如果齿尖线速度大于入料速度，齿辊对物料产生再加速过程，对物料做功；反之，物料会对齿面产生冲击作用，使得齿辊动能增加，可以抵消同期发生的一部分大粒度物料的破碎功耗。

$$W_{流} = \frac{1}{2}M(V^2_{齿} - V^2_{入料}) = \frac{1}{2}kB^2\rho(v^2_{齿} - v^2_{入料}) \tag{4-12}$$

式中　$V_{齿}$，$V_{入料}$——齿辊和入料体积；

　　　　　k——与物料堆积有关的断面系数；

　　　　　B——给料皮带机宽度，mm；

　　　　　ρ——物料堆积密度，t/m³。

$$v_{齿} = \frac{\pi\phi n}{60} \tag{4-13}$$

式中　$v_{齿}$——齿尖线速度，m/s；

　　　　ϕ——齿辊直径，m；

　　　　n——齿辊转速，r/min。

$$v_{入料} = \sqrt{2gH} \tag{4-14}$$

式中　$v_{入料}$——物料下落速度，m/s；

　　　　H——物料下落高度，m；

　　　　g——重力加速度，9.8 m/s²。

机械损耗 $W_{损}$ 包括了电机的空载或基础电耗，以及传动系统效率损失等造成的功耗。

$$W_{损} = W_{空损} + W_{额}(1 - \eta) \tag{4-15}$$

式中　η——各项传动环节的传递效率总乘积；

　　　　$W_{额}$——电动机或动力源的额定功率。

大粒度物料破碎消耗的功 $W_{块}$ 是分级破碎主要有用功耗，与入料中大粒度物料含量、粒度大小、物料强度等相关。

$$W_{块} = K W_{ic} Q \ln \frac{D}{d} \tag{4-16}$$

式中　W_{ic}——Bond 冲击功指数，kW·h/t；

　　　Q——处理能力，这里特指入料中大于产品粒度物料的总质量，t；

　　　D——入料粒度，mm；

　　　d——出料粒度，mm；

　　　K——同粒度、物料性质相关的系数，在此称为体积系数。

$$W_{总} = K W_{ic} Q \ln \frac{D}{d} + \frac{1}{2} k B^2 \rho (v_{齿}^2 - v_{入料}^2) + W_{空损} + W_{额}(1 - \eta) \tag{4-17}$$

式（4-17）是分级破碎耗功的总和，称之为分级破碎耗功公式。

5 分级破碎螺旋布齿理论

破碎齿是分级破碎的核心，是实现分级破碎功能、保证设备高效可靠运行的最重要部分。破碎齿在同一齿辊上的位置关系和两齿辊的相互啮合关系直接决定破碎产品粒度大小与组成、咬入物料的能力与效率、物料在齿辊轴线上的分布均匀程度，间接影响破碎能耗、破碎齿使用寿命、破碎设备载荷稳定性和可靠性等。分级破碎的螺旋布齿理论，就是研究破碎齿的空间布置与分级破碎各项功能内在关系的理论。

5.1 螺旋布齿的定义

分级破碎机沿齿辊轴线相邻破碎齿错开一定角度排列，错位齿顶连线与平行于齿辊轴线的母线形成一定角度的破碎齿分布状态，称为分级破碎机的螺旋布齿。

首先，以最特殊的单螺旋状态为例，此时破碎过程中破碎齿的受力在理论上是依次发生的，两个螺旋尖也是首尾接续行进，整个齿辊所受轴线载荷是均匀加载的，这样有利于驱动系统的载荷均匀，避免过多的冲击和尖峰载荷，有利于保护动力传动系统和驱动电机。

假定齿尖半径为 R，齿尖直径为 φ，每周分布齿数 m，齿根直径为 D，齿弧顶距为 A，排间距为 B，齿排数为 n，齿辊长度为 L，两齿辊中心距为 C，两齿根圆最小距离为 e，破碎齿螺旋角为 β（见图5-1），以上长度单位为 mm，角度单位为（°）。

$$\beta = \arctan \frac{A}{L} = \arctan \frac{A}{nB} = \arctan \frac{\pi\varphi}{mnB} = \arctan \frac{\pi\varphi}{mL} \tag{5-1}$$

由式（5-1）可以看出，单螺旋的螺旋角 β 是由齿辊辊径、齿辊长度、圆周分布齿数三者共同决定。

实际的分级破碎设备不全是这种特殊情况，可以根据预先设定的螺旋角 β，计算相邻齿的错位角度 α。

综合图5-1所示关系，得到螺旋角和破碎齿错位角的计算公式如下：

$$\beta = \arctan \frac{\pi\varphi\alpha}{360B} \tag{5-2}$$

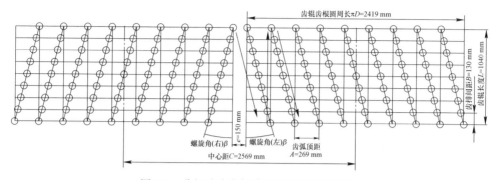

图 5-1 分级破碎齿螺旋布置单螺旋示意图

$$\alpha = 114.6\frac{B\tan\beta}{\varphi} \tag{5-3}$$

式（5-2）称为分级破碎螺旋角计算公式，式（5-3）称为分级破碎齿螺旋布置错位角计算公式，分级破碎齿螺旋布置与啮合关系如图 5-2 所示。

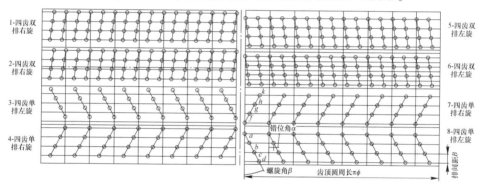

图 5-2 分级破碎齿螺旋布置与啮合关系示意图

5.2 分级破碎螺旋布齿技术

分级破碎齿沿齿辊轴线方向采用螺旋布置，是分级破碎机典型的技术特征，也是实现其独特技术优势的重要技术手段[1]。

齿沿齿辊轴线的螺旋布置对于完成物料的分级、大粒度咬入、物料均布、均匀载荷、提高齿辊整体使用寿命都有重要作用。

采用什么样的螺旋布置是根据设备的实际应用决定，主要影响因素有入料粒度、出料粒度、给料位置、处理能力等。

分级破碎齿螺旋布置，是指分级破碎机相邻破碎齿围绕齿辊轴线按照一定规律沿圆周依次转过一定角度（错位角 α），相邻齿尖连线和齿辊轴线成一定角度

（螺旋角β）的破碎齿排列方式，如图5-3所示。

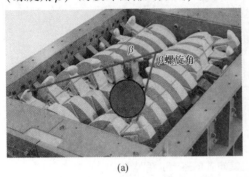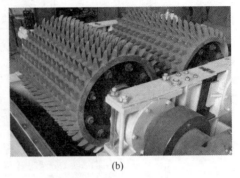

（a）　　　　　　　　　　　（b）

图5-3　分级破碎齿螺旋布置与传统齿辊破碎机破碎布齿对比示意图

（a）分级破碎机螺旋布齿；（b）传统齿辊破碎机破碎齿呈直线布置

5.2.1　破碎齿螺旋布置形式

螺旋布齿主要包括螺旋方向、螺旋头数、螺旋角度三个参数。

螺旋方向是指螺旋线的走向，或者螺旋角的正负变化，螺旋方向是根据齿体组合特点和破碎机给料位置等因素综合确定。螺旋方向判断方法是沿齿辊轴线方向观察螺旋线，左边高则为左旋螺纹、右边高则为右旋。两个齿辊对面配合的螺旋方向一般是反向设计，即一侧右旋，则对面齿辊一般为左旋，这样设计的目的是让两个齿辊形成的耦合空间保持一致。

螺旋线数是指沿整个齿辊轴线形成螺旋线的条数。整个齿辊长只有一个螺旋线的称为单线螺旋，有三个重复螺旋线的称为三线螺旋。为便于区分，多线螺旋可以把每个螺旋的齿数加以区分。

一般整个辊上的螺旋线整体成一定规律分布，可形象地将其称为：喇叭形、波浪（wave）形、箭头（arrow）形、胜利（victory）形等，而后三者基本都是前者的组合（见图5-4）。

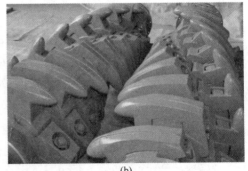

（a）　　　　　　　　　　　（b）

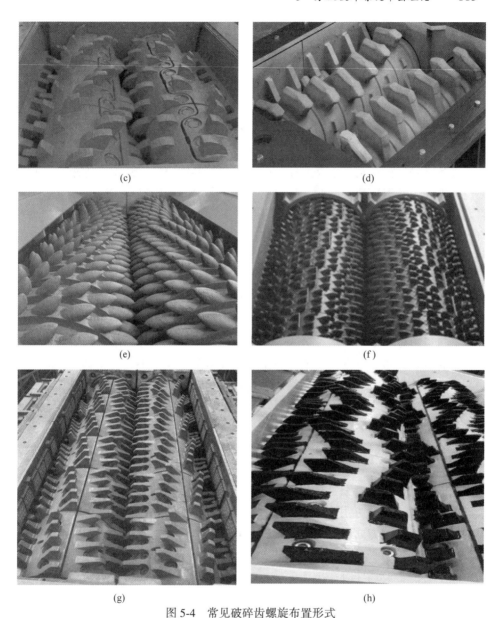

图 5-4　常见破碎齿螺旋布置形式

（a）（b）喇叭形单线螺旋线；（c）右-右旋三线四齿螺旋线；（d）（e）箭头形螺旋线；

（f）波浪形三齿单线螺旋线；（g）波浪形五齿螺旋线；（h）胜利 V 字形螺旋线

5.2.2　螺旋布齿的作用

5.2.2.1　螺旋咬料

螺旋布置的破碎齿对大粒度物料有很好的咬入破碎作用，这是分级破碎机理论上可以破碎接近两齿辊中心距尺寸物料的主要原因,也是分级破碎的核心技术特征之一。

首先,强迫大粒度物料翻滚跳跃。针对给入破碎腔内不能一次直接被齿辊咬入的大、中粒度物料,螺旋布置的破碎齿沿着齿辊轴线方向依次作用在物料上,强迫其同时做横向移动和翻滚两个动作。这些动作既有利于两个破碎齿辊相互配合,即两个破碎辊相对螺旋布置的破碎齿包络空间由大到小,通过不断地翻滚,实现对大粒度物料最小尺寸处的咬合作用,再配合破碎齿对物料的折断和刺破,最终将其破碎;也有利于把需要破碎的大粒度物料横向推移到每一螺距或齿辊端部进行破碎,腾出落料空间便于小粒度通过,实现分级破碎双功能。

其次,螺旋布齿形式与入料粒度息息相关。粗碎作业时,由于大入料粒度和破碎强度是主要矛盾,此时处理能力是次要矛盾,需要破碎齿辊有最大化的螺旋喇叭口,故粗碎设备往往采用大齿体、单线螺旋布置,如图 5-4 (a) 和 (b) 所示。中、细碎时,由于齿辊间通过空间变小,此时的主要矛盾上升为处理能力的实现,所以往往采用多线螺旋布置,并在整个齿辊长度上分段进行,这样可以极大提高物料的通过效率和整机的处理能力,如图 5-4 (e) ~ (h) 所示。

通过以上分析可以看出,分级破碎对大粒度的咬入依靠齿形、齿前空间的强制咬入和齿螺旋布置的逐齿咬入,齿辊直径在这个过程中不是主要影响因素。与之相比,传统齿辊破碎机,由于破碎齿形状单一,没有针对性设计,基本靠齿板对物料的摩擦力咬入物料,这样就要求必须有非常大的齿辊直径相匹配,存在设备高度高、占地空间大、破碎效率低、入料粒度小等缺点。

5.2.2.2 螺旋布料

分级破碎采用低转速设计,处理能力提高很大程度依赖齿辊长度的增加。一般工艺设计时给料宽度和给料角度受限,此时螺旋布齿的轴线布料可以提高分级破碎的工艺适应性和应用效果。

破碎机的给料方式可分为平行给料和垂直给料两大类。平行给料是指给料滚筒轴线和齿辊轴线平行,垂直给料是指给料滚筒轴线和齿辊轴线垂直,如图 5-5 所示,二者混合应用原理如图 5-6 所示。

平行给料是最常见也是比较理想的给料方式,这样有利于发挥给料装置的宽度优势,便于将物料沿长度方向均布给入在两齿辊中心线位置上,减少物料与破碎齿间的相对运动。即便给料长度比齿辊长度短,将物料均布到整个齿辊长度的螺旋推动距离也是最短的。此时常见的给料形式有皮带给料机、板式给料机、振动筛直接给料、振动给料机给料、铲车直接给料等。

垂直给料一般是在煤矿巷道等狭长地带,为了解决分级破碎机长宽比较大与空间狭长无法将破碎机横向布置的矛盾,将破碎机齿辊长度方向与给料滚筒垂直布置,物料给到两齿辊的一个断面上,这样摆放对于保证较长齿辊给料均匀性是

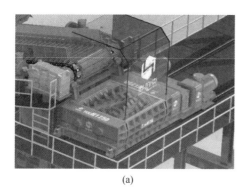 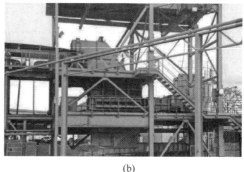

(a)   (b)

图 5-5 分级破碎机的平行给料和垂直给料

（a）平行给料；（b）垂直给料

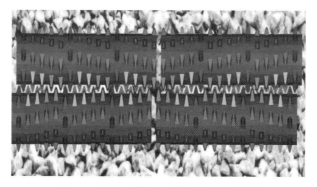

图 5-6 波浪+喇叭组合螺旋布齿示意图

非常困难的，就需要分级破碎机破碎齿的螺旋布料作用。

螺旋布料是依靠螺旋布置的破碎齿旋转时产生轴向力的推动作用来实现，布料效果一般与破碎齿体、齿前空间、螺旋角度大小成正比。一般粗碎破碎机的布料效果最好，中、细碎的破碎齿相对于被破碎物料的体积较小，轴线推动作用就会受限。所以，当要求设备处理能力特别大的中、细碎分级破碎作业时，除了螺旋布料外，还要考虑增加布料器、齿辊外旋，或设计满足多组破碎辊同时工作的专用结构。

5.2.2.3 螺旋布齿与载荷均匀

螺旋布置的破碎齿与物料的接触是逐次发生的，就像斜齿圆柱齿轮，这使得破碎过程传动平稳、承载能力大，且载荷可以均匀释放，减少由于载荷集中造成对轴、减速器、电机、电网等的冲击。如果采用直线布齿方式，尤其是粗碎时破碎齿大和瞬间破碎载荷大的情况，很容易出现齿辊轴过载损伤，或者减速器、电机等设备的瞬间过载损害，如图 5-7 所示。

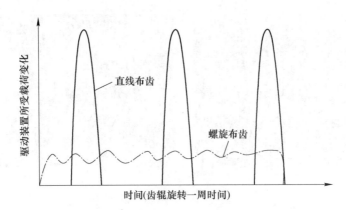

图 5-7　螺旋布齿与直线布齿的载荷特性示意图

5.2.2.4　螺旋布齿的缺点

凡事有利有弊，螺旋布齿呈现上述诸多优点时，也有不利的地方。

（1）物料横向移动过程中，所到之处占据着齿辊啮合落料的空间，一定程度会影响同时进入破碎腔物料的通过效率，从而影响设备的通过能力。这一缺点在要求设备处理能力比较大的中、细碎工况下，表现得会明显一些。为避免这种现象，可采用螺旋布齿组合，使得每一个分级破碎螺距尽量独立运行；下一个螺旋因为螺旋重新开始布置，从位置上对大粒度有阻滞移动的作用；整个辊面分几组单元分别进行，而不是单线螺旋将大粒度从齿辊中间给料部位一次性无遮挡地推到齿辊端部破碎，因为这种横向移动时间长、占据的空间大。

（2）破碎齿强迫物料翻滚，就意味着破碎齿尖和物料有更多接触、犁切的机会，会造成更多的过粉碎和破碎齿磨损。

（3）入料中如果待破碎大粒度物料多且硬，会有大量大粒度物料堆积到破碎辊端面和挡板间，造成该侧挡板的磨损加剧、齿体磨损严重。

5.3　螺旋布齿轴向推动的理论研究

物料在分级破碎腔内的受力和运动轨迹非常复杂，其中，既有因物料的不规则形状造成的破碎齿和物料接触位置及作用力的不确定性，也有不同形状、粒度组成的大量物料颗粒间的复杂相互作用。为了能够对其进行分析研究，以下简化抽象为螺旋排布的破碎齿对一个大颗粒物料的作用。

5.3.1　破碎齿平行布置

图 5-8（a）为破碎齿平行布置三维图，为了更加方便地观察破碎齿对物料的

横向推动作用及保证入料的一致性，选取一个不可被破碎的圆柱体作为研究对象。图5-8（a）中点划线为破碎齿与圆柱体接触点的连线，每个接触点处的受力相同，所以任意选取一个接触点进行受力分析，如图5-8（b）所示。在破碎齿与钢圈的接触点处，圆柱体受到一个径向的支持力、一个切向的摩擦力，此外还有一个竖直向下的重力。圆柱体在齿辊轴向方向没有受到力的作用，理论上只会进行上下跳跃运动，而不会沿着齿辊轴向方向移动。

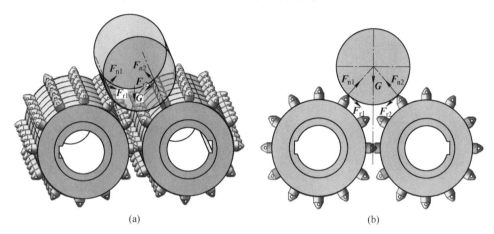

(a)　　　　　　　　　　　　　　　　(b)

图 5-8　破碎齿平行布置及受力分析

5.3.2　破碎齿螺旋布置

图5-9（a）为破碎齿螺旋布置三维图，图中虚线为圆柱体与破碎齿接触点的连线，与平行布置不同，该线并不是通过同排齿所有齿的顶点。选取圆柱体与破碎齿接触点进行受力分析，圆柱体受到支撑力、摩擦力及自身重力。图5-9（b）为三维图的俯视受力分析，由几何关系可得：

$$F_{rx} = F_r \cos \angle 3 \tag{5-4}$$

$$F_{nx} = F_n \sin \angle 2 \tag{5-5}$$

式中　F_r，F_n——摩擦力与支持力在俯视平面的分力，N；

F_{rx}，F_{nx}——摩擦力与支持力的水平分量，N；

　　　　∠3——F_r 与水平线的夹角，其大小与∠1相等，而∠2两条边线分别与∠1垂直，所以三个角都相等；

　　　　∠1——圆柱体与破碎齿接触点的连线与水平方向的夹角，表示不同齿环间破碎齿错位角度。

钢圈在辊轴上横向运动的加速度为：

$$a = \frac{F_n \sin \angle 1 - F_r \cos \angle 1}{m} \tag{5-6}$$

式中 a ——钢圈的加速度，m/s^2；

　　　m ——圆柱体质量，kg。

当破碎齿的螺旋角角度为锐角时，正弦函数为增函数而余弦函数为减函数，此时给入相同物料，破碎齿对其的横向推动作用随着螺旋角角度的增大而加强。

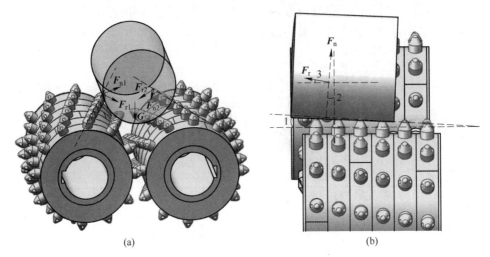

(a)　　　　　　　　　　　　　　　　(b)

图 5-9　破碎齿螺旋布置及受力分析[2]

5.4　螺旋布齿轴线推动的试验研究

5.4.1　试验装置与主要参数

针对分级破碎螺旋布齿的研究试验装置与系统的详细技术参数见表 5-1 和表 5-2。

表 5-1　分级破碎试验机的主要参数

项　目	数　据	备　注
型号	TCC 3025LS	
齿辊尺寸 $\phi \times L$/mm×mm	300×245	
入料粒度/mm	100~150	
出料粒度/mm	30~50	两辊间最小距离35，尺高28
破碎强度/MPa	100	
破碎齿错位角/(°)	0~30	见式（5-3）
破碎齿螺旋角/(°)	0~52	见式（5-2）
电机功率/kW	4	
外形尺寸 $L \times B \times H$/mm×mm×mm	1540×640×542	

表 5-2 试验用分级破碎系统的主要参数

名 称	参数	名 称	参数
分级破碎机型号	YM112-4	高速摄像机型号	Mega Speed MS55K Hi-G
变频器型号	LG Starvert-iG5	高速摄像机分辨率	1280×1024
减速器型号	XWD-4-6-71	最大拍摄帧率	20000 帧/s
破碎对象（钢圈 Q235B）	ϕ167 mm×167 mm		

5.4.2 破碎对象的选取

研究螺旋布齿对物料的横向推动作用，需要持续观察物料在破碎辊上的轴向移动。粒径太小的矿块会很快破碎通过。粒径大的矿块又会被不断咬碎变小，以致不能很好地持续动作，还会因颗粒形状的不规则，缺乏数据的可比对性。所以，符合试验要求的材料需要满足两个条件：尺寸足够大且不易被破碎。综合考虑，试验选用了外径与长度均为 167 mm 的空心钢圈作为试验对象。为了方便试验过程的运动跟踪与拍摄，在其表面喷涂白色油漆。

5.4.3 试验主要参数确定

传统分级破碎机要想改变其螺旋布置，需要将整个辊轴拆卸下来，通过旋转相邻两排齿之间的角度，也就是上述的破碎齿错位角，改变螺旋布置。因齿构件与轴之间采取键等紧配合连接，即使采用更换齿板形式调整螺旋角的方法依然存在更换困难、周期长、可调整参数选择性少等问题。因此，专门设计了螺旋角可调分级破碎试验机，其优点是不需要拆卸两端轴承，也不需要将齿辊从破碎机上拆卸下来，或者更换破碎齿板的情况下，灵活地调节螺旋角，图 5-10 为分级破碎机螺旋角设定。主要的调节过程和确定的试验参数如下：

（1）将需要调节角度的齿环上的齿头旋松，但不要将整个齿头旋下来；

（2）旋转齿环，齿头下方的定位片会一并旋转；

（3）定位片的一圈阶梯状孔槽的数量可根据需要设计，可在 3°~15°最小调节角度、当听到定位片"咔嗒"声音时，调整到位；

（4）此处，相邻齿错位角为 9°，试验机最小错位角为 3°、最大调节角度为 15°，错位角度大于 15°时，破碎齿左螺旋会变成对应的小参数右螺旋；

（5）综上步骤，选定错位角为 0°、3°、6°、9°，根据式（5-2）对应的螺旋角为 0°、7.5°、14.7°、21.4°，近似为 0°、7°、14°、21°；随后阐述中，两组数据具有对应性，即错位角 0°、3°、6°、9°对应螺旋角 0°、7°、14°、21°。

（6）齿辊转速确定为：5 r/min、10 r/min、15 r/min；

（7）高速摄像机拍摄频率为 100 fps。

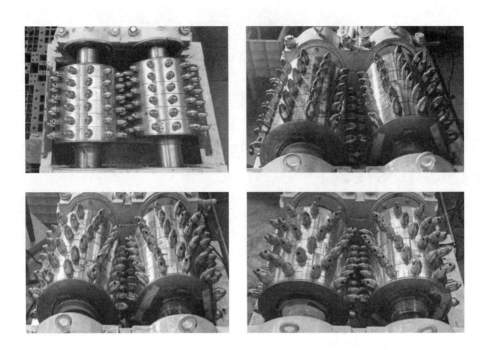

图 5-10　分级破碎机螺旋角设定

5.4.4　试验结果

　　螺旋布齿对物料轴向推动作用试验选取了四个螺旋角、三种齿辊转速进行试验，每种条件平行试验数量为两组，借助高速摄像机拍摄钢圈在破碎辊上的移动情况，拍摄频率为 100 fps。图 5-11（a）为钢圈初始位置，每次试验前将齿辊复

(a)

(b)

图 5-11　钢圈轴向移动位置图

（a）起始位置；（b）最终位置

位，钢圈左侧与主动轴的左边缘对齐，保持初始条件一致。试验时，先打开高速摄像机，然后启动破碎机电机，钢圈随着齿辊的转动逐步向右侧移动，记录钢圈在破碎辊上整个运动过程，如图 5-11（b）所示。待切断破碎机电源后，用游标卡尺量取钢圈左端相对于主动辊左边缘的距离，作为一段时间内破碎齿对钢圈的轴线推动位移，结合高速摄像机截取的运动时间，计算钢圈的速度。每个条件重复两次试验，试验结果见表 5-3。

表 5-3　不同参数下螺旋布齿轴向推动数据

螺旋角/(°)	0						7					
齿辊转速/r·min⁻¹	5		10		15		5		10		15	
试验组数	①	②	①	②	①	②	①	②	①	②	①	②
轴向位移/mm	7.0	−6.8	11.4	14.5	20.0	22.0	76.0	59.0	118.0	118.0	118.0	118.0
移动时间/s	21.6	33.1	30.5	28.2	21.3	28.2	6.2	7.3	7.1	6.6	11.3	7.6
轴向速度/mm·s⁻¹	—		—		—		10.17		17.25		12.98	
螺旋角/(°)	14						21					
齿辊转速/r·min⁻¹	5		10		15		5		10		15	
试验组数	①	②	①	②	①	②	①	②	①	②	①	②
轴向位移/mm	69.0	68.0	118.0	118.0	118.0	118.0	24.1	17.1	11.2	9.1	118.0	118.0
移动时间/s	6.5	6.1	6.9	6.1	6.3	6.6	33.2	27.2	20.3	20.1	11.2	9.5
轴向速度/mm·s⁻¹	10.88		18.22		18.30		0.68		0.50		11.48	

当齿辊的螺旋角为 0° 时，理论上钢圈在齿辊上做上下往复运动，不会受到破碎齿的横向推动作用。即便因齿与物料的接触误差造成有横向位移，也会较小且左右摇摆，没有规律性单向移动。表 5-3 中，齿辊转速为 5 r/min 时，钢圈的横向推动位移在 −6.8~7 mm 之间摆动，符合理论推断。随着转速的增加，横向位移有所增加，结合高速摄像机拍摄图像分析发现，转速较高时钢圈与破碎齿的撞击频率增加，其上下跳动与左右摆动的现象更加明显，但基本稳定在一定的区间内，不会发生规律性单向位移。为了验证这种结论的正确性，减少随机误差，特意将拍摄时间延长到 20 s 以上，得出结论符合理论判断。

当螺旋角为 7° 时，相比螺旋角为 0° 的情况，破碎齿对钢圈的轴向单向推动作用开始显著。齿辊转速为 5 r/min 时，钢圈的横向位移在 68 mm 左右。齿辊转速为 10 r/min 时，钢圈经过 7 s 左右运动从齿辊的右侧滑落，即达到最大位移处（见图 5-11（b）），此时的最大位移为 118 mm。继续增加转速，结果与转速为

10 r/min 的情况相似，钢圈经过一段时间的运动，从齿辊的右侧滑落。

齿辊螺旋角为 14°时对钢圈的推动情况与为 7°趋势一致，但推动速度逐步增大。螺旋角为 21°时，钢圈的轴向位移显著变小，当齿辊转速从 5 r/min 增加到 10 r/min 时推动时间为 20 s，钢圈的位移依然很小，没有达到最大位移处。继续增加转速，钢圈的摆动很剧烈，在 10.5 s 左右达到最大位移处。

5.4.5 试验分析

通过上述试验结果得到很多有益结论或启示，可以为分级破碎机的设计研究提供很好的指导。

（1）螺旋角对物料的轴向推动作用。以钢圈的横向移动速度大小作为破碎齿对物料横向推动作用的评判标准，螺旋角为 7°、转速为 10 r/min，螺旋角为 14°、转速为 10 r/min 和 15 r/min 时轴向速度达到最大值的 18 mm/s 左右，说明在这样的参数下破碎齿对物料的轴向推动作用最显著。

（2）螺旋角与轴向推动作用不是成正比关系。当螺旋角为 21°时，轴向速度明显变慢，即便是在高转速下移动程度加剧，也极有可能是纵向的激烈振动强化了横向的移动，未必是轴向推动能力的理论提升。究其原因，应该是过大的螺旋角会使得左螺旋与右螺旋作用的相互转换与作用抵消。

（3）齿辊转速对轴向推动作用也不是正相关的。在轴向移动最为显著的 7°和 14°，螺旋角为 7°时随着转速增加，轴向速度先增加后减小；螺旋角为 14°，转速从 10 r/min 增加到 15 r/min 时，速度增加了 50%，但轴向速度基本维持不变，说明如果为了提高破碎齿辊的轴向布料作用，仅通过增加转速不仅不能达到目的，甚至有可能有负面效果。

（4）最为重要的是轴向推动作用和轴向速度并不是越快越好。如本章前面所述，螺旋布置的最大缺点是物料的横向移动会阻碍物料高速通过破碎齿辊，降低处理能力，并有可能提高过粉碎率，合理的轴向速度必须综合各种参数综合确定。

5.5 螺旋布齿对处理能力影响的试验研究

5.5.1 分级破碎处理能力公式

处理能力是分级破碎机最重要的工艺参数之一，影响处理能力的因素很多，如齿辊转速、入料粒度组成、破碎物料特性、破碎比、破碎齿形等。

分级破碎机具有强制咬入和强制排出特性，所以分级破碎机的处理能力近似等于其通过能力，即单位时间内通过的物料总体积与其松散密度的乘积。处理能力的计算思路是：先计算破碎机总的通过体积，然后根据试验资料和经验加以修正。

试验用分级破碎机进行处理能力的理论计算分析，其通过空间如图 5-12 所示。

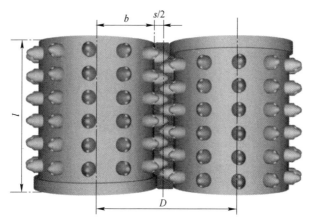

图 5-12   分级破碎机物料通过空间示意图

齿辊中间的深灰色标记处为排料区，其面积为两齿辊间隙处的空间与破碎齿所占空间的差值。满载情况时，单位时间内齿辊旋转所走过的长度与深灰色区域的乘积为物料的单位时间处理能力。由此可得分级破碎机的理论处理能力为：

$$Q = 60n\rho K(V_1 - V_2) \tag{5-7}$$

式中　Q——处理能力，t/h；

n——齿辊转速，r/min；

ρ——物料的密度，t/m^3；

K——物料松散系数，一般取 0.25~0.4；

V_1——两齿辊间隙处的空间（不含齿）旋转一周形成的空间，m^3；

V_2——两齿辊所有破碎齿所占空间，m^3。

$$V_1 = 2\pi l(D - 2b)(b + s/2) \tag{5-8}$$

式中　l——辊长，m；

D——分级破碎机的齿辊中心距，m；

b——光辊的半径，m；

s——咬入空间的短边长，m。

因为咬入空间的竖直中心区域物料排出最多，所以将 $2\pi(b+s/2)$ 作为排出物料流的长度。

分级破碎机的两个齿辊是完全对称的，则两个齿辊的破碎齿数量是相等的，V_2 的表达式为：

$$V_2 = 2m_1m_2V_0 \tag{5-9}$$

式中　m_1——每个齿环上的破碎齿数；

　　　m_2——每个齿辊上的齿环数；

　　　V_0——每个破碎齿所占空间的体积。

综上分析，将式（5-8）、式（5-9）代入式（5-7）中，得到分级破碎机的理论处理能力表达式：

$$Q = 60n\rho K\left[2\pi l(D-2b)(b+s/2) - 2m_1m_2V_0\right] \tag{5-10}$$

需要注意的是，上述分级破碎机的处理能力公式只包含了一部分影响处理能力的因素，没有考虑物料自身的强度性质，所以此计算结果需要经过现场数据对公式进行校核。

5.5.2　处理能力试验设计

研究不同螺旋布齿对处理能力的影响规律，即使实验室规模的破碎机也需要破碎大量的物料才能得到设备的准确处理能力。试验采取物料填满破碎腔的方法（见图5-13）来模拟分级破碎机入料充足的破碎过程，计算破碎机单位时间内的处理能力，进而推算出设备小时处理能力。

图 5-13　物料填满破碎腔计算处理能力

试验 1 用破碎物料来自山东兴隆庄煤矿三号坑的破碎车间，预先将大块物料破碎至试验适用的 100~150 mm。为便于高速摄像机拍摄物料在破碎腔中的破碎过程，在其表面喷涂白色油漆。

试验 2 物料来自山东兖矿三号坑的烟煤，取样点在物料经弛张筛筛选后的皮带处。烟煤中有机组分主要是均质镜质体，无机矿物组分主要是黏土和黄铁矿。将直径约为 250 mm 大块手动破碎至直径约为 80 mm 小块。为避免物料的外形尺寸对试验结果的影响，尽量选取外形近球形的颗粒。为方便观察物料在破碎腔中的破碎过程，在其表面喷涂白色油漆，如图 5-14 所示。

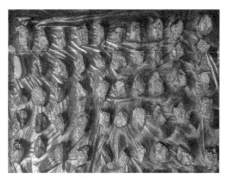

图 5-14 物料准备

5.5.3 试验参数的确定

螺旋布齿对处理能力的影响规律研究，需要考虑的主要影响因素是破碎齿的螺旋角与齿辊转速。齿辊转速的提高会增加物料通过速度，直接提高处理能力，但过高的齿辊转速会降低大块物料咬入破碎空间的概率，从而降低处理能力。综合考虑各种因素，最终确定螺旋角为 0°、7°、14°、21°；每个螺旋角选取三个转速，分别是 5 r/min、10 r/min、15 r/min。

试验过程以螺旋角为 0°、齿辊转速为 5 r/min 的试验条件为例：破碎试验前，首先称取该条件下所有入料的质量，然后开启电机，待齿辊运行稳定后将物料从两齿辊中线的正上方 30 cm 处一并给入。依靠高速摄像机拍摄物料的整个破碎过程，拍摄频率为 300 fps。破碎完成后从高速摄像中截取物料破碎开始与结束的时间，再结合破碎物料的质量，推算出破碎机的处理能力。

5.5.4 试验结果分析

图 5-15 为不同条件下分级破碎机的处理能力，将破碎试验一段时间内的处理能力换算成小时处理能力作为不同条件下该试验机处理能力的评判标准。

首先，齿辊转速与处理能力成正比。转速的增加使得不同螺旋角下试验机的处理能力均有所增加，且增加幅度较大，增长率最小为螺旋角 14° 时的 93.2%，增长率最大的是 21° 时的 157.5%，说明在大螺旋角情况下，增加转速将有利于分级破碎机处理能力的提高。

当齿辊转速为 5 r/min 时，随着破碎齿螺旋角度的增加，分级破碎机的处理能力先减小后增加，处理能力最小为螺旋角 14° 时的 0.73 t/h，处理能力最大为 0° 时的 0.97 t/h，这也从侧面验证了前面螺旋布齿会降低设备处理能力的理论推断。

当齿辊转速为 10 r/min 时，处理能力变化趋势与 5 r/min 相同，变化幅度较

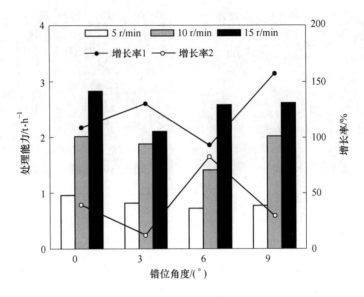

图 5-15　不同螺旋角时分级破碎机的处理能力对比图

前者大，处理能力最小为螺旋角 14°时 1.41 t/h，最大为 21°时的 2.03 t/h。

当齿辊转速为 15 r/min 时，处理能力随着螺旋角的增加呈先减小后增大趋势，处理能力最小为螺旋角 7°时的 2.12 t/h，处理能力最大是 0°时的 2.82 t/h。

综上可得出初步结论：

（1）一定范围内增加转速是提高处理能力的有效方式；

（2）螺旋角为 0°、转速为 15 r/min 情况下处理能力最大，说明螺旋布齿的确会对处理能力产生不利影响；

（3）螺旋角为 14°时，伴随转速增加，试验机处理能力增长率最大，螺旋角为 14°时处理能力敏感度偏高；

（4）仅从提高处理能力角度看，小螺旋角高转速看似是最优选择。

5.6　螺旋布齿对破碎产品粒度的影响

破碎的目的是将大粒度破碎成小粒度，最佳的破碎产品粒度组成是物料破碎的最主要的目的，破碎产品粒度又包括上限粒度、粒度组成、颗粒形状等指标。螺旋布齿改变了物料进入破碎腔内的行进路线和通过破碎腔的被咬合空间变化。研究螺旋布齿对产品粒度的影响有利于从产品粒度角度评价螺旋布齿的参数，为分级破碎机的设计、研究和选型应用提供数据和理论支撑。

破碎的过程中，由于物料特性、加载条件和环境的千差万别，使得预测破碎产物粒度分布比较困难。本节先采用最简单的单颗粒破碎入手，再进行颗粒群的破碎产品粒度研究，综合使用试验和数值仿真模拟等研究手段。

单颗粒破碎过程虽然比工业上复杂的破碎状态简化了很多，但因其强度、粒度、组成等测定具有较强可行性和比对性，尤其对于以单颗粒破碎为主要特点的分级破碎过程，单颗粒开展研究已经成为研究破碎过程的一种重要方法。

5.6.1　螺旋布齿对单颗粒产品粒度影响的研究

5.6.1.1　单颗粒破碎及仿真试验设计

确定螺旋角参数为0°、7°、14°、21°，每个螺旋角选取两种转速条件，分别是5 r/min、15 r/min，每个条件进行3组平行试验。

将破碎试验的产物依次进行筛分，筛分的四个粒级为：>25 mm、25～13 mm、13～3.35 mm、<3.35 mm，平行组试验取三次平均值作为该组的最终筛分结果，分别计算不同条件下某一粒级产量占该条件产品总量的百分比，作为该粒级的破碎产物占比。单颗粒破碎数值仿真试验数据处理方法同上，将试验数据与仿真数据整合见表5-4。其中，由于仿真试验产物最小尺寸设为1 mm，导致小于3.35 mm粒级产物含量很少。为了方便比较试验数据与仿真数据，试验数据小于3.35 mm粒级的产物不在比较范围内。

表5-4　单颗粒破碎试验及仿真试验的产物数据

错位角 /(°)	齿辊转速 /r·min⁻¹	>25 mm		25～13 mm		<13 mm	
		试验占比 /%	仿真占比 /%	试验占比 /%	仿真占比 /%	试验占比 /%	仿真占比 /%
0	5	35.74	32.27	34.24	40.03	30.02	27.70
	15	39.05	33.65	32.61	36.37	28.34	29.98
3	5	49.82	40.51	30.06	35.80	20.12	23.69
	15	43.47	34.31	33.15	40.13	23.38	25.56
6	5	35.53	37.07	39.40	32.88	25.07	30.05
	15	24.28	30.14	49.17	45.53	26.55	24.44
9	5	24.06	20.21	50.49	50.16	25.45	29.63
	15	23.89	24.49	48.55	44.52	27.56	30.99

图5-16（a）与（b）是齿辊转速为5 r/min时，不同错位角下试验与仿真产物粒度分布的对比结果。其中，将试验与仿真的破碎产物占比差值与试验破碎产物占比的比值作为两者的相对误差。总体来说，试验结果与仿真结果的相对误差在20%以内，两者变化趋势非常相似。

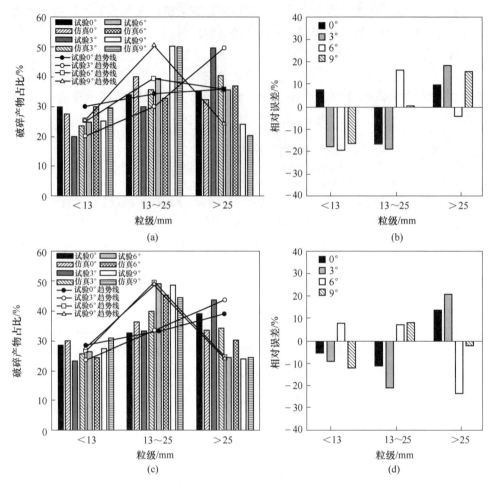

图 5-16 单颗粒破碎试验与仿真试验结果对比图
(a) 5 r/min 试验与仿真结果；(b) 5 r/min 试验与仿真相对误差；
(c) 15 r/min 试验与仿真结果；(d) 15 r/min 试验与仿真相对误差

5.6.1.2 小错位角优点

错位角为 0°时，三种粒级的试验破碎产品占比随粒级增大呈上升趋势，但上升幅度不大，分别为 30.02% (<13 mm)、34.24% (13～25 mm)、35.74% (>25 mm)。小于 13 mm 粒级试验与仿真的相对误差为 7.73%，13～25 mm 粒级试验与仿真的相对误差为 −16.91%。大于 25 mm 粒级试验与仿真的相对误差为 9.71%。错位角为 3°时，试验破碎产物占比随粒级增大呈上升趋势，且增长幅度逐渐增大，粗粒级产物最多，占比为 49.82% (>25 mm)。各粒级的试验与仿真相对误差在 20% 左右浮动，分别为 − 17.74% (<13 mm)、− 19.10% (13～25 mm)、18.69% (>25 mm)。

错位角在 0°～3°范围时，产品粒度分布比例和粒度大小成正比，如果追求这种线性粒度组成的产品特性，需要选用较小错位角。

5.6.1.3 大错位角优点

错位角为 6°与 9°时，试验破碎产物占比变化相同，随粒级增大呈先升高后降低趋势，且随着角度的增加，变化更加明显。细粒级与粗粒级产物较少，中间粒级产物较多，分别为 39.40%、50.49%。错位角为 6°的细粒级相对误差为试验最大，达到 19.86%，中间粒级为 16.55%，粗粒级的相对误差仅为-4.33%。错位角为 9°的细粒级与粗粒级相对误差较大，分别为-16.42%与 16.00%，而中间粒级的相对误差仅为 0.65%。

错位角在 6°～9°时，产品粒度分布呈现出典型的橄榄球形状，如果追求"中间产品粒度大"的粒度组成产品特性，需要选用较大错位角。

5.6.1.4 错位角对产品粒度的影响

图 5-16（c）与（d）是齿辊转速为 15 r/min 时，不同错位角下试验与仿真产物粒度分布的对比结果。其中，试验结果与仿真结果的相对误差最大为-23.72%。错位角为 0°与 3°时，试验破碎产物占比随粒级增大呈上升趋势，且随着螺旋角度的增加趋势越明显，粗粒级产物占比最大，分别为 39.05%与 43.47%。错位角 3°时粗粒级的试验与仿真结果相对误差最大，为 13.83%。

齿辊转速为 15 r/min，错位角 6°时中间粒级与粗粒级的试验与仿真结果相对误差最大，其值在 20%左右；错位角为 6°～9°时，试验破碎产物占比随粒级增大呈先上升后下降趋势，两种情况的试验结果十分接近。细粒级破碎产物占比分别为 26.55%、27.56%，中间粒级破碎产物占比最大，分别为 49.17%、48.55%，粗粒级破碎产物占比分别为 24.28%、23.89%，螺旋角为 6°时粗粒级的相对误差达到最大值，为-23.72%。

图 5-17 是不同转速下各粒级产物占比差值对比情况，其中将 5 r/min 与 15 r/min 的差值作为对比结果。错位角为 0°时，细粒级与中间粒级产物差值均在 1.6%左右，说明转速的增加使得这部分粒级产物减少；粗粒级为-3.31%，说明增加转速使得粗粒级产物增加。错位角为 3°与 6°时，试验破碎产物粒度分布差值变化趋势相同，随着转速的增加，细粒级与中间粒级均增加，而粗粒级减少。错位角为 6°时，转速的提升使得中间粒级产物增加最多，为 9.77%；而粗粒级产物减少最多，为 11.25%。错位角为 9°时，细粒级增加量为 2.1%，中间粒级与粗粒级分别减少 1.94%和 0.17%。

综上所述，螺旋角的布置对破碎产物粒度分布影响较为明显。螺旋角度较小时，产物占比随粒级增大呈上升趋势，粗粒级产物较多。螺旋角度较大时，产物占比随粒级增大呈先上升后下降趋势，中间粒级产物较多，错位角分别为 3°与 6°螺旋布置下，增加转速会加强这种趋势。此外，仿真的破碎产物粒度分布与相

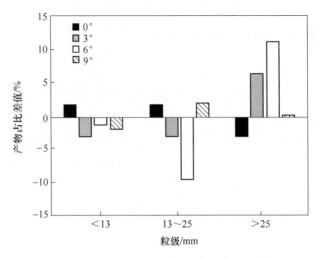

图 5-17　不同转速下破碎试验结果产物占比差值对比图

应的试验结果基本一致，基于 Ab-T$_{10}$的 Rocky Dem 破碎模型可用于研究颗粒破碎产物粒度的分布情况，仿真与试验的误差主要来自物料物理参数的误差、齿辊与颗粒之间的随机碰撞行为、地质条件的差异导致煤岩颗粒力学性能不同等因素。

5.6.2　螺旋布齿对颗粒群破碎产品粒度影响的仿真研究

分级破碎机的转速和齿辊的螺旋角是影响破碎性能的两个关键因素。根据前面研究结果可知，通常情况下齿辊转速越快破碎机的处理量越大。利用颗粒群仿真方法考察上述两个因素对破碎产物粒度分布的影响。

仿真试验齿辊的错位角设为 0°、3°、6°、9°，每个错位角选取三种转速条件，分别是 5 r/min、10 r/min、15 r/min，在每个模拟条件下，将 6 个等效圆直径约为 80 mm 的煤颗粒一同放入破碎机，模拟完成后借助处理模块对产物粒度分布进行统计。

图 5-18（a）是齿辊转速为 5 r/min 时，不同螺旋布置下颗粒群仿真产物粒度分布的对比结果。其中，不同颜色代表齿辊的不同错位角，折线代表各粒级产物占比变化趋势。错位角为 0°时，三种粒级的破碎产物占比随粒级增大呈先上升后下降趋势，分别为 30.56%（<13 mm）、38.66%（13~25 mm）、30.78%（>25 mm）；错位角为 3°时，破碎产物占比随粒级增大呈上升趋势，且增长幅度逐渐减小，粗粒级产物最多，占比为 44.93%（>25 mm）；错位角为 6°与 9°时，破碎产物占比变化相同，随粒级增大呈先升高后降低趋势，且随着角度的增加，现象越明显。细粒级与粗粒级产物较少，中间粒级产物较多，分别为 42.26%、48.26%。错位角为 6°与 9°破碎产物占比变化趋势与单颗粒破碎试验一致。

图 5-18 （b）是齿辊转速为 10 r/min 时，不同螺旋布置下颗粒群仿真产物粒度分布的对比结果。错位角为 0°时，破碎产物占比随粒级增大呈先上升后下降趋势，产物占比与 5 r/min 时相差不大；错位角为 3°时，破碎产物占比随粒级增大呈先上升后下降趋势，下降幅度很小，中间粒级产物最多，粗粒级产物次之，分别为 39.79%、38.15%；错位角为 6°与 9°时，各粒级产物占比趋势与 5 r/min 时相同，中间产物最多，分别为 43.34%、57.27%。错位角为 9°相比 6°的情况，其细粒级与粗粒级破碎产物占比都要小。

图 5-18 （c）是齿辊转速为 15 r/min 时的对比结果，不同螺旋布置的各粒级破碎产物占比随粒级增大均为先上升后下降趋势。错位角为 3°的下降幅度最小，

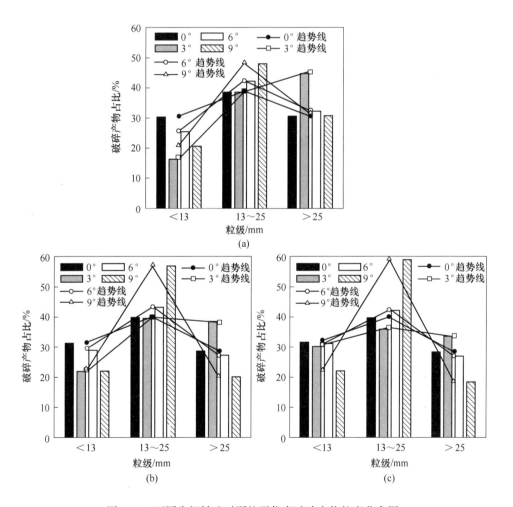

图 5-18　不同齿辊转速时颗粒群仿真试验产物粒度分布图

（a）5 r/min；（b）10 r/min；（c）15 r/min

中间粒级产物与粗粒级产物占比相差不大，分别为36.22%与33.35%。错位角为0°与6°的下降幅度次之，中间粒级产物与粗粒级产物占比相差约10%。错位角为9°的下降幅度最大，中间粒级产物占比达到59.12%。

图5-19是不同齿辊转速下各粒级产物占比差值对比情况，其中图5-19（a）是转速分别为5 r/min与10 r/min的差值对比结果，图5-19（b）是转速分别为10 r/min与15 r/min的差值对比结果，结果为正代表随着转速增加该粒级的产率降低。从图5-19（a）可知，不同螺旋布置下，转速增加使得细粒级与中间粒级产物均增加，而粗粒级产物占比随着转速的增加而降低。其中，错位角为0°时，细粒级与中间粒级产物增加量均很小；错位角为3°时，细粒级产物增加量达到最大值，为5.5%；错位角为9°时，而中间粒级产物增加量达到最大值，为9.01%，而粗粒级产物减小量也达到最大值，为10.45%。

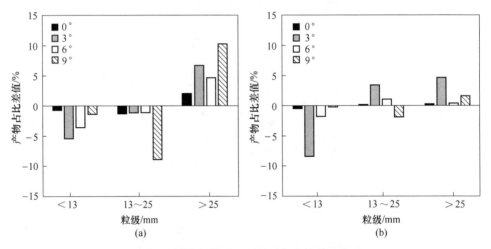

图 5-19　不同齿辊转速下颗粒群仿真结果差值对比

（a）5 r/min 与 10 r/min；（b）10 r/min 与 15 r/min

由图5-19（b）可知，错位角为0°时，各粒级产物变化量均很小；错位角为3°时，细粒级产物增加量再一次达到最大值，为8.38%，中间粒级与粗粒级产物减小，分别为3.57%与4.80%；错位角为6°时，细粒级产物增加，其他粒级产物减小；错位角为9°时，细粒级产物几乎没有变化，中间粒级产物增加，而粗粒级产物减小，两者变化值均约为1.8%。

综上所述，分级破碎机的齿辊转速和齿辊的螺旋角对破碎产物粒度分布有着较为显著的影响。不同螺旋布置对破碎产物占比的影响规律基本一致，各粒级粒度分布规律均呈先上升后下降趋势（3、5 r/min 除外），错位角为3°时下降幅度最小，错位角为9°时下降幅度最大。因此，错位角为9°的螺旋布齿时中间粒级产物占比最大。

此外，随着转速的增加，细粒级与中间粒级产物会相应的增加，增加的趋势逐步降低，说明颗粒的粒度小到一定程度后则不会轻易地再次减小。仿真破碎机与试验破碎机齿辊周向布齿数量一致，当齿辊转速相对较低时，物料从齿辊上方给入到落在齿辊上较短的时间内，颗粒被破碎齿破碎的次数相比于较高转速情况下物料被破碎的次数少，所以较高转速条件下细粒级产物相对较多。提高转速后破碎齿与物料接触时的破碎输入能比低转速的破碎输入能更大，较高的输入能会使物料内部产生更多的微细裂纹，从而生成的细粒级产物较多。除了齿辊转速和齿辊螺旋布置外，颗粒本身的形状也是影响产物粒度分布的一个关键因素。

5.7　螺旋布置对破碎效果影响的综合分析

5.7.1　轴向推动作用角度分析

破碎齿螺旋角的增加会加强对物料的横向推动作用，但并不是螺旋角度越大，推动作用越强。过大的螺旋角度会使得左螺旋与右螺旋作用相抵，从而减小对物料的横向推动效果。转速由 5 r/min 增加到 10 r/min 时，错位角为 3°、6°时钢圈的横向速度增加明显[3]，错位角为 9°时钢圈轴向移动显著变慢。

5.7.2　处理能力角度分析

第一，一定范围内增加转速是提高处理能力的有效方式；第二，螺旋角为 0°、转速为 15r/min 情况下处理能力最大，说明螺旋布齿的确会对处理能力产生不利影响；第三，螺旋角为 14°时，伴随转速增加，试验机处理能力增长率最大，螺旋角为 14°时处理能力敏感度偏高；第四，仅从提高处理能力角度看，小螺旋角、高转速看似是最优选择。

5.7.3　产品粒度组成角度分析

小错位角有利于大产品粒度生成，大错位角有利于中间产品粒度生成，提高齿辊转速可以强化错位角的产品粒度特性。

5.7.4　破碎效果综合分析

如果处理能力是主要目标，主要通过提高齿辊转速即可实现，传统的齿辊破碎机转速更高就是这样的效果。如果要保证低过粉碎率、高处理能力及较好的布料情况，应选择较小的螺旋布置角度。综合来看，中小以下的螺旋角，中等适度的转速有利于轴向布料、提高处理能力、降低过粉碎的综合破碎效果要求。

参 考 文 献

［1］ 潘永泰，张新民. 分级破碎技术的发展趋势 ［J］. 选煤技术，2010（5）：65-68，6.

［2］ 李泽康. 分级破碎机破碎齿的螺旋布置对破碎效果的影响 ［D］. 北京：中国矿业大学（北京），2022.

［3］ 王猛超. 分级破碎机单颗粒通过概率试验与仿真研究 ［D］. 北京：中国矿业大学（北京），2023.

6 分级破碎的单颗粒通过理论

物料在破碎腔内破碎或通过时，颗粒与破碎齿体、破碎腔体、物料颗粒之间会产生各种接触与摩擦，不同破碎原理，接触形式与接触概率有所不同。这些接触与摩擦状态对物料颗粒的破碎方式、破碎效果、能量效率等都有很大影响。根据破碎或通过颗粒间位置的关系，可分为单颗粒通过与颗粒床破碎两种形式。

单颗粒通过是分级破碎机典型的破碎特征之一，是分级破碎"五指理论体系"中的一指，是分级破碎成块率高、过粉碎率低、节能环保的机理支撑。

6.1 单颗粒通过概率的定义

6.1.1 单颗粒通过与层压破碎

单颗粒通过是指满足产品粒度要求的颗粒以不受约束、没有过多接触与摩擦的自由状态通过破碎腔。

单颗粒通过方式破碎效率高、成块率高、热损失最少，给予粒子的能量可以最大限度地转化为物料的内能，能量效率高，是理想的破碎状态。

与单颗粒通过相对的就是料层或层压破碎，是指在封闭破碎腔内，通过外部加压，实现物料间互相挤压、磨碎，在其裂纹和缺陷处产生破坏，甚至是物料内部产生很多裂纹缺陷，这个过程被称为层压破碎，层压破碎最典型的设备是高压辊磨机（high pressure grinding roller，HPGR）。

6.1.2 单颗粒通过概率

单颗粒通过概率是指物料破碎过程中，大粒度物料破碎过程和小粒度物料通过破碎腔体时物料保持单颗粒自由状态，基本没有发生破碎过程中大粒度被叠加、重合破碎，或颗粒之间及腔体与颗粒之间的相互挤压摩擦未能达到使物料发生破碎或表面损坏的强度的概率。简单地说，就是整个破碎过程中，发生单颗粒自由破碎和单颗粒自由通过的颗粒数占总颗粒数的比例。

不同的破碎方法，产生单颗粒通过概率差异比较大。通过表 6-1 可看出，单颗粒通过与破碎比能耗有很强的相关性。

表 6-1　各类破碎方法产生单颗粒通过概率和能量效率[1]

破碎类型	单颗粒通过概率/%	所需比功耗/J·cm⁻²
理论的比表面能法		约 1×10^{-4}
机械法求比表面能		$(10 \sim 100) \times 10^{-4}$
单颗粒压碎	100	$(10 \sim 169) \times 10^{-4}$
单颗粒冲击破碎（落锤）	100	$(50 \sim 150) \times 10^{-4}$
对辊机	$70 \sim 100$	130×10^{-4}
高速冲击破碎机	$25 \sim 40$	$(100 \sim 500) \times 10^{-4}$
圆筒破碎机	$7 \sim 15$	
球磨机	$6 \sim 9$	$(300 \sim 2000) \times 10^{-4}$
喷射磨	$1 \sim 2$	

6.2　单颗粒通过的优点

单颗粒通过的优点有：

（1）单颗粒是最基本的破碎对象。如前所述，破碎的目的是克服物料的内聚力，实现物料颗粒从大到小的转变。针对破碎过程，重点研究破碎过程能量的输入大小与能量利用形式，破碎产品粒度组成及破碎产品粒度形状、破碎效率等诸多问题；同时，也要对破碎物料的力学特性、所受应力条件及环境影响有准确把握。

矿物等脆性物料的破碎过程，从整体上是颗粒群的群体破碎行为，从个体上则是单颗粒通过、单颗粒间挤压、碰撞、摩擦等各类细节行为的总和。颗粒群很难准确研究，可以从组成单颗粒的宏观最小单元、最简单、最基本的单颗粒通过进行研究，然后以单颗粒通过的基本规律为基础，再研究颗粒群的群体破碎规律，这是一个相对可行和扎实的研究路线。

单颗粒是最简单最基本的破碎对象，同时，单颗粒通过也是破碎能量利用率最高的破碎形式。研究单颗粒通过能量耗散机制和粒度生成规律，或者在设计研究破碎设备时尽量提高单颗粒通过概率具有重要意义。

（2）产品成块率高。物料在破碎过程中以单颗粒形式被破碎，避免了颗粒间混杂挤压破碎，最大限度地减少了因物料相互挤压产生的过粉碎问题。与之形成鲜明对照的是层压破碎，在颗粒密集的料层中，破碎体对物料的直接破碎只完成了破碎作业的一小部分，而绝大部分破碎过程是在高压作用下颗粒间作用完成的，不但大颗粒被破碎，小颗粒也同样不能幸免地被挤压破碎到更小粒度。即便没看到破碎发生的颗粒，也会因高压作用，在颗粒内部产生微裂纹和更多缺陷，在随后的破磨碎或转运过程中易于被破碎。单颗粒与层压破碎的对比，就像一群人过一个安全门，单颗粒通过是排队逐一通过，而层压破碎更像是大家挤在一起相互踩踏。

实际破碎作业过程有时希望最大幅度提高成块率，此时单颗粒通过就成为理想的物料破碎状态。

（3）能量效率高。单颗粒通过，外力做功直接作用到颗粒本身，不会因颗粒相互摩擦挤压产生不必要的热损失，给予粒子的能量可以最大限度地转化为物料的内能。物料的破碎磨碎过程是一个能量效率较低的热力学过程，如果按照只将新增表面能作为有效能量，磨矿的能量效率不足 1%，70% 左右的能量都以热能的方式耗散了。由表 6-1 中数据可以看出，单颗粒通过能效是冲击破碎机的几倍，是球磨机的十几倍。

（4）研究手段丰富。工业破碎生产过程中，破碎对象是由不同粒度、粒形且数量巨大的单颗粒物料组成的颗粒群。如果直接将整个颗粒群作为研究对象寻找破碎规律，限于颗粒数量巨多，粒度组成多样，颗粒间相互作用、空间分布复杂多变，基本不可能得到什么确切性的定量关系，即便是依靠统计得到一些规律，也因为研究对象的重复性很低，研究结果缺乏普适性。

颗粒群破碎的研究手段，实物试验主要是活塞层压破碎试验（piston-die test）和模拟工业生产的小型工厂试验，再有就是数值仿真试验。活塞层压试验和小型工厂试验主要是研究颗粒群总体的破碎规律，因物料间作用规律很难准确把握，这些群体性的破碎行为很难再进行更深层次的研究。数值仿真试验虽然是针对颗粒群进行的研究，但其底层边界条件和基础数据也是来源于单颗粒间的相互作用力模型，严格说数值仿真试验也是建立在单颗粒物理力学基础上的试验手段。

单颗粒的研究手段相对更加完善，针对其的破碎测试试验有单面受力的跌落试验、旋转冲击、气动颗粒试验，双面受力的有落重试验、摆锤试验等，慢速加压的有点载荷破碎、面载荷破碎、辊式线载荷颗粒试验（见图 6-1），高速加载

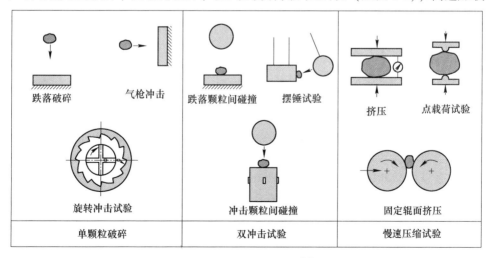

图 6-1　单颗粒测试手段[2]

的还有霍普金森加载试验等（见图 6-2）。这些试验手段可以从多种加载方式、多种加载速度对单颗粒进行全方位的试验，再结合经典的赫兹理论、格里菲斯断裂动力学理论等，可以对物料破碎进行更深层次、更加准确量化的研究。

图 6-2　霍普金森杆单颗粒冲击试验

6.3　分级破碎的单颗粒通过概率

分级破碎技术的特点就是通过齿的特殊设计，对物料进行选择性破碎，分级和破碎同时完成，这就使得小于产品粒度的颗粒直接通过破碎腔体。同时，由于分级破碎机通过能力大、物料填充系数小、物料颗粒间隙大、单颗粒通过的工作特点，使其具有处理能力大、成块率高、过粉碎率低等技术优势。对辊式破碎机单颗粒通过概率在 70%~100%（见表 6-1），由于工作原理的差别，分级破碎机单颗粒通过概率要大于齿辊式破碎机。

6.3.1　单颗粒通过概率的影响因素

6.3.1.1　大块物料初级破碎

大块物料处于完全自由运动状态，周边没有任何约束；同时由于齿的高度一般都是参照产品粒度进行设计，不会太高，因此齿尖基本不可能实现一次性咬入两块以上大块物料的重叠破碎，即便同时有很多大块物料堆积在齿辊表面，也是以自由跳动方式等待前面大块被破碎后，再进入齿尖啮合区域。另外，分级破碎机的破碎齿，一般都会沿轴线方向采用螺旋布置，这样就能靠螺旋布置的齿给大块物料沿轴线的推动力，使其均匀布料，有利于大块物料单颗粒自由破碎的实现。

6.3.1.2　齿前空间深度破碎

物料颗粒间的相互影响相对复杂一些，破碎齿前空间是由一个破碎辊上沿圆周前后相邻两齿弧顶空间和对面啮合齿辊的齿沟形成的封闭空间，根据设计经验齿前空间的三维尺寸在破碎产品尺寸的 1.2~1.8 倍之间。这样的尺寸空间很难有两个接近产品粒度之上的中等颗粒同时进入，形成挤压夹杂破碎。就好像一个人伸开双臂，可以抱住一棵和自己臂长相近似的树干，但很难抱住更大一些相同的两棵树。由于此空间是随着齿辊旋转从大逐渐变小的，在这个从大到小的过程中，就完成了对大部分单颗粒的破碎；如果破碎没有完成，进入包络空间的也大概率是一个单颗粒中块夹杂着一些小粒径物料，这期间大小尺寸物料间的夹杂就和物料的填充紧实程度相关。

与齿尖对大块物料的运动无法限制不同，齿前空间对物料的包络与限制作用是比较强的，两啮合辊相邻破碎齿前空间物料沿轴线也有很大可能相互挤压、夹杂破碎，齿前空间沿轴线贯通。由于齿前空间的体积不断被压缩，物料被挤压破碎过程必然沿横向延伸，三齿前空间的物料横向挤压，也会影响单颗粒通过概率。但是，由于齿前空间也是按螺旋布置，相邻空间有重合区域，也有沿圆周的空间错位，这种错位会降低颗粒间挤压破碎的概率，提高单颗粒通过概率。

6.3.2　单颗粒通过概率的其他影响因素

当大块物料在两辊近距点结束深度破碎后，随着两辊面的展开，空间瞬时变大，为物料的通过提供了有利条件。更为重要的是物料经初级破碎后进入齿前空间，即被旋转的破碎齿裹挟运动，这种作用带给物料的运动速度可以近似等于破碎齿尖的线速度。此时，重力对排料的作用依然存在，但有一定初速度的给料经过破碎机的留置处理，因重力引起的运动速度接近静止，排料过程近似于初始为零的自由落体，这样的重力排料作用和圆锥旋回等依靠重力排料的破碎设备基本相似。

高效的齿前空间裹挟排料极大地提高了物料通过效率，增加了单位时间内破碎机整体的物料可用空间，减少了颗粒间的碰撞、摩擦与相互挤压，对于提高单颗粒通过概率起到了很大的促进作用。

两破碎齿辊底部中间如果布置破碎梁，其对物料的作用与上述裹挟排料作用正好相反，严重阻滞了物料的排出。齿前空间裹挟着物料以齿尖线速度的运动状态，被破碎梁的固定齿形成的沟槽骤然减速，对物料施加很大的逆向加速度，以及由此附加的阻碍摩擦力和惯性力。这种作用方式，有利的地方是增加了物料进一步破碎的机会，提高破碎比，让整个设备高度增加不大的情况下增加了一级类似单齿辊破碎的过程。它的不利之处包括：由近距点排出的物料从自由开阔的空间进入狭窄的破碎梁沟槽内，空间急剧变小，将会产生大量的颗粒间挤压、碰撞，以及颗粒与破碎沟槽顶、侧面的剧烈摩擦与碰撞，这种剧烈的相互作用会产生几个负面作用：（1）破碎过程的过粉碎会急剧加大。（2）破碎过程主要破碎方法变成挤压和剪切，克服的是物料的抗压、抗剪强度，破碎单位能耗会增加。（3）狭窄空间内，物料与颗粒及颗粒与颗粒的摩擦碰撞过程中，消耗大量无用功，破碎效率和能量利用率都降低。（4）直观看是破碎齿裹挟着物料从沟槽在空间受限的情况下强行刮擦而过，就好像一个妈妈抱着孩子从即将关闭的火车门挤过一样，难度之大可以想象，剧烈摩擦对破碎梁的沟槽和破碎齿造成很强烈的摩擦磨损。（5）大量的颗粒在空间急剧减小过程中发生的相互挤压、碰撞、摩擦，大幅降低了物料单颗粒通过概率。

6.4　单颗粒通过概率的定量化研究

分级破碎机的选择性破碎、单颗粒通过等特点，使其具有处理能力大、成块率高、过粉碎低等优势。选择性破碎的效果由齿辊结构、破碎齿形、破碎齿布置及设备操作参数决定。至今，对于此类问题的研究国内外基本是空白状态。笔者首次提出颗粒通过概率这一分级破碎专用评价指标，制备试验物料并搭建通过概率试验与离散元仿真平台，研究分级破碎机的螺旋角、入料填充系数、颗粒粒度系数对颗粒通过概率的影响机制，可为提高分级破碎技术的精细化、专业化和高效节能提供理论指导。

6.4.1　单颗粒通过概率的计算

6.4.1.1　单颗粒

针对粒径小于齿辊间隙的单颗粒，在下落过程中直接被齿辊咬入，会发生破碎；若未被咬入，则会随齿辊的转动直接通过破碎间隙。在入料位置、齿辊转速、齿辊初始状态及齿辊螺旋角已知的前提下，可以通过运动学分析对单个颗粒物料能否完整通过筛孔进行计算。图 6-3 为单颗粒入料示意图。

破碎机周向齿数用 a_1 表示；破碎齿辊转速为 n，相向转动，转动周期为 T。每 T/a_1 周期后，可视为各破碎齿回到初始位置，即物料在周期性变化的空间中完成破碎或者筛分，如图 6-3（a）所示。对破碎齿的水平及竖直方向运动进行描述，其线速度 v、角速度 ω 为：

$$v = \frac{n\pi R}{30} \tag{6-1}$$

$$\omega = \frac{v}{R} = \frac{n\pi}{30} \tag{6-2}$$

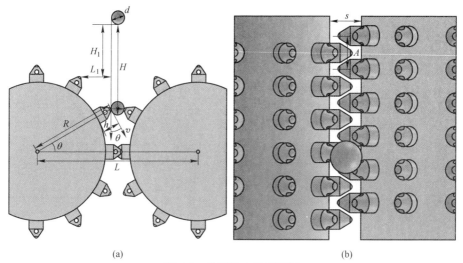

图 6-3 单颗粒入料示意图

（a）正视图；（b）俯视图

d—入料粒度；H_1—物料距离初始齿尖的高度；R—齿辊外径；h—齿高；

L—齿辊中心距；s—齿距间隙；A—齿距；θ—夹持物料齿与两齿辊的中心轴组成平面的夹角

齿 t 时间内水平位移 x、竖直位移 y 可表示为：

$$x = \int_0^t v\sin(\theta - \omega t)\,\mathrm{d}t = R\left[\cos\left(\theta - \frac{n\pi t}{30}\right) - \cos\theta\right] \tag{6-3}$$

$$y = \int_0^t v\cos(\theta - \omega t)\,\mathrm{d}t = R\left[\sin\theta - \sin\left(\theta - \frac{n\pi t}{30}\right)\right] \tag{6-4}$$

根据动能定理，小球的下落位移可表达为：

$$H = \frac{1}{2}gt^2 \tag{6-5}$$

将式（6-3）~式（6-5）联立得：

$$\begin{cases} x = L_1 - \dfrac{d}{2} = R\left[\cos\left(\theta - \dfrac{n\pi t}{30}\right) - \cos\theta\right] \\[2mm] y = H - H_1 = R\left[\sin\theta - \sin\left(\theta - \dfrac{n\pi t}{30}\right)\right] \\[2mm] H = \dfrac{1}{2}gt^2 \end{cases} \tag{6-6}$$

式（6-6）中只有时间 t 为未知数，若满足式（6-6）的 t 值存在且 t 值在规定范围之间，则颗粒会被咬入、破碎；或者可以使用式（6-6）进行反推，计算可以满足颗粒破碎的初始破碎齿位置条件，用初始齿可破碎位置与初始齿所有可能存在位置的比值表征单个颗粒在破碎机工作过程中被破碎的概率，得出单颗粒入料时颗粒的通过概率。

6.4.1.2　颗粒群

小颗粒群入料破碎过程中，单颗粒通过破碎腔的概率比双颗粒接触通过的概率大，三个颗粒互相接触完整通过破碎腔的概率很小，忽略三个颗粒互相接触通过破碎腔的通过概率。以单颗粒形式通过破碎腔如图 6-4（a）所示，将如图 6-4（b）中框定的范围作为一个模块对颗粒的通过概率进行分析，框定范围为环绕齿辊一周，单个齿辊的框定部分一周有 a_1 个破碎齿。

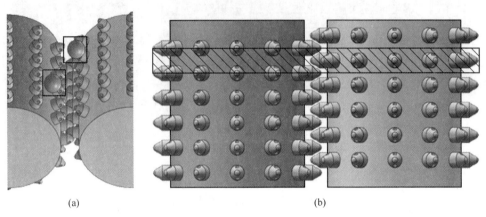

（a）　　　　　　　　　　　　　　　　　　（b）

图 6-4　颗粒群入料单颗粒通过及模块示意图[3]

（a）单颗粒空间；（b）整体通过空间

沿齿辊的周向框定的区域体积与辊面体积差值用 V_1 表示，该区域内破碎齿的体积用 V_2 表示，将入料颗粒近似为直径为 d 的球体，其体积用 $V_料$ 表示，单个破碎齿的体积用 $V_齿$ 表示，S 为单个破碎齿的底面积。其计算公式为：

$$V_1 = A[\pi R^2 - \pi(R-h)^2] = 2\pi h A(2R-h) \tag{6-7}$$

$$V_2 = 2a_1 V_齿 = 2a_1 h S \tag{6-8}$$

$$V_料 = \frac{\pi d^3}{6} \tag{6-9}$$

以透筛概率为参考，用物料与破碎腔的体积比表征分级破碎机的颗粒通过概率。颗粒群入料时，单颗粒通过概率 P_1 表达式为：

$$P_1 = \frac{V_1 - V_2}{V_1}\left(1 - \frac{V_料}{V_2}\right) \tag{6-10}$$

将式（6-7）~式（6-9）代入式（6-10），得：

$$P_1 = \frac{\pi A(2R-h) - a_1 S}{\pi A(2R-h)}\left(1 - \frac{\pi d^3}{12a_1 h S}\right) \tag{6-11}$$

式（6-11）仅适用于粒径小于齿辊间隙的颗粒群入料时通过概率的计算。

颗粒群入料破碎过程中，以单颗粒形式和以双颗粒接触形式通过破碎腔的情况是同时发生的。随着入料量的提高，以单颗粒形式和以双颗粒接触形式通过破碎腔的比例会发生变化。以双颗粒接触形式通过破碎腔如图 6-5 所示。分级破碎机的破碎腔指的是物料破碎过程中破碎齿转动划过的包络空间，该空间可近似为以齿距 A、齿辊间隙 s、弧顶距 H' 限制的长方体区域。

以双颗粒接触形式通过破碎腔的通过概率可以用双颗粒在破碎腔中可填充的总体积与破碎腔近似的长方体体积之比表征。图 6-6 中阴影部分为双颗粒填充时不存在颗粒的空间，总体积与阴影部分体积的差值即双颗粒接触填充破碎腔的总体积。

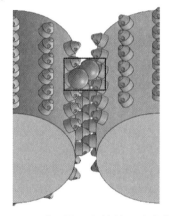
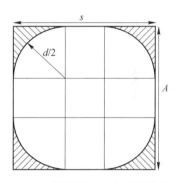

图 6-5 两个颗粒互相接触通过破碎腔　　图 6-6 双颗粒接触通过概率计算示意图

在破碎腔中，图 6-6 立体阴影沿投影方向延伸 H' 的体积为 V_x，它由三组柱体体积和一组被球体切掉的立方体体积组成，各组柱体底面积相同但高度不同。三组柱体体积分别为 V_{b1}、V_{b2}、V_{b3}，角落体积为 V_j，以双颗粒接触形式通过破碎腔的通过概率 P_2 可用 V_x 与长方体限制体积 V 的比值表征，公式表达为：

$$V_{b1} = 4(A - d)\left(\frac{d^2}{4} - \frac{\pi d^2}{16}\right) \tag{6-12}$$

$$V_{b2} = 4(s - d)\left(\frac{d^2}{4} - \frac{\pi d^2}{16}\right) \tag{6-13}$$

$$V_{b3} = 4(H' - d)\left(\frac{d^2}{4} - \frac{\pi d^2}{16}\right) \tag{6-14}$$

$$V_j = 8\left[\left(\frac{d}{2}\right)^3 - \frac{\pi}{6}\left(\frac{d}{2}\right)^3\right] = \frac{6 - \pi}{6}d^3 \tag{6-15}$$

$$V_x = V_{b1} + V_{b2} + V_{b3} + V_j \tag{6-16}$$

$$V = AsH' \tag{6-17}$$

$$P_2 = \frac{V - V_X}{V} = \frac{AsH' - V_x}{AsH'} \tag{6-18}$$

综合式（6-12）~式（6-18），小颗粒以双颗粒接触形式完整通过破碎腔的通过概率 P_2 可表达为：

$$P_2 = \frac{12AsH' + 3(A + s + H')(\pi - 4)d^2 + (24 - 7\pi)d^3}{12AsH'} \tag{6-19}$$

在颗粒群入料破碎过程中，颗粒通过概率由单颗粒通过概率、双颗粒接触通过概率和多颗粒互相接触通过概率组合构成，入料颗粒性质、入料量、齿辊转速、齿辊螺旋角等均会对颗粒通过形式所占比例产生影响，颗粒的通过概率 P 可表达为：

$$P = k_1P_1 + k_2P_2 + k_3P_3 + \cdots + k_nP_n \tag{6-20}$$

式中　k——在破碎过程中，以不同数量颗粒互相接触形式通过破碎腔所占的比例，k 值与破碎机结构参数、工作参数、颗粒入料的高度及颗粒粒度系数等有关，且 k 值在 0~1 之间。

在入料量较小的颗粒群入料情况下，以单颗粒形式通过破碎腔的比例较大。随着入料量增大，以单颗粒形式通过破碎腔的比例逐渐减小；当颗粒通过概率低于以双颗粒接触形式通过破碎腔的通过概率计算值时，假设此时以单颗粒形式通过破碎腔所占的比例为零，忽略以三颗粒及更多颗粒互相接触形式完整通过破碎腔的概率，此时颗粒通过概率与破碎过程中双颗粒接触的比例有关，可将式（6-20）简化为：

$$P = kP_2 \tag{6-21}$$

6.4.1.3　入料填充系数

入料在整个空间内的分布密度 ρ_x 与物料堆密度 ρ_z 的比值定义为入料填充系数，如图 6-7 所示。

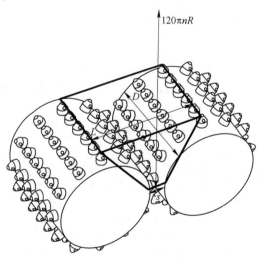

图 6-7　破碎能力分析

根据分级破碎机的处理能力公式：

$$Q = 60nV_0\rho\psi\eta \tag{6-22}$$

式中　　n——齿辊转速，r/min；

　　　　V_0——两齿辊转动一周形成的通过空间，m^3；

　　　　ρ——物料自身密度，kg/m^3；

　　　　ψ——松散系数，取值范围为 0.25~4；

　　　　η——给料不均匀系数，煤的取值为 0.4~0.8。

在图 6-7 中用黑线界定的梯形空间为破碎机工作时的破碎空间，每小时破碎齿转动划过的破碎空间体积为：

$$V_P = \frac{2\pi nRD \times 60(s+L)}{2} = 60\pi nRD(s+L) \tag{6-23}$$

式中　　n——转速，r/min；

　　　　D——辊长，mm；

　　　　s——齿辊间隙，mm；

　　　　L——两辊中心距，mm。

$$\rho_x = \frac{Q}{V_P} = \frac{Q}{6 \times 10^7 \pi nRD(s+L)} \tag{6-24}$$

式中　　Q——单位时间入料量，t/h。

入料填充系数 k_t 计算公式为：

$$k_t = \frac{\rho_x}{\rho_z} = \frac{Q}{6 \times 10^7 \pi nRD\rho_z(s+L)} \tag{6-25}$$

6.4.1.4　粒度系数

将颗粒粒度大小与两齿辊间隙大小的比值称为粒度系数 k_s。如试验用分级破碎机齿辊间隙为 36 mm，则颗粒粒度分别为 3 mm、6 mm、13 mm、20 mm 和 30 mm 对应的粒度系数分别为 0.0833、0.1667、0.3611、0.5556 和 0.8333。

6.4.2　螺旋角对通过概率影响规律的研究

为了研究螺旋角对通过概率的影响进行如下假设与试验。分级破碎机齿辊的转速与入料填充系数保持不变。选用规则混凝土球试件和人工制备的煤颗粒为研究对象，进行不同螺旋角的分级破碎机破碎试验，并在 Rocky 4 离散元仿真软件中对粒度系数为 0.95 的颗粒进行破碎仿真试验。

6.4.2.1　现场试验分析

运用高速摄像机捕捉入料颗粒的破碎情况，分析破碎腔内颗粒的受力方式，解释螺旋角对颗粒破碎状况和通过概率的影响。螺旋角为 0°、转速为 5 r/min 时，破碎腔内混凝土球颗粒的排布情况如图 6-8 所示。可以看出，随着齿辊的转动，颗粒在破碎腔中沿齿辊轴向的排布并不均匀。齿辊轴线方向上的空间没有被充分利用，造成破碎腔的局部颗粒填充密度较大，提高了混凝土球在破碎腔中被挤压破碎的概率。

破碎腔局部
颗粒填充密度

图 6-8　混凝土球颗粒破碎情况（0°布齿）

螺旋角为 3°、转速为 5 r/min 时，破碎腔内混凝土球颗粒的排布情况如图6-9所示。可以看出，随着齿辊的转动，沿齿辊轴线方向上的推力使混凝土球颗粒沿破碎腔齿辊轴向的排布较为均匀，齿辊轴线方向上的空间更加充分利用；破碎腔的局部颗粒填充密度比螺旋角为 0°时小，降低了混凝土球颗粒在破碎腔内被挤压破碎的概率，减少了破碎过程中不必要的破碎行为，有利于提高分级破碎机的能量利用效率。

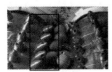

破碎腔局部
颗粒填充密度较小

图 6-9　混凝土球颗粒破碎情况（3°布齿）

对图 6-9 中的第三个混凝土球颗粒每隔 50 帧进行标记，该颗粒的分运动轨迹沿破碎齿辊轴向排布方向，其运动方向如箭头所示，如图 6-10 所示。

图 6-10　混凝土球颗粒运动轨迹

　　图6-11展示了分级破碎试验中无烟煤和混凝土这两种物料的颗粒通过概率随齿辊螺旋角变化的趋势。结果表明，随齿辊螺旋角的增大，无烟煤颗粒和混凝土球颗粒通过概率的最大值及平均值均呈先增大后减小趋势。

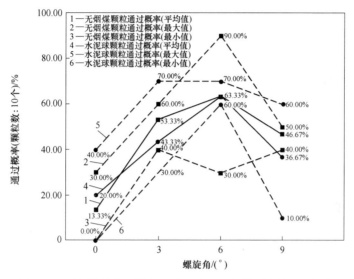

图6-11　不同螺旋角下混凝土球颗粒、无烟煤颗粒的通过概率

　　当齿辊螺旋角为6°时，无烟煤颗粒通过概率的最小值与最大值差值较大，达到了60%。随齿辊螺旋角的增大，无烟煤颗粒通过概率最小值的变化趋势与前述变化趋势不同，其中螺旋角为6°时，颗粒通过概率的最小值低于螺旋角为3°时。其主要原因是试验中无烟煤颗粒为人工制备，相同粒度的无烟煤颗粒在形状上存在一定差异。

　　入料填充系数相同时，随齿辊螺旋角的增大，颗粒的通过概率先增大后减小。螺旋角为3°时，颗粒沿齿辊轴线方向上的受力较小，在齿辊转动过程中物料无法完全均匀排布；螺旋角为6°时，颗粒沿齿辊轴线方向上的受力较为合适，相对于螺旋角为3°颗粒排布更均匀；螺旋角为9°时，颗粒沿齿辊轴线方向上的受力较大，颗粒向一侧堆积，破碎腔局部颗粒填充密度增大，辊面对颗粒的挤压破碎占比增大，颗粒通过概率降低。

　　综上所述，由于破碎齿的螺旋排布，物料会受到齿辊轴线方向上的推力，产生轴向运动，沿齿辊轴向排布；螺旋角不同，颗粒受齿辊作用力不同，排布作用效果不同；齿辊的排布作用效果越好，颗粒越分散，则相同入料填充系数下颗粒发生挤压破碎的比例越小。从齿辊的轴线方向上，颗粒受到齿辊的推力过小时，则颗粒在齿辊面上分布不均；颗粒受到齿辊的推力过大时，颗粒向齿辊一端堆积，会提高破碎腔部分区域的颗粒填充密度，导致入料颗粒被挤压破碎的比例增大，颗粒的通过概率降低。

6.4.2.2 模拟试验分析

齿辊转速为 5 r/min 时，在螺旋角为 0°、2°、3°、4°、5°、6°和 9°下，分别对颗粒群的破碎过程进行离散元仿真，统计并分析颗粒的通过概率，仿真结果见表6-2。

表6-2 不同螺旋角的颗粒通过概率仿真结果

入料填充系数	入料量 /t·h⁻¹	不同螺旋角齿辊的颗粒通过概率 P/%						
		0°	2°	3°	4°	5°	6°	9°
0.0804	1	60.00	60.00	60.00	80.00	80.00	60.00	100.00
0.1608	2	60.00	90.00	70.00	80.00	80.00	80.00	50.00
0.2412	3	60.00	53.33	80.00	80.00	73.33	73.33	66.67
0.3216	4	55.00	60.00	60.00	60.00	65.00	45.00	45.00
0.4021	5	41.67	54.17	50.00	62.50	45.83	41.67	29.17
0.4825	6	31.03	41.38	44.83	58.62	55.17	37.93	37.93
0.5629	7	35.29	41.18	35.29	50.00	52.94	38.24	35.29
0.8041	10	32.65	36.74	32.65	42.86	38.78	28.57	28.57
0.9649	12	32.20	30.51	38.98	33.90	35.59	38.98	28.81
1.1258	14	23.19	21.74	28.99	37.68	34.78	27.54	27.54
1.6082	20	31.31	31.31	38.38	34.34	33.33	30.30	29.29

表6-2 中，入料填充系数计算值大于1是因为单位时间入料量过大，此时，在图6-7框定的破碎空间上方存在物料堆积。由表6-2 中可以看出，入料填充系数在 0.9649 以上时，颗粒通过概率的变化规律与入料填充系数在 0.8041 以下时的变化规律不同。因此，当入料填充系数的计算值在 0.9649 以上时，认为破碎机处于超载状态。

由图6-12 可知，入料填充系数为 0.5629 和破碎机满载时，随着螺旋角的增

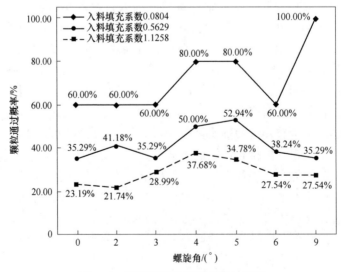

图6-12 不同螺旋角的颗粒通过概率

大，颗粒通过概率先增大后减小，分别在螺旋角为 5°和 4°时最大。入料填充系数为 0.0804 时，没有明显趋势，此时入料以单颗粒为主，布齿角度对颗粒填充密度的影响较小，齿的破碎作用对颗粒通过概率的影响占主导。

利用表 6-2 中的数据，在 Origin 2019b 软件中使用 B 样条曲线绘制不同入料填充系数、不同螺旋角时的颗粒通过概率曲线，如图 6-13 所示。B 样条可以根据相邻两个数据顶点连接的线段，拟合出平滑、分段的光滑曲线，式（6-26）为其表达式、式（6-27）为 B 样条基函数表达方式。

$$P(u) = \sum_{i=0}^{n} P_i B_{i,k}(u) \qquad (6\text{-}26)$$

式中　P_i——数据顶点；

$B_{i,k}(u)$——k 阶 $k-1$ 次的 B 样条基函数。

$$B_{i,k}(u) = \frac{u - u_i}{u_{i+k+1} - u_i} B_{i,k-1}(u) + \frac{u_{i+k} - u}{u_{i+k} - u_{i+1}} B_{i+k,k+1}(u) \qquad (6\text{-}27)$$

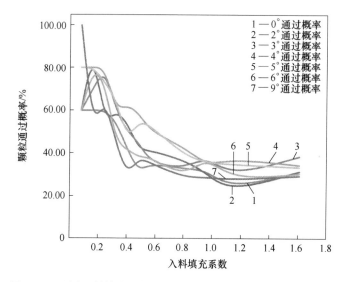

图 6-13　不同入料填充系数、不同螺旋角的颗粒通过概率曲线图

由图 6-13 可以看出，入料填充系数在 0.1608 以上时，螺旋角为 4°和 5°时的颗粒通过概率曲线位于其他布齿角度曲线的上方。螺旋角为 4°和 5°的通过概率曲线存在交集，但从整体看入料填充系数在 0.1608 以上时，螺旋角为 4°的颗粒通过概率较 5°更高。

由图 6-14 可知，入料填充系数为 0.1608 时，螺旋角为 2°时颗粒通过概率最大，为 90.00%；其次是螺旋角为 4°、5°和 6°时，通过概率为 80.00%；螺旋角为 9°时颗粒通过概率最小，为 50.00%；颗粒通过概率最大值与最小值相差 40 个百分点。

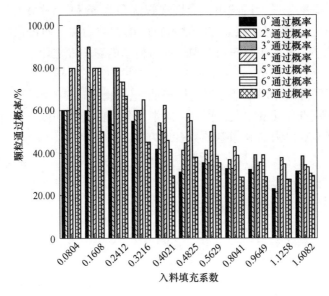

图6-14 不同螺旋角及入料填充系数的颗粒通过概率柱状图

入料填充系数为0.3216,螺旋角为5°时颗粒通过概率最大,为65.00%;其次是螺旋角为2°、3°和4°,通过概率为60.00%;螺旋角为6°和9°时颗粒通过概率最小,为45.00%;颗粒通过概率最大值与最小值相差20.00个百分点。

入料填充系数为0.9649,螺旋角为3°和6°时颗粒通过概率最大,为38.98%;其次是螺旋角为5°时,通过概率为35.59%;螺旋角为9°时颗粒通过概率最小,为28.81%;颗粒通过概率最大值与最小值相差10.17个百分点。该入料填充系数情况下,螺旋角为4°时颗粒通过概率没有明显优势,与该组颗粒通过概率的最大值相差5.08个百分点。

入料填充系数为1.1258即破碎机满载,螺旋角为3°时颗粒通过概率最大,为38.38%;其次是螺旋角为4°,通过概率为34.36%;螺旋角为9°时颗粒通过概率最小,为29.29%;颗粒通过概率最大值与最小值相差9.09个百分点。

以式(6-19)计算出的通过概率 $P_2 = 66.88\%$ 为评定标准:入料填充系数为0.0804时,螺旋角为4°、5°和9°的条件下颗粒通过概率均大于 P_2;入料填充系数为0.1608时,除0°和9°外,其余螺旋角下的颗粒通过概率均大于 P_2;入料填充系数为0.2412时,除0°、2°和9°外,其余螺旋角下颗粒通过概率均大于 P_2;入料填充系数在0.0804~0.2412时,螺旋角为4°的通过概率比5°更稳定。

综上分析,该分级破碎机齿辊的螺旋角选用4°,在入料填充系数控制在0.0804~0.2412时,齿辊的“筛分”能力比较好,能够减少分级破碎机在破碎过程中的过粉碎现象。

6.4.2.3　曲线拟合

分级破碎机满载且齿辊转速为 5 r/min 时，将齿辊在不同螺旋角的颗粒通过概率进行数据拟合，拟合曲线如图 6-15 所示；通过概率最大时对应的分级破碎机齿辊的螺旋角介于 4°~5°之间，曲线方程为式（6-28）。一般认为 R^2 超过 0.8 时方程的拟合优度较好，该方程的 R^2 为 0.8926，可以认为该方程的拟合效果较好。

$$P = 0.24325 + \frac{0.31344}{\left(1.749\sqrt{\pi/2}\right)}\exp\left(\frac{8.7065 - 2x}{1.749}\right)^2 \tag{6-28}$$

式中　P——颗粒通过概率；

　　　x——齿辊的螺旋角。

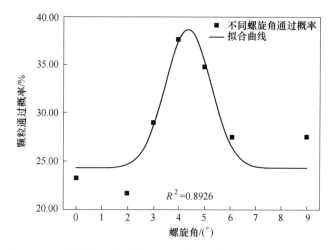

图 6-15　不同螺旋角的颗粒通过概率拟合曲线（入料量 14 t/h）

6.4.3　入料填充系数的影响

为了更好地探究入料填充系数对颗粒通过概率的影响规律，控制分级破碎机齿辊的转速与螺旋角不变，选用规则混凝土球试件为研究对象，进行不同入料量的分级破碎机破碎试验，并在 Rocky 4 离散元仿真软件中开展不同入料填充系数的颗粒破碎仿真试验。

6.4.3.1　现场试验分析

运用高速摄像机捕捉破碎过程中入料颗粒的破碎情况，分析破碎腔内颗粒的受力方式，有助于解释入料填充系数对颗粒破碎状况及通过概率的影响。图 6-16（a）和（b）分别展示了入料颗粒为 5 个和 15 个时，破碎过程中混凝土球颗粒间的互相接触情况，结果表明随着入料量增多，破碎机一次咬入的颗粒数逐渐增多，破碎腔内颗粒填充密度逐渐增大。当入料量较小时，颗粒被挤压破碎的概率较小，随着入料量增大，颗粒被挤压破碎的概率逐渐增大。然而，这种增大存在一定的极限，当颗粒的入料量达到一定程度时，破碎腔内颗粒填充密度逐渐饱和，进而导致颗粒被挤压破碎的比例逐渐稳定。此外，由于颗粒被破碎齿捕获并完成破碎存在一定随机性，因此即使入料填充系数恒定，颗粒的通过概率也存在一定波动。综上分析，随着入料量的增大，颗粒的通过概率会趋于一个稳定值并在稳定值附近波动。

图 6-16　不同入料量混凝土球颗粒的破碎过程

(a) 5 个颗粒入料；(b) 15 个颗粒入料

基于该分级破碎机结构参数，结合式（6-11）和式（6-19）进行计算，结果表明单颗粒通过概率 P_1 为 75.69%，双颗粒接触通过概率 P_2 为 65.16%。当齿辊螺旋角为 3°时，混凝土球颗粒通过概率随入料颗粒数增大的变化规律如图 6-17 所示。

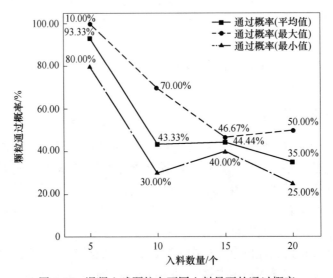

图 6-17　混凝土球颗粒在不同入料量下的通过概率

当入料颗粒数为 5 个时，混凝土球颗粒的平均通过概率为 93.33%，高于 P_1

值。由图 6-16（a）可见，混凝土球颗粒入料数量为 5 个时，颗粒主要以单颗粒方式通过破碎腔。此时，混凝土球颗粒的通过概率主要受齿辊转速、齿辊初始状态及颗粒给料位置等影响。随着入料量的增多，破碎腔内颗粒填充密度增大，颗粒通过破碎腔时逐渐变为双颗粒接触形式，然后逐渐变为多颗粒互相接触形式。破碎腔内颗粒填充密度达到饱和后，颗粒以单颗粒形式通过破碎腔的比例趋于零，颗粒通过破碎腔主要依赖于双颗粒接触或多颗粒互相接触形式，当颗粒以互相接触的形式通过破碎腔时容易被辊面挤压，进而发生破碎，因此颗粒通过概率随入料量增大而下降并趋于稳定。

对混凝土球颗粒平均通过概率进行拟合，结果如图 6-18 所示。可以发现随着入料量的增大，混凝土球颗粒的通过概率呈逐渐降低且趋于稳定的趋势，这与先前的分析结果一致。根据式（6-21）计算混凝土球颗粒在不同入料量下的 k 值，结果见表 6-3。当混凝土球颗粒入料量为 10~20 t/h 时，破碎过程中以双颗粒接触形式通过破碎腔的比例为 0.537~0.682，占主要比例。

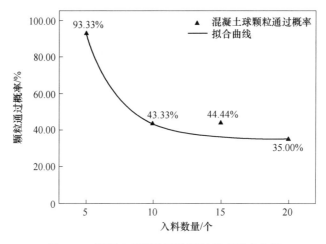

图 6-18 混凝土球颗粒平均通过概率拟合曲线

表 6-3 不同入料量混凝土球颗粒的 k 值

入料量/个	10	15	20
k 值	0.665	0.682	0.537

以上分析结果表明：为了提高颗粒通过概率，减少破碎机对颗粒的过粉碎，当入料量较小时，应尽量降低破碎腔中双颗粒接触的比例；当入料量增大时，应尽量提高破碎腔中双颗粒接触的比例，降低多颗粒互相接触的比例。

6.4.3.2 模拟试验分析

在本节离散元仿真试验中，控制入料颗粒的粒度系数，这与现场试验中的数值一致。当入料颗粒数为 5 个时入料填充系数为 0.0804，当入料颗粒数增大时，入料填充系数也随之增大。

图 6-19 展示了分级破碎机双齿辊螺旋角为 3° 时，颗粒通过概率随入料填充系数的变化趋势。结果表明，当入料填充系数为 0.0804 ~ 0.2412 时，随入料填充系数增大，颗粒通过概率逐渐增大，其值为 60.00% ~ 80.00%；当入料填充系数在 0.3216 ~ 0.5629 时，随入料填充系数的增大，颗粒通过概率逐渐减小，其值为 35.29% ~ 60.00%，k 值则在 0.542 ~ 0.921；当入料填充系数大于 0.5629 时，颗粒通过概率在 28.99% ~ 38.98% 之间波动并趋于平稳，k 值则为 0.445 ~ 0.598。

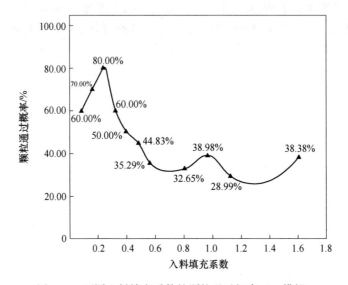

图 6-19　不同入料填充系数的颗粒通过概率（3°模拟）

整体上看，齿辊螺旋角为 3° 时，随着入料填充系数的增大，颗粒通过概率逐渐降低之后趋于平稳，然后在稳定值附近波动。k 值的结果表明，破碎过程中混凝土球颗粒主要以双颗粒接触形式通过破碎腔，其比例占 44.50% ~ 59.80%。

图 6-20 展示了分级破碎机双齿辊螺旋角为 4° 时，颗粒通过概率随入料填充系数的变化趋势。当入料填充系数为 0.0804 ~ 0.2413 时，颗粒通过概率保持不变，其值为 80.00%，此时颗粒通过破碎腔以单颗粒形式通过为主；当入料填充系数为 0.3216 ~ 0.8041 时，随入料填充系数增大，颗粒通过概率逐渐降低，其值为 42.68% ~ 62.50%，k 值为 0.655 ~ 0.959；当入料填充系数大于 0.8041 时，颗粒通过概率在 33.90% ~ 37.68% 之间波动并逐渐趋于平稳，k 值则为 0.520 ~ 0.578。k 值结果表明，当齿辊螺旋角度为 4° 时，破碎过程中混凝土球颗粒主要以双颗粒接触形式通过破碎腔，其比例为 52.00% ~ 57.80%。对比图 6-19 和图 6-20 可以发现，当螺旋角为 3° 和 4° 时，颗粒通过概率随入料填充系数增大的变化趋

势整体上保持一致，均逐渐减小之后趋于稳定。

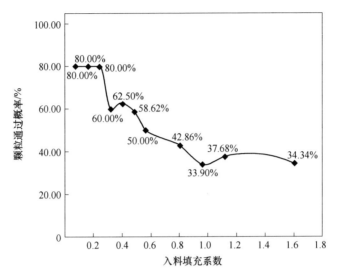

图 6-20 不同入料填充系数的颗粒通过概率（4°模拟）

当入料填充系数为 0.0804~0.2412 时，分析颗粒通过概率可以发现，与螺旋角为 4°时相比在 3°有一段上升趋势。其原因是：在螺旋角 3°下，当入料填充系数较小时，齿辊破碎齿具有更大的随机破碎入料颗粒的概率，这减小了颗粒通过概率。就整体而言，螺旋角为 3°和 4°时，随入料填充系数增大颗粒通过概率均逐渐降低且趋于稳定。在两种螺旋角下，齿辊的颗粒通过概率变化趋势存在一致性。

综上所述，随着入料填充系数增大，颗粒通过概率逐渐降低并趋于稳定。其主要原因有以下三点：

（1）当入料填充系数较小时，相比于破碎腔的空间体积入料总体积较小，这使得颗粒与颗粒之间的相互接触情况较少。此时，颗粒以单颗粒入料情况为主，颗粒能否被破碎主要取决于颗粒入料位置、齿辊转速及齿辊初始状态，此时具有更高的颗粒通过概率。

（2）当入料填充系数增大时，破碎过程中颗粒相互接触的机会逐渐增多，以单颗粒形式通过破碎腔的比例则逐渐减少。随着入料密度的增大，除了存在齿辊咬入颗粒的破碎行为外，还存在随破碎腔减小而产生的颗粒被辊面挤压破碎的行为。这些因素增大了颗粒被破碎的概率，进而降低了颗粒的通过概率。

（3）当入料填充系数达到一定程度时，分级破碎机破碎腔逐渐被入料填满，使得入料颗粒填充密度逐渐饱和。此时，颗粒通过概率逐渐趋于平稳且在稳定值附近波动，颗粒以双颗粒接触形式存在的比例也趋于稳定。

入料填充系数达到 0. 5629 后，齿辊的螺旋角为 3°时，k 值为 0. 445 ~ 0. 598，颗粒通过概率趋于稳定，且颗粒通过概率在 28. 99% ~ 38. 98% 波动。入料填充系数达到 0. 8041 后，齿辊的螺旋角为 4°时，k 值为 0. 520 ~ 0. 578，且通过概率在 33. 90% ~ 37. 68% 波动。

入料填充系数过大会降低颗粒的通过概率，导致分级破碎机对物料不必要的破碎行为增多，进而增加物料的过粉碎，降低了物料破碎过程的能量利用效率。颗粒的通过概率越大，越有利于减少破碎机工作时的过粉碎，从而提高分级破碎机破碎过程中的能量利用效率。因此，在破碎作业中应根据破碎机结构参数、工作参数及工业实际情况选择合适的入料填充系数。就本节研究而言，当分级破碎机的螺旋角为 3°和 4°、入料填充系数为 0 ~ 0. 2412 时，粒度系数为 0. 95 的入料颗粒通过概率均在 60. 00% 以上，具有较好的破碎效果。

6. 4. 3. 3 曲线拟合

螺旋角为 4°、齿辊转速为 5 r/min 时，对不同入料填充系数的颗粒通过概率进行数据拟合，拟合曲线如图 6-21 所示，曲线方程为式（6-29），该方程的 R^2 为 0. 9389，可以认为该方程的拟合效果较好。

$$P = 0. 3456 + \frac{0. 57985}{1 + \exp[(x - 0. 38169)/0. 19556]} \tag{6-29}$$

式中　P——颗粒通过概率；

　　　x——入料填充系数。

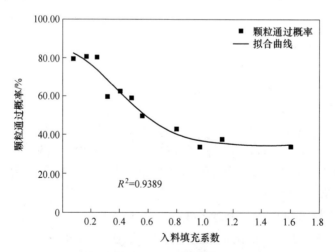

图 6-21　螺旋角为 4°时的颗粒通过概率拟合曲线

6. 4. 4　粒度系数对颗粒通过概率影响规律的研究

颗粒群入料破碎过程中，通过概率不仅受到入料填充系数与齿辊螺旋角的影响，还会受到入料颗粒粒度系数的影响。根据前文研究，在螺旋角为4°且破碎机满载的条件下，对粒度系数分别为0.40、0.60、0.80、0.95及1.05的5种颗粒进行离散元仿真试验，探究入料颗粒的粒度系数对通过概率的影响规律。

6.4.4.1　模拟试验分析

螺旋角为4°、齿辊转速为5 r/min且破碎机满载的条件下进行破碎仿真试验。入料颗粒的粒度系数分别为0.40、0.60、0.80、0.95和1.05，其中粒度系数为0.40、0.60、0.80及0.95的颗粒均为球形颗粒，粒度系数为1.05的颗粒是长径比为2的椭圆形颗粒。相同入料填充系数、不同粒度系数的颗粒通过概率模拟结果如图6-22所示。

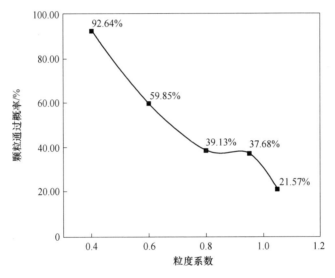

图6-22　不同粒度系数的颗粒通过概率（4°布齿）

由图6-22可知，颗粒粒度系数小于1时，颗粒通过概率随颗粒粒度系数的增大而逐渐减小并趋于稳定，稳定值约为37.68%；颗粒粒度系数大于1时，颗粒通过概率骤降；当入料颗粒粒度系数在0.8~0.95之间时，颗粒通过概率的大小相差仅为1.45%。所以，粒度系数在0.8~0.95之间的颗粒通过概率可以通过拟合式（6-29）计算得出。

6.4.4.2　曲线拟合

当粒度系数小于1、分级破碎机满载、齿辊螺旋角为4°、转速为5 r/min时，对不同粒度系数的颗粒通过概率进行数据拟合，拟合曲线如图6-23所示；曲线方程为式（6-30），曲线方程的R^2为0.9780，可以认为该方程的拟合效果较好。

$$P = 0.27902 + 2.97223\exp(-3.79955x) \tag{6-30}$$

式中　P——颗粒通过概率；

　　　x——粒度系数。

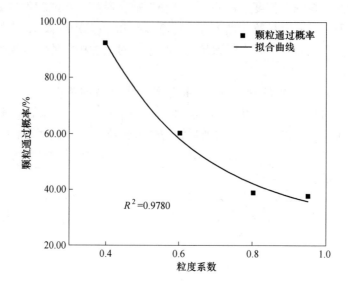

图 6-23　不同粒度系数的颗粒通过概率拟合曲线（4°布齿）

6.5　单颗粒通过效果评价

　　本章对无烟煤颗粒和混凝土球颗粒进行颗粒通过概率的试验，使用离散元仿真方法研究分级破碎机的齿辊螺旋角、入料填充系数对颗粒通过概率的影响规律。在0°、3°、6°和9°螺旋角下，对相同数量的无烟煤颗粒和混凝土球颗粒进行破碎，统计两种物料在相同破碎条件下的颗粒通过概率，并将试验与仿真结果进行对比，验证了离散元仿真模型的可靠性。最后在离散元仿真软件中，探究入料填充系数、齿辊螺旋角、入料颗粒粒度系数对通过概率的影响规律，得出结论如下：

　　（1）物料材质和形状均会对颗粒通过概率产生影响。入料填充系数相同时，球形颗粒具有更高的通过概率；平行试验中，混凝土球颗粒通过概率的分布比无烟煤颗粒更均匀。试验与仿真中，颗粒通过概率随螺旋角变化的趋势相同，因此该仿真平台在颗粒通过概率研究中具有较好的可靠性。

　　（2）离散元仿真试验中，相同螺旋角下，随着入料填充系数的增大，颗粒通过概率逐渐减小之后趋于稳定并在稳定值附近波动。入料填充系数在0.2412以下时，颗粒通过概率都在53.33%以上。不同螺旋角齿辊的颗粒通过概率稳定值区间不同，3°螺旋角齿辊的颗粒通过概率在入料填充系数达到0.5629之后趋于稳定并在28.99%~38.98%波动。4°螺旋角齿辊的颗粒通过概率在入料填充系数达到 0.8041 之后趋于稳定并在 33.90%~37.68%波动。

（3）相同入料填充系数条件下，随齿辊螺旋角的增大，颗粒通过概率先增大后减小。其中，4°和 5°布齿的颗粒通过概率较高；在入料填充系数相同、4°布齿且齿辊转速为 5 r/min 条件下，颗粒粒度系数小于 1 时，随着颗粒粒度系数的增大，颗粒通过概率先减小后趋于稳定，稳定值约为 37.68%；入料颗粒粒度系数大于 1 时，颗粒通过概率骤降。

参 考 文 献

［1］李启衡. 粉碎理论概要 ［M］. 北京：冶金工业出版社，1993.

［2］TAVARES L M. Breakage of Single Particles：Quasi-Static ［M］//Handbook of Powder Technology. Elsevier Science，2007.

［3］王猛超. 分级破碎机单颗粒通过概率试验与仿真研究 ［D］. 北京：中国矿业大学（北京），2023.

7 分级破碎的性能指标

分级破碎性能指标是研究、设计、制造、使用、选用、评价分级破碎技术与装备最为重要的量化体系。分级破碎装备是实现物料破碎性能的设备，分级破碎性能指标既有体现设备可靠性、持久性的机械性能指标，也有实现破碎效果的工艺指标，还包括该设备的环境影响与管理性能指标等，此外还有强度满足度的性能参数、质量达成度的指标。各种性能指标综合在一起，可以完整地呈现出分级破碎装备的效果、效率和效能。

7.1 分级破碎指标

7.1.1 指标体系

分级破碎作为一项新发展起来的新技术新装备，应用规模、场景在迅速增加，但其完整的性能指标体系尚未形成。准确、客观、全面的性能指标体系和与其对应的测定方法与评价机制，对于分级破碎的研发、设计、选型、使用、评价都不可或缺。分级破碎性能指标体系包含：性能指标、测定方法与标准体系等。性能指标可分为：工艺质量、工艺强度、设备效率和机械运转四大类，如图7-1所示。

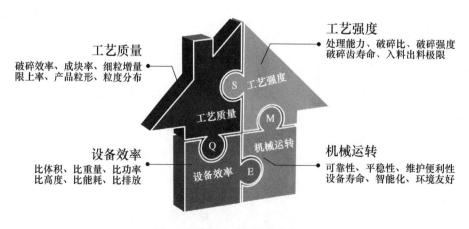

图 7-1 分级破碎性能指标体系

分级破碎四个性能指标间有着密切的联系和区分，工艺质量是破碎的目的和满足破碎工艺的基本要求，工艺强度是满足工艺质量的程度与强度，破碎设备就是要同时满足质量和强度指标要求。设备效率和机械运转是对上述两项整体性能的基础和支撑，只有机械运转良好才能很好地实现工艺指标，设备效率则代表机械设备完整工艺指标的综合效率，从体积占用、能量消耗、排放强度、设备高度等多方面呈现，以满足相同工艺指标设备的不同性能效率和效果。

7.1.2　入料粒度和出料粒度的确定

粒度变化的基本问题是粒度的确定，这看起来显而易见的问题，在实际应用中却并非易事。粒度的准确确定要考虑许多实际问题，一旦粒度定义不规范、不完整或者有歧义，就会产生难以解决的工程问题或技术纠纷。

如果实际生产的粒度大于设计粒度，会对整个生产系统造成不良影响，轻则影响后续生产指标、提高系统故障率，重则系统根本无法正常运转，出现"还未生产就要改造"的尴尬局面。这样，不但严重影响项目质量与工期，还会影响相关人员或企业的行业信誉和企业效益，这种现象在工程实践中屡见不鲜。

7.1.2.1　粒度出现问题的原因

使用现场资料和实际工况变化大。首先是技术资料不准确，部分矿山还未正式投产，就要配套设计破碎流程，矿物资料都是借用附近类似矿井，容易出现偏差；其次，由于矿井产能不断增大，而行业规范更新不及时，来料粒度超过设计规范的普遍存在，仅凭设计人员对井下的实际情况的经验掌握，出现偏差的概率较高。

由于近些年矿山规模与技术装备发展迅速，外加选矿、采矿的专业分工细化，彼此存在的技术盲点，从业人员很难准确把握工艺与设备的每一个技术要点，尤其是在煤炭领域，破碎环节属于辅助工艺设备，容易被忽视。

由于激烈的市场竞争，经济对技术形成制约，过多的参数富裕系数会让系统集成商或设备供应方无利可图。生产系统又多为单系统设计，一旦粒度等基础数据的准确性发生偏颇，就会造成工艺系统的连锁反应。

有些矿井存在超能力开采情况，致使生产系统中原有的把关设备，如井下通过式破碎机不用或少用，都会造成粒度严重超限，加剧了参数不准确后果的严重性。

不同应用环境下，生产者出于不同的生产目的，对粒度确认的主观性也会影响粒度的判断。比如，同样是理论上要求产品粒度为 50 mm，实际可能存在以下三种情况。第一种，希望成块率高、过粉碎率小，此时，容易按照低标准要求粒度上限，实际对粒度要求并不十分严格，基本满足要求就可以，实际出料粒度80 mm，甚至到 100 mm，也能接受。第二种，要求严格控制粒度上限。比如，气化炉、循环流化床锅炉、有压旋流器洗选等用户就会按照高标准要求粒度上限,破碎产品通过标准筛进行筛分,以 P_{95} 甚至 P_{100} 作为产品粒度要求。第三种,因工艺特殊需要,以产品颗粒中单一颗粒三个尺寸的最大值或最小值作为粒度衡量指标。很明显在这三种情况下,表面上都是以 50 mm 为产品粒度要求,但一高一低间,实际的粒度就差了很多,甚至差了一倍还多。这种情况在评估破碎设备的破碎比和处理能力时会出现显著差异。

7.1.2.2　破碎常用粒度测定方法

因为物料粒度表征方法多样,不同测量方法和标准下,同一颗粒有很多不同的粒度数值。综合考虑粒度数值的可操作性、简便性、可比较性,一般破碎过程常采用的粒度表征方法主要包括:颗粒群的筛分法、单颗粒三维尺寸测定法等。不同的应用场合可能采用不同尺寸,除特殊规定外,要求入料粒度和出料粒度必须采用相同的选择标准,这一点非常重要。

A　颗粒群的筛分法

将被测样品经过不同大小孔径的筛网过筛,然后再称重,结果是质量对应粒度的分布如图 7-2(a)所示,具体要求参见国标《煤炭筛分试验方法》(GB/T 477—2008)。

筛分法是针对破碎作业应用最广泛和准确的粒度确定方法,具有可操作性强、方法简便易行的特点。缺点是工作量大,尤其是粒度上限大、要求筛分的质量大时,还有就是在连续生产过程中,取样难度大,样品的可比较性可重复性实现难度大。

筛分法确定的粒度是按照一定比例物料通过某一筛孔的尺寸来表征。如 F_{80}(Feeding-80%) = 150 mm 是指入料粒度 80% 能够通过 150 mm 筛孔,大于 150 mm 物料占比 20%。同样,P_{95}(Product 95%) = 50 mm 是指经破碎产品 95% 能够通过 50 mm 圆孔筛孔,5% 粒度大于 50 mm。

B　单颗粒三维尺寸确定法

选取物料中最大颗粒对其三个方向尺寸进行测量,按照实际需要选择三个尺寸中的一个作为该颗粒的尺寸。一般情况,入料粒度如果以长度 l 表示,那么出料粒度也应以长度 l 表示,如图 7-2(b)所示。

7.1.2.3　出料粒度的合理确定

合理的出料粒度指标提出基于对工艺流程、设备性能、最终产品用户等的准确把握,情况较为复杂,既要考虑最终用户对粒度要求的严格程度、对应物料的易碎性、设备的综合性能,还要考虑运输过程中的倒运、装卸等环节发生的二次破碎等各种原因。

出料粒度确定首先要确定测定方法,一般情况下一定要入料粒度和出料粒度采用完全相同的测定方法和标准。

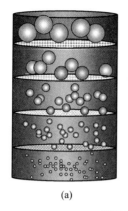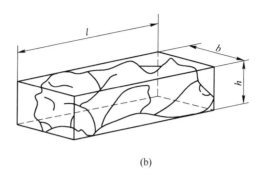

(a)

(b)

图 7-2　筛分法（a）和三维法（b）示意图

筛分法，要知道采用标准、筛分装置类型和主要参数，以及取样质量的达标最小量等。如果采用最大粒度的三维尺寸，也要明确规定是三个方向尺寸中最大尺寸、平均尺寸，还是加权平均尺寸。

出料粒度提出时一定要明确破碎出料粒度的限上率，因为只有在相同的限上率条件下，出料粒度才具有相对准确性和可比较性。一般情况下，出料粒度的限上率在极为严格情况下可以规定为 0%，也就是任何方向尺寸都不允许有超过规定粒度尺寸要求。但这种情况尽量避免，因为极为严格的粒度要求意味着破碎机实际破碎比的增加、过粉碎率增加、齿辊磨损加剧和设备处理能力下降等现象的出现。

出料粒度在较为严格的工况下要求限上率不超过 5%，一般要求 20%，其他情况就需要根据实际需要而定。提出要求只是开始，最重要的是要严格执行，要按照相应标准进行测定和验收，其中还要考虑到产品厂家对指标的实际执行能力和水平，并有针对性的预防措施，缺少了执行与监督，提出的指标很难得到好的执行。

7.2　分级破碎工艺质量指标

粒度变化是破碎作业的目的，粒度大小与粒形变化的效果、效率是破碎工艺质量的最核心考核指标。主要包括：破碎产品粒度分布特性、破碎效率、有效破碎效率、成块率、细粒增量、限上率等性能指标，其中有效破碎效率和成块率是分级破碎特有的性能指标。

7.2.1　破碎效率

破碎就是减小粒度的过程。破碎效率是衡量破碎机械粒度减小效率的最重要指标。破碎效率从原理上是指破碎产品中由破碎生成的质量（破碎产品总质量扣除入料中原有的小于要求产品粒度的质量）与入料中应破碎的质量（大于产品粒度的物料质量）之比。

参照煤炭行业推荐标准《选煤厂破碎设备工艺效果评定方法》（MT/T 2—2005），采用破碎效率为主要指标，细粒增量为辅助指标，综合评定破碎机的破碎效果。

破碎效率按下式计算：

$$\eta_{\mathrm{p}} = \frac{\beta_{-d} - \alpha_{-d}}{\alpha_{+d}} \times 100\% \tag{7-1}$$

式中　　η_{p}——破碎效率（有效数字取到小数点后第一位）；

β_{-d}——排料中小于要求破碎粒度 d 的含量,%；

α_{-d}——入料中小于产品要求粒度的粒级含量,%；

α_{+d}——入料中大于产品要求粒度的粒级含量,%。

7.2.2　分级破碎效率

上述破碎效率的计算方法只考虑将物料破碎到规定粒度以下，忽略了细粒增量的负面影响。在煤炭等物料的加工过程中，细粒的增多会浪费资源、增加煤泥水的处理费用、降低整个系统产能、加大能量消耗、加剧设备磨损等，是应该尽量避免的。鉴于此，为了将破碎效率中的负面因素予以剔除，更加积极与准确地表达破碎过程的效率，突出合格产品产率，此时的破碎效率应该是将待破碎物料"破碎到合格产品的效率"，从小于产品粒度的全部物料产量变化为产品粒度至细粒级之间的产率。为了区别于现有的破碎效率，称其为分级破碎效率。

分级破碎效率是破碎过程新产生的产品粒度至细粒级之间（$a \sim d$）的优质粒级产品质量占入料中大于产品粒度物料质量的百分比。

7.2.3　细粒增量

细粒增量是指破碎过程中，将入料破碎到"细粒"粒度以下的质量百分比。一般破碎过程，将细粒增量作为一个负面指标来看待。因为将物料破碎到不必要的细粒级，不仅会降低资源的有效利用，还会增加不必要破碎功耗，加大破碎机的磨损，产生过多粉尘等。

参考上述各参数，细粒增量按下式计算：

$$\Delta = \beta_{-a} - \alpha_{-a} \tag{7-2}$$

式中　　a——细粒粒度, mm；

β_{-a}——排料中的细粒含量%；

α_{-a}——入料中的细粒含量,%。

不同工业应用，细粒具体数值需根据相应标准或应用实际需要进行规定。在选煤厂，对于排料要求粒度大于或等于 50 mm 的粗碎，细粒一般指 13~0 mm；对于排料要求粒度小于 50 mm 的中碎和细碎，则细粒是指 0.5~0 mm。当然，这些指标是普适范围，可根据实际需要确定特殊的细粒标准。

7.2.4 破碎产品成块率

破碎产品成块率（lump rate，LR，以下简称成块率），是指破碎出料中一定粒级范围内的块状物料质量占入料总质量的百分比。该指标是衡量破碎设备破碎过程中保持块状出料的能力，是精细化破碎的一个重要指标，尤其对于分级破碎这种以提高成块率、降低过粉碎率为主要技术特征的破碎设备。

成块率从数值上可分为纯块破碎和混料破碎两种情况。一种是破碎入料粒度都是大于出料粒度的纯块状物料的破碎作业；另一种是入料是大小粒度都有的混料破碎。

假设块状产品的粒度范围是 $a \sim d$，也就是块状物料粒度下限等于细粒增量控制粒度 a。根据实际破碎需要也可能二者不采用同一指标，此时就要单独计算。

第一种情况下，$\alpha_{-d} = 0$：

$$LR = \frac{\beta_{-d} - \beta_{-a}}{\alpha_{+d}} \times 100\% \tag{7-3}$$

第二种情况：

$$LR = \frac{\beta_{-d} - \beta_{-a}}{\alpha_{+d} + \alpha_{-d}} \times 100\% \tag{7-4}$$

7.2.5 破碎产品限上率

破碎产品限上率（oversize rate of crushing discharge，以下简称限上率或 OR），是指破碎产品中大于产品要求粒度的物料质量占给料总质量的百分比。

$$OR_p = \frac{\beta_{+d}}{\alpha_{+d} + \alpha_{-d}} \times 100\% \tag{7-5}$$

式中　β_{+d}——排料中大于要求破碎粒度 d 的含量，%。

限上率是衡量破碎过程粒度上限控制准确程度的重要指标。限上率指标用于说明破碎过程将大粒度给料破碎到产品粒度以下的准确程度，体现了粒度控制的有效性。这个数值过大，说明破碎过程对粒度的控制不够准确，产生很多超限粒度，破碎任务完成得不充分；如果这个数值为零，说明把给料都破碎到了产品粒度以下，破碎很充分，理论上是非常好的结果，但实际情况未必是最理想的结果。下面讨论实际破碎过程，限上率的合理数值如何确定。

限上率是一个非常重要且实用的技术指标，它是破碎流程精细化设计、可靠运行的技术保障。实际生产中，这一指标过高会产生很多不利影响。

（1）限上率过高意味着有更大粒度上限和更多比例的超粒度物料进入下一生产环节，往往会造成后面分选设备或流程设备的堵塞、分选效果变差，甚至生产无法进行。

（2）如果是多段破碎，会给下一级破碎设备带来更大的破碎比和更多的破碎任务，造成下一级破碎设备的处理能力急剧下降，磨损加剧，过粉碎率增加；或者增加闭路流程返回破碎运输设备的量，恶化破碎流程的整体效果。

（3）如果作为粒度把关设备，直接影响产品质量和企业经济效益。

反过来，限上率也不是越小越好。因为过于严格的要求，意味着要把给料破碎得更小、更碎，意味着更大的破碎比、更小的处理能力、更大的磨损和更大的细粒增量。

破碎产品限上率指标如何选取，要根据破碎流程的实际设计需要而定。严格情况下可以取到 5% ~ 10%（即 P_{95} 或 $P_{90} = d$），甚至到零（即 $P_{100} = d$），一般情况下可以取 10% ~ 20%（即 P_{90} 或 $P_{80} = d$）。当然，这些指标只是普适性的范围，具体选择还要看实际生产的需要。

另外，后面要涉及的破碎比、处理能力等指标都是基于限上率能严格保证的前提下才有准确的意义，如果限上率不受限制而设置过大，实际处理能力和破碎比就会显得更大，使得结果和设备性能具有数据上的欺骗性。

7.2.6 破碎效果综合评价

破碎最直接的目的就是将大块物料破碎成小块物料，实现粒度的变化。破碎效果就是研究粒度变化的质量、效率与程度等。与粒度变化程度有关的是破碎比；粒度变化质量有破碎产品粒度分布特性、细粒增量、限上率、限下率、粒形等；体现粒度变化的效率有破碎效率，这些是评价破碎过程满足工艺性能的重要指标或参数。

破碎过程完成的效果，从粒度层面进行评价，可以从单颗粒和颗粒群两个维度展开，也可以从工业实践、工程设计等不同层面加以讨论。

7.2.6.1 单颗粒破碎效果

从单颗粒角度，主要考虑破碎产品的最大粒度、最小粒度、颗粒粒形等。

产品最大粒度对于工程管理具有较强的实践意义，最大粒度是对生产流程产生影响最直接的技术指标。比如具有高效高精度的重介选煤工艺，如果待选物料最大粒度超限，就会造成流程中关键设备渣浆泵叶轮或管路的堵塞；再比如各类运输机设计过程中，运输物料的最大颗粒尺寸是决定运输机宽度的直接影响指标，工业实践中类似情况很普遍。这种情况下，颗粒群的统计粒度指标，就没有单颗粒指标的针对性强。

颗粒形状是指破碎产品典型单颗粒的轮廓边界或表面上各点的图像及细微结构，通常包括投影形状、均整度（即长、宽、厚之间的比例关系）、棱边状态（如圆棱、钝角棱及锯齿状棱等）、断面状况、外形轮廓（如曲面、平面等）、形状分布等。颗粒形状对于物料的后续应用都有影响。如建筑用骨料颗粒形状比较理想的是接近正多面体或球形颗粒，当骨料中针、片状颗粒含量超过一定界限时，将使骨料空隙率增加，不仅影响混凝土拌合物的拌合性能，还会不同程度地危害混凝土的强度。在粉体应用中，颗粒形状会影响粉体的流动性、研磨性、化学适性、松装密度、气体透过性、压制性和烧结体强度等参数。

7.2.6.2 颗粒群破碎效果

从颗粒群角度，基于对物料颗粒整体视角描述或评价破碎产品的效果就更加普遍和具有更强的操作性。表 7-1 和表 7-2 分别是分级破碎全粒级、分级破碎块状物料、传统齿辊破碎机破碎全粒级物料破碎效果的综合比对结果。

表 7-1 传统双齿辊破碎机入料出料粒度

粒级/mm	入料/mm	排料/mm
>150	24.90	4.55
150~100	38.23	
100~50	32.19	
50~13	3.46	42.74
13~3	0.94	28.72
3~0	0.28	23.99

注：1. 破碎设备为 2PGC 传统双齿辊破碎机；

2. 破碎物料为煤；

3. 细粒增量按照 13 mm 计算。

表 7-2 分级破碎与传统齿辊破碎工艺质量指标对比

主 要 指 标	全粒级分级破碎	块煤分级破碎	传统双齿辊破碎机
入料中大于产品粒度的含量 α_{+d}/%	73.39	100.00	95.32
入料中小于产品粒度的含量 α_{-d}/%	26.61	0.00	4.68
入料中的细粒含量 α_{-a}/%	10.58	0.00	0.5
排料中大于产品粒度的含量 β_{+d}/%	28.50	0.00	4.55
排料中小于产品粒度的含量 β_{-d}/%	71.50	100.00	95.45
排料中的细粒含量 β_{-a}/%	25.68	28.12	52.71
破碎效率 η_{-p}/%	61.17	100.00	95.23
分级破碎效率 LR/%	40.59	71.88	40.45
细粒增量（过粉碎率）Δ/%	15.10	28.12	52.21

主 要 指 标	全粒级分级破碎	块煤分级破碎	传统双齿辊破碎机
破碎产品成块率/%	45.82	71.88	42.74
破碎产品限上率/%	28.5	0	4.55

注：表中细粒粒级按照 13 mm 计算。

7.3　分级破碎产品的粒度特性

7.3.1　粒度表示方法

　　破碎产品的粒度分布是指破碎产品在各粒级的质量分布百分比，常用的描述方法有表格法、图示法、公式法等。其中，表格法能准确看到各粒级的原始筛分数据，具有具体粒级点的准确性。图示法相比于表格法具有直观、连续、可变换、易比较等突出优点。公式法是用更加抽象的数据关系描述产品粒度和入料粒度，以及操作参数的相互关系，具有可预知性、可编辑性、因果表达性等优势。

　　产品粒度分布特性图示法常见的有柱状图法、曲线法等，曲线法中又包括算术坐标法、半对数坐标法、双对数坐标法，曲线也有单一累积曲线和累计曲线簇等方式。当然，也可以是几种方法同时应用。

　　图 7-3 所示为分级破碎机与颚式破碎机破碎产品粒度分布曲线对比。通过粒度分布曲线和粒度柱状图的综合使用，既可以看出两种破碎设备不同粒级各自产率、每个粒度对应的累积产率、超过产品粒度规定的限上率、小于细粒要求的过粉碎率、不同阶段粒度变化速率等信息，也可看出在目标粒度区间（25~80 mm）

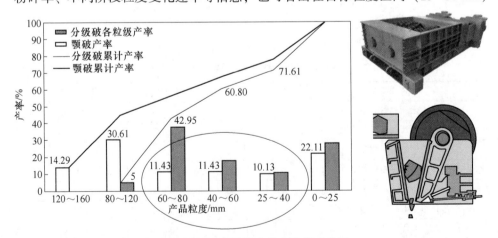

图 7-3　破碎产品粒度分布曲线对比图

（破碎物料：石灰石，入料粒度：250 mm，产品粒度：25~80 mm）

两种设备产率的差异，通过对比，两种设备的产品粒度对破碎目的完成度的情况一目了然。

破碎工艺设计在设备选用过程中就可以依据这些曲线中呈现出的信息与破碎目标相比对，进行设备类型的比选或破碎设备参数的预设与初步计算。实际工作中，这些粒度分布曲线被看成破碎设备最重要的工艺性能指标，常被称为破碎设备的粒度模型，设备厂家是否能提供设备翔实、准确的粒度模型，是检验该设备专业性的重要参考。

7.3.2 粒度特性的公式法

将破碎产品粒度分布数据尝试用最接近的数学式加以描述，这种数学式称为粒度特性方程式。粒度特性方程式具有可预见性、可计算性等数学表达优势，所以可以找到复杂筛分分析数据的内在规律。通过粒度特性方程式可以计算颗粒群总的表面积、破碎能耗、平均粒度等，是破碎过程进行数值模拟、虚拟仿真、数字孪生及智能化的重要手段。

7.3.2.1　G-S 方程式（高登-安德烈耶夫-舒曼公式）

$$y = \frac{100}{x_{\max}^k} x^k = 100 \left(\frac{x}{x_{\max}} \right)^k \tag{7-6}$$

式中　y——筛下产物的负累积产量，%；

　　　x——筛孔尺寸；

　　$x_{\max}$——物料中最大粒度，当筛孔尺寸 $x = x_{\max}$ 时，全部物料都为筛下产物，即 $y = 100\%$；

　　　k——与物料性质有关的参数，破碎产物介于 0.7~1 之间。

颚式破碎机和圆锥破碎机的破碎产物粒度组成，近似符合此方程。

7.3.2.2　R-R（Rosin-Rammler）方程式

$$R = 100 e^{-\left(\frac{x}{x_e} \right)^n} = 100 e^{-bx^n} \tag{7-7}$$

式中　R——筛下产物的正累积产率，%；

　　　x——筛孔尺寸；

　　　x_e——绝对粒度常数，筛上累计百分率为 36.8% 时的筛孔尺寸；

　　　b——与筛孔大小或破碎产物的粒度有关的参数；

　　　n——与物料性质有关的参数；

　　　e——自然对数的底（2.71828）。

适合于破碎的煤、细碎的矿石和磨细的矿料及水泥等，锤碎机、球磨机和分级机产物粒度特性常符合此规律。

7.3.3 成块粒度的预测

在矿物内部，由剧烈的冲击拉张断裂所形成的损伤是相互交错的复杂裂纹系，它能反映外张力作用形成应力场的大小及方向。在分级破碎过程中，获得最合适而又均匀的块度，提高成块率，降低过粉碎率是主要目的，因此，了解断裂对于控制裂纹密度及碎块尺度的影响是必要的。

在不同大小的拉伸载荷作用下，矿块中的缺陷被激活并扩展。这些活化缺陷在载荷作用期间扩展，最后互相兼并导致材料破坏。当缓慢加载时，只有在低应力下活化的缺陷对破碎过程作出实际贡献。因为当载荷增加到使其他缺陷激活之前，这些缺陷的扩展与兼并就使材料发生破坏，由此导致材料破坏应力的低门槛值。因为起作用的缺陷数目较少，所以块度较大。当加载速率很快时，在缺陷发生兼并之前，应力已达到较高的水平，使更多的缺陷加入破碎过程，导致块度更小及材料破坏时的应力门槛值也更高。

基于观察结果，假定在动态断裂中碎块尺度取决于缺陷而不是能量，从而把注意力集中于通过直接或间接观察方法的结果，来表征矿块内部缺陷的分布。通常，缺陷的分布与缺陷激活的应力水平有关，用 $n(\sigma)$ 表示单位体积内等于或低于应力 σ 时被激活的缺陷数。于是，破坏前达到槛值应力 σ_c，则标称块度预计为：

$$d \sim n\,(\sigma_c)^{-1/3} \tag{7-8}$$

通常用双参数的威布尔分布来描述矿块中缺陷的分布：

$$n(\sigma) = k\,(\sigma/B)^m \tag{7-9}$$

即缺陷随机地按泊松分布，其频率特征由 n 表征，n 是指在应力等于或低于 σ 时开始扩展的缺陷数。利用方程式（7-8）、式（7-9）可得到碎块平均尺度与应变率之间的关系。基于 Grady 与 Kipp（1980 年）提出的模型，碎块尺度为：

$$d = \frac{f(m)}{k^{1/3}} \left(\frac{\varepsilon_0}{c_g k^{1/3}} \right)^{-m/(m+3)} \tag{7-10}$$

式中　c_g, k——断裂参数；

　　　ε_0——应变率。

$$f(m) = \frac{6}{m+2} \left[\frac{8\pi}{(m+1)(m+2)(m+3)} \right]^{-1/(m+3)} \tag{7-11}$$

式中　m——系数，在 6~10 之间，碎块尺度 d 将随应变率的增大而按幂函数规律减小，其幂在 2/3 到 1 之间；

　　$f(m)$——m 的弱函数，$m = 6$ 时为 1.05，$m = 10$ 时为 0.69。

综上所述，考虑到应变率与加载率的相互关系，可以看出，采用较低的加载速率有利于提高破碎产品的成块率、降低破碎过程的过粉碎率。

7.4 破 碎 比

破碎比（reduction ratio）是衡量破碎机工艺性能的重要指标，代表通过一次破碎物料粒度减小的幅度，数值上是入料粒度和破碎后产品粒度之比，也就是物料经过一次破碎机破碎后其粒度减小的幅度，破碎比是衡量破碎机工艺性能的重要指标。因同一物料，粒度的测定方法不同，粒度值也有较大差别，为使破碎比具有更好的可比较性和科学性，除有特殊规定外，一般要统一入料粒度和产品粒度的测定方法和评价标准。破碎机的能量消耗与处理能力都与破碎比有着密切关系。

合理选择破碎比是分级破碎取得良好使用效果的前提与保证。在破碎作用过程的第一阶段，两侧的大块物料要靠齿前空间和齿的螺旋交替作用将其卷入中间破碎腔。在第二阶段，更是要靠破碎齿高和齿前空间及两辊对应齿的相互配合来啮入大块物料。这就要求齿高与物料的粒度尺寸匹配才能实现一次或最少次数的接触就将物料啮入，如果情况相反，就会出现破碎齿尖多次重复地在大块物料上强行滑过的现象，就像老鼠啃苹果般，直到大块一点点被啃成可以啮入的小块，这样的过程会造成非常严重的后果。

破碎比选择不合理：第一，伴随着一次次的齿尖滑过产生大量的细颗粒，造成严重的过粉碎，浪费资源的同时加大了煤泥水处理费用；第二，大块物料不能瞬时通过，会使后续物料在破碎辊上产生堆积，直至设备堵转，影响生产、浪费电能；第三，破碎齿尖对物料的强行滑过，反观则是物料对齿尖的磨削，会造成破碎齿的不必要快速磨损，尤其是当大块物料为矸石、白砂岩等坚硬物料时情况会更加糟糕；第四，会产生大量粉尘，污染环境，加大设备的防尘成本与难度。

入料上限与破碎齿高的比例一定要在合理范围内，这里所说的破碎齿高又与产品的出料粒度成正比，这就说明入料粒度与出料粒度的比例，也就是破碎比必须在合理的范围内，才不至于产生上述的不良后果。

7.4.1　单颗粒最大破碎比

最大破碎比是指破碎前物料的最大粒度与破碎后产品最大粒度之比。最大粒度属于单颗粒范畴，容易在入料或出料中很直观地挑选出，并加以测量，进而快速确定破碎比数值，所以最大破碎比具有应用简单、易于验证的特点。同时，最大粒度也是影响洗选、运输等后续设备比较敏感的指标，所以最大破碎比应用比较多。

粒度选取标准的统一性是应用最大破碎比过程中一个关键注意点。因为对于入料或出料中的最大颗粒，这个最大颗粒（见图 7-2（b））的三个尺寸，l、b、

h 哪个尺寸代表最大粒度就非常重要，一般来讲，如果入料粒度最大尺寸按照 l 计算，那么出料粒度的最大颗粒也应该按照 l 这个最大尺寸计算，这样就达到了标准统一的要求。如果实际应用中有特殊要求，不能按标准统一原则计算，就要准确表达，以免产生不必要技术偏差。因为物料的不规则性，采用不同尺寸，同一过程的破碎比会有几种不同结果，而且相差还很大。

$$i = D_{max} / d_{max} \tag{7-12}$$

式中　D_{max}——破碎前物料的最大粒度；

　　　d_{max}——破碎后物料的最大粒度。

最大破碎比有时也采用破碎机给料口有效宽度和排料口宽度之比来决定。

$$i = 0.85B/b \tag{7-13}$$

式中　B——破碎机的给料口宽度；

　　　b——破碎机的排料口宽度；

　0.85——保证破碎机咬住物料的有效宽度系数。

排料口宽度的取值，粗破碎机取最大排料口宽度，中破碎机取最小排料口宽度。用式（7-13）计算破碎比很方便，因在生产中不可能经常对大批物料做筛分分析，采用该式，只要知道破碎机给料口和排料口宽度，就可计算出破碎比。这种方法一般应用在旋回、圆锥、颚式等破碎机破碎比的确定过程中。有些破碎机因为原理的差异，其排料粒度不是由排料口大小决定的，就不太适用这种办法。

7.4.2　筛分破碎比

筛分破碎比是由筛分确定的入料粒度和出料粒度之比。最大破碎比，基于单颗粒特征，数据具有较大随机性。筛分破碎比，基于颗粒群特征，通过对足量物料进行筛分确定入料粒度和出料粒度，因此这种数据具有更大准确性、稳定性和专业性，是正规技术要求采用的技术指标，同时也使得确定筛分破碎比的工作量相对较大。

目前，国际通用的粒度表达方法是以在一定通过率前提下的筛孔尺寸，作为给料粒度或产品粒度，筛分方法详见《煤炭筛分试验方法》（GB/T 477—2008）。比如，$F_{80} = D$ 是指入料中80%能通过筛孔的筛孔宽度或筛孔直径 D，D 即为入料粒度。$P_{80} = d$ 是指出料中80%能通过筛孔的筛孔宽度或筛孔直径 d，d 即为出料粒度或产品粒度。

由于使用情况和工业习惯不同，最大粒度取值方法不同。英国和美国主要以物料80%能通过筛孔的筛孔宽度为最大粒度直径。对于粒度要求严格的物料，可以按95%能通过筛孔的筛孔宽度为最大粒度直径。

7.4.3　单级破碎比的确定

不同类型的破碎机，处理不同的物料，其实际破碎比会有所差异，对于常见的脆性矿物/矿石每种破碎机依据其工作原理都有一个合理的破碎比范围（见表7-3）。所谓合理破碎比是指综合考虑破碎过程粒度减小幅度、处理能力、单位能耗、破碎机磨损、破碎产物粒度组成等因素达到综合最佳状态的破碎比数值。破碎机选型和使用过程中，应尽量在合理破碎比范围内工作，谨慎选择超大破碎比状况工作。因为在大破碎比下，破碎机处于低效破碎状态，会出现处理能力低、磨损严重、破碎功耗高、过粉碎严重等状况。

表 7-3　常见破碎机合理破碎比和适用对象

类型	物料硬度	物料磨蚀性	适宜物料水分	合理破碎比	主要应用领域
颚式破碎机	软到坚硬	不受限	干、潮湿，不能黏湿	3~5	采石场、大型矿山、砂石骨料、固废资源化
旋回破碎机	软到坚硬	磨蚀性	干、潮湿，不能黏湿	4~7	采石场、大型矿山
圆锥破碎机	中硬到坚硬	磨蚀性	干、潮湿，不能黏湿	3~5	采石场、砂石、骨料、矿山
立式复合破碎机	中硬到坚硬	磨蚀性	干、潮湿，不能黏湿	3~5	矿山、建材
锤式破碎机	软到中硬	轻度磨蚀性	干、潮湿，不能黏湿	3~10	煤炭、焦炭、化肥、中小矿山
卧式反击式破碎机	软到中硬	轻度磨蚀性	干、潮湿，不能黏湿	10~25	采石场、砂石、骨料、固废资源化
立式反击破碎机	中硬到坚硬	轻度磨蚀性	干、潮湿，不能黏湿	6~8	砂石、骨料、固废资源化
石打石破碎机	软到坚硬	不受限	干、潮湿，不能黏湿	2~5	砂石、骨料、固废资源化
辊式破碎机	软到中硬	轻度磨蚀性	干、潮湿、黏湿	2~6	煤炭、焦炭、化肥、中小矿山
分级破碎机	软到硬	磨蚀性	干、潮湿、黏湿	2~6	大型矿山
高压辊磨机	中硬到坚硬	磨蚀性	干、潮湿，不能黏湿	5~25	铜矿、金矿、钻石矿、铂金矿、煤炭、烧结炉渣，水泥，各类原矿物

7.4.4　分级破碎破碎比的分配原则

分级破碎破碎比的确定有几个关键因素需要考虑。第一，入料粒度与产品粒度的测定方法与确定原则；第二，主要破碎工况破碎比的确定；第三，破碎系统整体破碎比与各级破碎比的关系。

7.4.4.1 分级破碎破碎比的取值参考

分级破碎用于井工开采的煤炭进行破碎作业时，由于开采过程中采煤机已经对煤层进行了初次破碎，且采煤机头一般都配有通过式破碎机，此时的大粒度物料多为片状或条状，实际的破碎比会变小。所以井工开采煤矿，混煤破碎比合理为 2~4，极限可达 6；块煤破碎比为 2~4。

对于 5 Mt/a 以上的大型煤矿，绝大部分有"综采+放顶煤"方式，上限粒度到 500~600 mm，甚至到 1 m 的可能性都很大，且大粒度物料中多为矸石、岩石等高强度物料。如果硬物料含量大，且块状物料接近立方体形状，实际破碎比、破碎强度和磨蚀性都会增大，此时，应该考虑降低破碎比，增加破碎段数，减少设备磨损、提高系统稳定性和适应性。

露天矿混煤破碎比合理为 2~4，最佳破碎比为 2~3；露天矿块煤破碎比合理为 2~3。露天矿破碎比较井工开采破碎比小的主要原因是露天矿的开采物料多是通过爆破方式，不但粒度上限大，而且粒度组成中大粒度物料多，且大粒度成立方体状比例非常高，实际需要的破碎比变大。

石灰石、氧化铝等中硬矿石单级破碎比视物料粒度组成情况，破碎比可选 3~5；金矿、铁矿等坚硬矿石单级破碎不宜超过 4。

7.4.4.2 总破碎比分配富裕原则

原始矿体经过爆破或综采+放顶煤等采矿过程，生产出的粒度为 1 m 左右的原矿石/矿物要破碎到 50 mm 左右或继续磨细到 0.074~0.038 mm（200~400 目）进行洗选加工，或者城市建筑垃圾资源化过程中需要将拆下的大块钢筋混凝土、大件家具、电器、报废汽车等大尺寸固废破碎到满足资源化粒度要求，整个破碎、磨碎过程都不可能仅靠一次破碎或磨碎作业直接完成，而需要经过多级破碎、多级磨碎才能达到要求。

破碎比的分配原则，理论上是总破碎比是各级破碎比的乘积。但实际过程是，为了防止每级破碎机的限上率和破碎机满足破碎比的效率不能达到理想状况，实际各级破碎比乘积应该适当大于总破碎比，使系统在破碎比上有一定的富裕量更具合理性，至于富裕程度要根据各级破碎机技术性能和系统对各级粒度的实际要求综合判定。因为物料粒度表征方法多样，不同测量方法和标准下，同一颗粒的粒度数值差别很大，这就造成同一破碎过程的破碎比实际上有很多数值。

综合以上两点，各级破碎比乘积大于总破碎比，单台破碎机选用合理破碎比，意味着要增加破碎段数，增加破碎设备数量，提高设备与系统初期投资。但大量生产实践表明，与增加的初期投资相比，在理想破碎比作业状态下，破碎设备在节能降耗、粒度优化、减少磨损、系统稳定、产能提升等方面增加的总体优势更明显。

7.5 处 理 能 力

7.5.1 处理能力的定义

分级破碎的处理能力，可分为通过能力和破碎能力。

通过能力，是把单位时间通过破碎腔的大小颗粒都统计在内的全部物料流的总质量。

破碎能力，是指只计算单位时间内通过破碎腔中大于产品粒度颗粒的总质量，而小于产品粒度颗粒夹杂通过的质量不计算在内。如果进入破碎机的物料是经过筛分后的筛上物，且筛孔直径就是产品粒度，则破碎能力等同为通过能力。

7.5.2 分级破碎处理能力大的原理

分级破碎的处理能力大的主要原因：一是采用分级破碎原理，可实现最大效率的破碎与分级；二是破碎齿部与破碎物料基本属于点接触式的破碎过程，物料的通过效率高；三是齿形及其布置经特殊设计与产品粒度相适应，在合理的破碎比范围内，破碎齿对物料具有较好的挟带通过作用，极大地提高了物料的通过速度与效率；四是根据不同的入料组成及破碎比，选择两个破碎辊不同旋转方向，增加了破碎通道。以上原因使分级破碎能够高效地运转，没有多余的动力消耗，而且主要利用剪切、刺破等方法对物料进行破碎。这些工作原理也使得分级破碎与其他破碎方法相比能耗降低很多。

7.5.3 分级破碎处理能力计算

7.5.3.1 处理能力影响因素

从理论上分析，处理能力就是单位时间内通过破碎腔的物料总体积与堆密度的乘积，并综合考虑给料不均匀性、入料粒度组成、排料口排料速率等影响因素进行适当调整而得到的处理能力。影响破碎机处理能力的因素有很多，以下是常见的主要因素：

（1）产品粒度。产品粒度的考核标准、实际要求等的差异直接影响实际处理能力大小。如同样是产品粒度为 50 mm。第一种情况：实际管理对颗粒要求并不十分严格，基本满足要求就可以，实际有些出料颗粒长度方向 80 mm，甚至到 100 mm 也能接受，此时处理能力为粗略计算。第二种情况：破碎产品通过标准筛进行筛分，以 P_{95}、P_{80} 等作为产品粒度要求，此时处理能力是经过严格筛得到。第三种情况：因工艺需要，以产品颗粒中三向尺寸的最大尺寸或最小尺寸作为粒度表征指标，此时处理能力由极限尺寸决定。很明显这三种情况下，表面上都是以 50 mm 为产品粒度要求，实际上，三个处理能力相比就会差出很多，甚至相差一倍都很正常。

（2）入料组成。如果入料细粒含量较多，则提高物料的填充系数，相当于提高了物料的散密度或堆密度，处理能力会得到提高；相反，如果入料中细颗粒含量少，块状物料多，则会降低填充系数，从而降低破碎机的处理能力。所以同规格设备的破碎机，分级破碎全粒级物料的能力与破碎纯块状物料的实际处理能力差异很大，准确的入料粒度组成是获取准确处理能力的必要条件。

（3）破碎比。破碎比大时，物料与破碎辊之间的啮角大，使得破碎齿啮入物料的效率降低，处理能力降低；破碎比小，物料与破碎辊之间的啮角小，使破碎齿啮入物料的效率提高，从而提高处理能力。

除了上述因素，物料性质，包括物料密度、可碎性、入料粒度组成、水分、黏湿性等，以及破碎机的操作参数条件、给料均匀程度等，都会影响分级破碎的处理能力。

这么多影响因素交织在一起，每一个参数数值选取又依据实际工况有所变化，使得通过理论精确计算出破碎机的处理能力非常困难。

分级破碎处理能力的计算主要有体积差值法、经验比对法、料流法三种。

7.5.3.2 体积差值法

体积差值法计算处理能力的基本思路是：破碎机的生产能力等于单位时间内由两齿辊旋转形成的动态空间总体积减去破碎齿所占体积，计算体积内物料的堆密度和填充系数，再考虑破碎比的影响因素，最终得到物料总质量。

因分级破碎机具有强制啮入和强制排出特性，所以分级破碎机的处理能力近似等于其通过能力，即单位时间内通过的物料总体积与其堆密度及松散系数的乘积。

分级破碎机处理能力同破碎辊转速、入料粒度组成、物料破碎特性、破碎比、破碎齿形等因素有关。当破碎辊转速一定时，分级破碎机的处理能力取决于破碎辊在运动中啮入物料的能力。这一能力取决于：（1）破碎齿的几何形状及其相互啮合与螺旋布置方式；（2）相邻的前后两个齿及另一辊面三者之间形成的封闭多边形的面积。

破碎齿的齿前空间截面如图 7-4 所示，每排破碎齿旋转一周所形成的破碎空间（见图 7-5）减去破碎齿所占空间（见图 7-6）即为其通过空间。由此得出处理能力的计算公式：

$$Q = 60nV_1\eta\rho\varphi i \tag{7-14}$$

式中　V_1——两破碎辊转动一周所形成的通过空间，$V_1 = p(V_h - mV_c)$，m^3；

p——两破碎辊共含破碎齿的排数；

V_h——每排破碎齿旋转一周形成的破碎空间体积，m^3；

m——每排破碎齿的破碎齿数；

V_c——每个破碎齿在破碎空间内所占体积，m^3；

n——破碎辊转速，r/min；

ρ——物料的密度，kg/m^3；

φ——物料松散系数，一般为 $0.25 \sim 0.8$；

η——给料不均匀系数，由给料的均匀性、物料矿岩特性、给料粒度组成、破碎比等决定，对于煤一般为 $0.4 \sim 0.8$；

i——与破碎过程破碎比相关的系数，破碎比越大，齿辊强行啮入物料的能力越弱，反之越强，一般针对 $2 \sim 6$ 的破碎比，根据经验取值在 $0.95 \sim 0.5$ 之间。

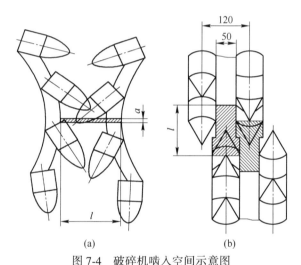

图 7-4　破碎机啮入空间示意图

（a）破碎齿的周向布置；（b）破碎齿的轴向布置

图 7-5　每排破碎齿旋转一周形成体积（V_h）

图 7-6　单个破碎齿所占空间（V_c）

7.5.3.3 比较法

比较法，又称经验比对法，以某一产品粒度下单位辊长的通过体积为标准，比对计算设备的处理能力。计算依据的前提是分级破碎机一般具有相对通用的齿顶线速度和合理齿形设计。此种方法的优点是简洁易用，缺点是不够精确。

标准单位处理量的计算标准条件：出料粒度为 50 mm；齿辊长度为 1 m；$Q_{PB} = 75 \sim 200$ m³/h，块状矿物破碎能力；$Q_{FB} = 100 \sim 350$ m³/h，全粒级混料通过能力。

$$Q_{F/P} = L \frac{d}{50} Q_{FB/PB} \rho \varphi = 0.02 Ld Q_{FB/PB} \rho \varphi \tag{7-15}$$

式中　Q_F——设备的通过能力，t/h；

　　　Q_P——设备的破碎能力，t/h；

　　　L——设备辊长，m；

　　　d——出料粒度，mm。

举例说明：要计算出料粒度为 150 mm，破碎机齿辊长度为 3000 mm 的分级破碎通过能力：

$$Q_F = 0.02 Ld Q_{FB} \rho \varphi = 0.02 \times 3 \times 150 \times (100 \sim 350) \times 1.25 \times 0.8 = 900 \sim 3150 \text{ t/h}$$

7.5.3.4 料流法

在合理的破碎比和工作状态下，理论上分级破碎将待破碎物料强行啮入破碎腔体，不存在物料流和齿尖的相对滑动，所以可将待破碎物料假想成一个连续的物料流。该料流是一个展开的长方体，该长方体的宽是齿辊长度 L，厚度为产品粒度 d，长度为每小时齿尖转过的圆周展开长，再用这一长方体的体积乘以物料的散密度；同时考虑物料沿齿辊方向布料的不均匀系数和物料的松散系数，即可计算出破碎机的处理能力。将上述表述用公式表达如下：

$$Q = 60 \pi DndL \gamma \mu K = 188.4 DndL \gamma \mu K \tag{7-16}$$

式中　Q——单机处理能力，t/h；

　　　D——齿辊直径，m；

　　　n——齿辊转速，r/min；

　　　d——出料粒度，mm；

　　　L——齿辊长度，m；

　　　γ——物料散密度，t/m³；

　　　μ——物料的松散系数，对混料进行分级破碎时 $\mu = 0.6 \sim 0.95$，对块煤进行破碎时 $\mu = 0.3 \sim 0.75$；

　　　K——沿齿辊长度方向布料不均匀系数，齿辊长度低于 1.5 m 时 $K = 0.8 \sim 0.98$，齿辊长度为 $1.5 \sim 3.0$ m 时 $K = 0.6 \sim 0.85$，齿辊长度大于 3 m 时 $K = 0.4 \sim 0.75$（设备配套均匀给料设备除外）。

此种计算方法直观易行，使用关键是准确确定各项系数数值。

7.6 分级破碎强度

分级破碎强度，一般是指分级破碎设备能够破碎物料单轴抗压强度的最大值。分级破碎强度既包含破碎时所产生的最大破碎力，也代表设备的破碎体、整机各部机械结构的刚度、强度都能与最大破碎力相匹配，可以长期稳定可靠运转。

与分级破碎机相类似的传统齿辊破碎机的破碎强度一般不超过 120 MPa，甚至低于 80 MPa，一般仅用于煤炭、焦炭、较软的石灰石等中硬以下脆性物料。

分级破碎由于高强度的破碎齿和整机结构设计，其破碎强度目前已经实践证明的可以达到 250 MPa 或更高，对金矿、铁矿、玄武岩、火成岩等都能进行有效破碎作业。

分级破碎强度和产品粒度相关，其大致的破碎强度是：粗碎可达 300 MPa、中碎 150 MPa、细碎 120 MPa。

7.6.1 物料的破碎力学特性

物料的破碎力学特性包括物料的强度、坚固性、可磨性、磨蚀性、可碎性等指标，这些指标都从不同层面影响着分级破碎过程的能耗与破碎效果。物料水分、黏湿性等都会对分级破碎装备的选用产生影响，如图 7-7 所示。

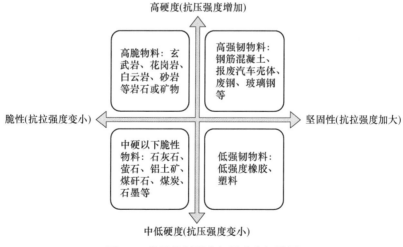

图 7-7 常见物料强度韧性分布矩阵图

7.6.2 物料的强度

物料的强度，是指物料破碎时对外部作用的抵抗阻力。力学性质是物料破碎过程中最直接、最关键的特征参数，代表了对其进行破碎所需破碎力的大小。不同类型强度指标代表相同物料在不同作用形式发生破碎所需要破碎力或破碎功的差异。

相同物料的力学性质，也会因载荷类型、试验条件、试验环境、孔隙度、各向异性和不均匀性等差异而不同。这也说明对于分级破碎强度进行确定、测试时要综合考虑工作条件对破碎力、破碎功率、破碎体与设备强度的差异性。

物料在外载荷持续作用下，变形到一定程度就发生破坏，破坏前其单位面积上所能承受的最大载荷称为该物料的强度。根据受力形式不同，又可分为抗压强度（compression strength）、抗拉强度（tension strength）、抗弯强度（bending strength）、抗剪强度（shear strength）。

根据同时作用力的数量又可分为单向应力状态下的强度、多向应力状态下的强度，与其对应的有单轴试验、双轴试验、三轴试验等形式。分级破碎一般是在物料松散状态下，以单颗粒形式进行破碎，故其基本都在类似单轴的载荷状态下进行，所以分级破碎强度一般是指物料的单轴抗压强度。

单向抗压强度，是目前应用最广的矿岩矿块力学特性，不但试验简单、计算方便，而且与抗拉强度、抗弯强度有一定的比例关系，可以通过抗压强度数值进行估算。一般常见矿岩抗拉强度是抗压强度的 1/50~1/10，抗剪强度是抗压强度的 1/12~1/8，详见表 7-4 和表 7-5。

表 7-4　常见矿石主要强度数值范围

岩石名称	抗压强度/MPa	抗拉强度/MPa	剪切强度	
			内摩擦角/(°)	内聚力/MPa
玄武岩	150~300	10~30	48~55	20~60
石英岩	150~350	10~30	50~60	20~60
辉绿岩	200~350	15~35	55~60	25~60
辉长岩	180~300	15~36	50~55	10~50
流纹岩	180~300	15~30	45~60	10~50
花岗岩	100~250	7~25	45~60	14~50
闪长岩	100~250	10~25	53~55	10~50
安山岩	100~250	10~20	45~50	10~40
白云岩	80~250	15~25	35~50	20~50
大理岩	100~250	7~20	35~50	15~30
片麻岩	50~200	5~20	30~50	3~5
灰岩	20~200	5~20	35~50	10~50
砂岩	20~200	4~25	35~50	8~40

岩石名称	抗压强度/MPa	抗拉强度/MPa	剪切强度	
			内摩擦角/(°)	内聚力/MPa
板岩	60~200	7~15	45~60	2~20
铁矿石	60~150			
砾岩	10~150	2~15	35~50	8~50
石灰岩	10~260	1~15	42	6.72
千枚岩、片岩	10~100	1~10	26~65	1~20
页岩	10~100	2~10	15~30	3~20
砂质页岩	20~90			
煤	5~80（一般 10~20）			
无烟煤	19.6（垂直层理）			
烟煤	10.7（垂直层理）			
褐煤	13.5（垂直层理）			

表 7-5　常见岩石强度与抗压强度比值

岩石名称	与抗压强度的比值			
	抗拉强度	抗剪强度	抗弯强度	抗压强度
煤	0.009~0.06	0.25~0.5		
页岩	0.06~0.325	0.25~0.48	0.22~0.51	
砂质页岩	0.09~0.18	0.33~0.545	0.1~0.24	
砂岩	0.02~0.17	0.06~0.44	0.06~0.19	1
石灰岩	0.01~0.067	0.08~0.10	0.15	
大理岩	0.08~0.226	0.272		
花岗岩	0.02~0.08	0.08	0.09	
石英岩	0.06~0.11	0.176		

　　分级破碎过程就是充分利用物料抗拉强度远小于抗压强度的特性，通过点载荷方式对物料进行刺破，达到实现破碎过程低能耗的目的。

7.6.3　物料韧性

　　韧性（toughness）也称坚固性，是指矿岩在外力作用下抵抗机械形变和碎裂的能力。矿物抵抗切割、锤击、弯曲、拉引等外力作用的综合能力称韧性，这种作用同时克服物料的抗拉强度、抗压强度，以克服物料的抗拉强度为主。

　　坚固性的大小用坚固性系数表示，也叫做普氏硬度系数 f。这个系数和单轴抗压强度含义差别比较大。抗压强度是指矿岩抵抗压缩、拉伸、弯曲及剪切等单向作用的性能。普氏硬度系数，所抵抗的外力却是一种综合的外力（如抵抗锹、稿、机械破碎、炸药的综合作用力）。这个普氏系数 f 由苏联 M.M. 普罗托奇雅可诺夫在 1926 年提出用"坚固性"这一概念作为岩石工程分类的依据。他认为，岩石在各种外载（锹、镐、钻机及炸药爆破等）作用下，其破坏的难易程度相似或趋于一致，因此用"坚固性系数"作为分类指标，表示岩石破坏的难易程度。普氏系数 $f = 0.3 \sim 20$，f 越大，矿石越硬，越难磨。常见岩石的普氏系数见表 7-6。

表 7-6 常见矿岩的普氏系数 f

岩石级别		坚固程度	矿岩的普氏系数
I		最坚固	最坚固、致密、有韧性的石英岩、玄武岩和其他各种特别坚固的岩石：$f = 20$
II		很坚固	很坚固的花岗岩、石英斑岩、硅质片岩，较坚固的石英岩，最坚固的砂岩和石灰岩：$f = 15$
III	III	坚固	致密的花岗岩，很坚固的砂岩和石灰岩，石英矿脉，坚固的砾岩，很坚固的铁矿石：$f = 10$
	IIIa		坚固的砂岩、石灰岩、大理岩、白云岩、黄铁矿，不坚固的花岗岩：$f = 8$
IV	IV	比较坚固	一般的砂岩、铁矿石：$f = 6$
	IVa		砂质页岩，页岩质砂岩：$f = 5$
V	V	中等坚固	坚固的泥质页岩，不坚固的砂岩和石灰岩，软砾石：$f = 4$
	Va		各种不坚固的页岩，致密的泥灰岩：$f = 3$
VI	VI	比较软	软弱页岩，很软的石灰岩、白垩、盐岩、石膏、无烟煤，破碎的砂岩和石质土壤：$f = 2$
	VIa		碎石质土壤，破碎的页岩，黏结成块的砾石、碎石，坚固的煤（烟煤、无烟煤），硬化的黏土：$f = 1.5$
VII	VII	软	软致密黏土，较软的烟煤、褐煤，坚固的冲击土层，黏土质土壤：$f = 1$
	VIIa		软砂质黏土、砾石，黄土：$f = 0.8$
VIII		土状	腐殖土，泥煤，软砂质土壤，湿砂：$f = 0.6$
IX		松散状	砂，山砾堆积，细砾石，松土，开采下来的煤：$f = 0.5$
X		流沙状	流沙，沼泽土壤，含水黄土及其他含水土壤：$f = 0.3$

普氏系数因简便易行，在国内外破碎行业内应用普遍。普氏系数与抗压强度虽然原理不同，但为了在破碎过程中具有可比较性，两者数值上的关系大概是：

$f = R/10$（其中，R 为岩石标准试样的单向极限抗压强度值，MPa）。

7.6.4 磨蚀性

机械破碎矿岩的同时，破碎体也受到矿岩的反磨蚀作用。在采矿工艺过程中，岩石对所使用的工具产生磨蚀作用的性质称为岩石的磨蚀性。磨蚀是一个较为复杂的现象，磨蚀过程是一个综合的作用过程。磨蚀作用至少包括擦蚀、磨损和冲击疲劳三个方面。

岩石的磨蚀作用，包含有两种不同的机理。一种作用类似于锉刀锉金属，称为擦蚀，其特征是被磨蚀物体的硬度小于磨蚀物体，而后者表面又必须是粗糙的，它在前者的表面上锉削下碎屑末。另一种作用类似于砚台受墨的研磨，久而久之也要被磨蚀，称为磨损。对于钢制破碎体，除了含有石英颗粒的矿岩外，岩石的磨蚀作用主要是以磨损形式进行的。实际上擦蚀和磨损经常同时作用在破碎体上，统称为"磨蚀"。

影响沉积岩对破碎体磨蚀性的因素主要包括石英的含量、颗粒大小及岩石的坚固性。沉积岩对破碎体的磨蚀性程度几乎和它的石英含量成正比例。岩石的磨蚀性和岩石整体强度、颗粒硬度、颗粒大小直接相关。无论是砂岩或岩浆岩，颗粒越细磨蚀性越弱。这是因为细粒构造的岩石表面较平整，接触点的真实应力较小，其磨蚀性也会减弱。

砂岩的颗粒大小及其胶结物的强度对其磨蚀性影响很大。岩石的磨蚀性在很大程度上还取决于摩擦面的粗糙程度。如在正长石、石英和黄玉的晶面（或解理面）上摩擦，巴氏磨蚀性指标 a 各为 27.3、21.3 和 19.0，和硬度成反比；在其自然断口上摩擦，相当的 a 却各为 31.1、35.4 和 46.2，说明粗糙面上的磨蚀性和硬度成正比。分级破碎处理物料基本都是刚从矿井开采出的新鲜解离面，表面粗糙、磨蚀性强。

7.7 分级破碎机械与能耗指标

7.7.1 分级破碎功率确定

分级破碎机械的功能就是要实现物料粒度的减小，同时满足破碎强度和处理能力的要求。这个过程是一个能量消耗的过程，需要不断地输入能量，才能让破碎过程得以持续进行。不断输入的能量绝大部分情况下都是由电动机来完成。如何相对准确地确定分级破碎机械的装机功率既是一个工程技术问题，更是一个科学问题。

分级破碎过程的能量消耗有其自身特点，它是由破碎能耗、分级能耗和设备消耗三部分组成，这一点详细介绍见第4.4节相关内容。理论上说大块破碎过程需要消耗能量，分级过程要根据给料速度与齿辊线速度间的定量关系确定。

分级破碎机实际功耗的确定可以从两个方面考虑，即单颗粒的破碎力和颗粒群的总体功耗。

（1）单颗粒功率确定法。破碎力是宏观上同时破碎入料中粒度最大、强度最高的一块或多块物料在瞬间需要的力，这个破碎力由物料强度和破碎接触面积决定。由此破碎力再结合转速、辊径等因素计算电机功率。

（2）颗粒群功率计算法。将所有被破碎物料作为一个颗粒群，通过颗粒群总体量，利用系统性的思路计算破碎功耗是比较常见的破碎设备能耗计算方法。

分级破碎过程中，破碎机功率消耗影响因素非常多，从物料硬度等物理力学指标、粒度特性、物料内部缺陷分布、破碎比等指标到破碎机结构特点、转速、啮角、排料方式与效率等操作因素都会影响破碎过程能量消耗。由于影响因素多，很难精确计算，但破碎机电机功率无论对于设计制作，还是设备选用、系统设计都是非常重要的技术经济指标。目前，电机功率的确定，分别有基于体积学说和裂缝学说形成的两种方法。

7.7.1.1 基于体积学说的分级破碎功率

分级破碎的适用粒度范围、载荷特点、单颗粒为主的破碎工况都决定了其功耗确定更接近于体积学说。第4.4节详细阐释了采用体积学说，利用 Bond 冲击功指数的现有成熟方法与数据进行分级破碎机的功率确定（见式（7-17））。实际工作中可以利用此公式计算分级破碎的装机功率，具有较准确的计算结果，对生产实践有较好的指导和利用价值。

$$W_{总} = KW_{ic}Q\ln\frac{D}{d} + \frac{1}{2}kB^2\rho(V_{齿}^2 - V_{入料}^2) + W_{空损} + W_{额}(1-\eta) \quad (7\text{-}17)$$

7.7.1.2 基于裂缝学说的分级破碎功率

由经典破碎能耗理论可知，Rittinger 表面积学说适用于磨碎，Kick 体积学说适用于粗碎，而 Bond 裂缝学说则介于两者之间，虽然裂缝学说从适用粒级上和分级破碎有些差异，但由于其是三个破碎学说中发展较为完善与成熟的，Bond 试验方法与试验装置、数据与方法体系适应实际工业设计与生产需要，所以也可以作为分级破碎功率消耗的计算方法。

$$W = W_i\left(\frac{10}{\sqrt{P_{80}}} - \frac{10}{\sqrt{F_{80}}}\right) \times Q_w \quad (7\text{-}18)$$

式中　W——计算破碎功率，kW；

　　　W_i——功指数，kW·h/t；

　　　Q_w——处理能力，t/h；

　　　P_{80}——产品中80%物料通过的粒度尺寸，μm；

F_{80}——给矿中80%物料通过的粒度尺寸，μm。

实际工作中，W_i 需要经试验测得，P_{80}、F_{80} 经过对技术资料粒度分析可以计算提出。

下面列举一个实际案例，尝试用 Bond 裂缝学说确定分级破碎机电机功率。

设备类型为分级破碎机；设备型号为 TCC1000PSV；给料粒度 $F_{80}=600$ mm；破碎物料为中等硬度物料石灰石；物料密度 $\rho=1.6$ t/m³；破碎功指数 $W_i=11.7$ kW·h/t，经冲击试验测定；排料口宽度 $P_{80}=200$ mm；处理能力 $Q_w=1000$ t/h；则

$$W = W_i \left(\frac{10}{\sqrt{P_{80}}} - \frac{10}{\sqrt{F_{80}}} \right) \times Q_w = 11.70 \times 1000 \times \left(\frac{10}{\sqrt{200000}} - \frac{10}{\sqrt{600000}} \right) = 110 \text{ kW}$$

这个电机功率是破碎物料理论上直接消耗的功率，对于电机功率的选择还要考虑两个因素：（1）因粒度组成不同，以及大小粒度物料内部缺陷对物料强度影响程度不同，根据实际工况，增加一个表征破碎阶段差异的系数 k 以最终确定实际装机功率；（2）电动机通过传动系统，把能量传递给破碎工作部分，这个传递过程伴随着能量损耗，所以实际电机功率选取要比理论功率增大一个效率系数 η，这个系数针对不同的破碎阶段、不同原理的破碎方法、不同的传动系统设计、不同生产厂家都会有差异，需要根据实际情况确定。

7.7.2 齿辊转速

低转速、大扭矩是分级破碎设备的核心机械特征。分级破碎的齿辊转速一般在 30~120 r/min、齿顶线速度一般在 2~5 m/s，这个数值比传统双齿辊破碎机要低很多，有些双齿辊破碎机的转速高达 300~400 r/min、齿顶线速度为 5~15 m/s。

7.7.2.1 低转速、大扭矩工作原理解析

第一，分级破碎采用"分级+破碎"原理，通过齿形的特殊设计，其物料通过能力非常强，不需要像传统双齿辊破碎机一样通过提高转速来保证处理能力。

第二，分级破碎设备为满足大破碎强度、瞬间的大破碎力，相同的输入功率，转速低，输出扭矩大，满足高破碎强度和超大处理能力持续的功率输出，分级破碎机的装机功率比齿辊破碎机要大一些。如果采用过高转速，保持同样的输出扭矩，设备的装机功率会非常大，造成极大的浪费。

第三，分级破碎一般都采用固定中心距，对物料强行破碎，这与齿辊破碎机具有退让机构不同，遇到坚硬不可破碎物体，尤其是大块铁器等异物，如果转速过高，意味着破碎机承受的冲击载荷非常大，极易造成设备的严重损坏。

第四，较低的齿辊转速也有利于提高破碎过程的成块率，降低过粉碎率，减少齿辊的磨损。

第五，通过第 4 章能量理论可知，加载速率和破碎功耗成反比，加载速率低有利于破碎过程的节能降耗，实现破碎过程的绿色低碳。

7.7.2.2 破碎齿线速度的优化确定

第一，尽量采用低转速。分级破碎转速的设计原则是在满足处理能力前提下尽量采用低转速。加快破碎齿线速度虽然在一定程度上有利于提高设备的通过能力，但会造成过粉碎和齿辊磨损加剧，尤其是有铁器等高强度异物进入破碎机时，会对设备造成严重的冲击破坏。

采用较低线速度，根据断裂动力学理论有利于实现高成块率和较低的能量消耗，但也要以在合理的齿辊长度情况下满足设备的处理能力为前提。破碎齿线速的选用原则是：在合理的齿辊长度并充分满足设备处理能力的前提下，尽量降低破碎齿的线速度，它是齿辊转速和齿辊直径两个因素综合考虑的结果。

第二，粗、中、细碎转速逐渐增加。由于分级破碎过程中，粗、中、细碎的破碎作业，入料粒度、齿辊直径、瞬间破碎力基本都是从大到小变化，所以一般齿辊转速在这几种不同类型的破碎设备中是逐渐增加的。

第三，齿辊转速与给料速度的匹配。物料给入破碎腔时的速度最好和破碎辊齿顶线速度相同或接近，这样有利于减少破碎齿与物料的相对运动和相互摩擦，有利于提高成块率、减少齿辊磨损，延长破碎体寿命。

给料点和破碎齿辊面的高度差应在合适的范围内，高度差过大，不但会增加物料特别是大块物料对破碎设备的冲击，急剧加大破碎齿和破碎齿辊轴及轴承的冲击载荷，造成不必要的设备损害，而且还会加剧物料的过粉碎和粉尘产生，产生更大的系统噪声。高度差过小，既不利于物料沿轴线方向布料，也不利于利用物料下降过程中的势能与齿辊的相对运动实现大块物料的低扭矩破碎。

7.7.3 齿辊直径

齿辊是实现分级破碎的直接功能部件，要实现啮入物料、破碎物料、筛分物料、排出物料等功能。齿辊直径是分级破碎设备的重要结构参数，齿辊直径与入料、出料粒度和破碎比相关。齿辊直径依据不同的理论指导和设计目的而有所差异，但也有一些共性的原则和特点。

7.7.3.1 齿辊直径的确定

确定齿辊直径首要考虑的是入料粒度。

传统齿辊破碎机由于破碎齿板结构单一、齿高低、没有螺旋布置，主要还是依赖齿板整体对物料的向下摩擦作用，这就要求其辊径很大，理论上齿辊最大直径应该是入料粒度的 10~20 倍，否则就会出现大一些的颗粒在辊面上打滑跳跃、不能通过的情况。

分级破碎机对物料的啮入过程主要靠螺旋布置的破碎齿前几何空间对物料的

包络和强制咬合力，摩擦力只起到一小部分作用，由于齿数少、齿高，齿前空间大，对物料的包络、咬合能力强。理论上说，只要物料粒度小于两齿辊中心距就可以被咬入并被破碎，也就是齿辊直径几乎可以等于入料粒度尺寸，这和齿辊破碎机完全不同，这一点尤其在与初级破碎机的比较中更为明显。

基于以上的结论，初级破碎机的入料粒度一般在1~1.8 m及以下，初级分级破碎机的齿辊直径应该在1.2~2 m及以下。

7.7.3.2 齿辊直径适度原则

分级破碎齿辊直径的确定有两种说法：一种出于抓料安全考虑，觉得辊径越大越好；一种则过于强调齿对物料的作用，觉得辊径小些好处多。

辊径大的优点是：在相同入料粒度尺寸前提下，可以适当减小物料的啮入角，有利于物料的咬入，减少摩擦磨损，提高处理能力。

齿辊直径过大会造成设备的严重损坏。分级破碎采用固定中心距强行破碎方式进行，对于使用这种大型设备的大型矿山，无论如何控制频率或高或低，大块铁器进入破碎腔是难以避免的，而一旦大块铁器进入破碎腔，对齿辊、轴、轴承、减速器等形成的动载剧烈冲击就难以避免。辊径增大意味着作用力臂加长，在铁器形成冲击力为定值前提下，力臂越长，传动系统受到的载荷越大，破坏性越强。在高破碎强度、大扭矩、大处理能力这种重载工况下的过载冲击，极易造成分级破碎设备的严重损坏，而这种大型设备一旦损坏，对系统的影响也会很大。

齿辊直径大还意味着具有设备造价高、外形占地空间大、转动惯量大、启动时间长、堵转后反转时间长、对电网冲击大等缺点。

与辊径过大相对立的观点认为辊径小好，辊径小可以通过变换齿形及其螺旋布置实现入料和破碎。这种情况，就像第3章所说，齿辊抓物料，就好像手抓篮球；齿辊直径就好比手掌整个大小，螺旋布置的齿就像五个手指，如果手掌整体小，有如"小手抓篮球"，手掌无论怎么灵活，不达到一定尺寸，也抓不住篮球。

综合而言，齿辊直径在常规范围内适当增大，会适度优化破碎过程，但无限制过于大，不但会增加制造成本，还会增加设备运行风险并恶化设备运转的载荷特性。

7.7.4 齿辊长度

齿辊长度和处理能力直接相关。分级破碎采用低转速工作原理，当处理能力较大时，如果采用过高的齿辊转速就会加大过粉碎的产生和加剧破碎齿的磨损。所以在采用合理转速的情况下，为满足处理能力要求，就要增加破碎齿辊长度，一般最长可达4~5 m，而给料皮带即使是平行给料（即皮带滚筒轴线与破碎辊轴线平行布置）一般也小于2 m。就会面临一个沿齿辊长度均匀布料的问题。

对于出料粒度大于 200 mm 的粗碎过程，因破碎齿较大，通过相应齿的螺旋布置，对物料沿轴线具有较好的均布作用。对于出料粒度小于 100 mm 的工作状况，因破碎齿形状和间距变小，破碎齿沿轴线的布料作用会减弱，这就要求采用特殊的溜槽设计或布料器实现沿辊面的均匀布料，以达到处理能力大、过粉碎率低的目的，又可避免齿辊的磨损不均匀。

为解决轴线布料问题，可以采用破碎齿沿轴线分段螺旋布置，沿破碎辊长度方向均匀布置，有效利用辊长。建议利用振动筛分布直接给料，尽量要求给料展开长度方向与破碎齿辊轴线平行。

对于超大处理能力工况，如果通过增加辊长、提高转速都不能满足需求，可以考虑齿辊外旋或一台设备内平行布置多组齿辊，相当于多台分级破碎机并行工作。

7.7.5　齿辊旋向

齿辊旋向的多样性是分级破碎设备典型技术特征之一，这在第 3.5.4 节中已经详细阐述。此处，主要对其形式选择进行量化。

一般当破碎比小、混料分级破碎、对粒度要求严格时，优先选用齿辊外旋，外旋最大优点是节省设备投资、简化工艺流程。

在破碎比较大、物料强度较高、以破碎块料为主的破碎工况下，宜采用两辊向内旋转，有利于物料的咬入，减少因咬入效率低造成的齿部磨损加剧等问题。

分级与破碎的区分标准，主要考虑以下几个方面：入料粒度组成、破碎比、过粉碎率要求、物料的破碎特性等。两种情况相比，外旋的分级效率高，但破碎能力弱，对入料粒度组成适应性差，所以实际生产过程还是以内旋居多。

7.7.6　齿辊耐磨损性

分级破碎齿辊耐磨性，是分级破碎设备一个重要的机械性能指标，代表了破碎齿辊破碎作业持久性和耐用性，该指标通常以破碎齿体在明显失效前一次性使用时间长度或者累积破碎的物料总质量。

7.7.6.1　分级破碎齿的磨损类型

在破碎物料时，需要巨大的破碎力才能将其破碎到合格粒度，在这个过程中矿石与分级破碎机破碎齿之间会产生强烈的冲击、挤压和切削作用。

破碎齿的磨损是由破碎齿和被破碎物料组成的两体或三体摩擦副之间力学作用造成的表面损伤和材料剥落，主要源于力学作用下的材料强度劣化。要想正确选择、制造、使用破碎齿的耐磨材料，就必须了解破碎物料与破碎齿间磨损的特征和机理，以便在确保破碎齿使用安全可靠不断裂的前提下，令设备具有尽可能高的使用寿命和有竞争力的生产成本。

材料磨损有多种类型，包括黏着磨损、磨料磨损、腐蚀磨损、接触疲劳磨损等。分级破碎的破碎齿受磨蚀性不等的物料冲蚀摩擦，属于典型的磨料磨损，原理如图7-8所示。

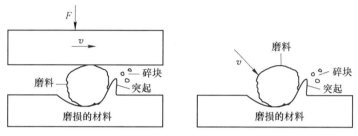

图 7-8　磨粒磨损原理图

磨料磨损（abrasive wear）是指破碎齿表面与被破碎物料软质颗粒或硬质颗粒凸出物相互摩擦引起表面材料损失的现象。依据破碎物料特性，磨损又可分为低应力挫伤磨损、高应力冲击磨损、凿削磨损等类型。

7.7.6.2　低应力挫伤磨损

分级破碎破碎煤炭、焦炭等低硬度、低磨蚀性物料时，破碎齿表面基本上不受或受到很小的冲击载荷作用，工作表面的磨损是一种渐进的过程，通常经磨损后的工作表面十分光滑，只是几何尺寸发生变化。

针对这种工况的破碎齿，主要应以提高材料的表面硬度为主，设计冲击韧性以确保破碎腔进入铁器时不发生破碎齿断裂等问题为前提。此时，破碎齿表面硬度（HRC）大于50~62，采用低碳合金钢经淬火后达到表面硬度，既满足抗磨损要求，又能兼顾材料的韧性要求。

7.7.6.3　高应力冲击磨损

分级破碎设备在破碎大粒度石灰石、铝土矿、白云石等中等硬度、具有一定磨蚀性物料时，破碎齿材料表面受到的冲击力较凿削磨损工作状态的冲击力要小一些，只是局部地受到冲击作用，表面发生微小裂纹，一般不产生剥离。由于是分布不均的局部受冲击力作用，因而破碎齿材料的加工过程中应以提高强度和表面硬度为主，齿表面硬度（HRC）应大于48~60，冲击韧性 α_k 不低于 15 J/cm^2。

7.7.6.4　凿削磨损

凿削磨损是分级破碎面临的最恶劣的磨损工况，在大处理能力破碎铁矿、金矿、铜矿、火成岩、玄武岩、砾岩、砂岩等高硬度、高磨蚀性大块物料时，破碎齿受到连续大冲击力作用，工作表面局部产生塑性变形，进而形成龟裂，称为磨削剥离。当新的工作表面继续受到大冲击力作用时又重复出现剥离现象，破碎齿材料很快会大量地被磨损掉。

要使破碎齿体材料能抗拒大冲击力而不发生龟裂和剥离。首先，应提高材料的强度，同时既要使材料在巨大冲击力作用下不发生断裂，又要有很好的冲击韧性。为使工作表面减少龟裂剥离及表现出抗磨损性能，材料表面要有足够的硬度，但这种硬度不是越高越好。若材料硬度太高，韧性不充分，在巨大冲击力的作用下，材料很容易发生脆性断裂。因此，在加工过程中既要做到工作表面具有较高硬度和耐磨性，基体又要有较好的冲击韧性。破碎齿表面硬度根据不同的耐磨材料和实际工况中冲击硬化的条件合理选择。

7.7.6.5 破碎齿耐磨性的评价方法

实际工业应用中，分级破碎齿的耐磨性准确评价比较困难，主要因为现场的工况复杂，处理物料随着采矿工作面的变化而不断改变，物料可重复性、可比较性差。同时，破碎齿的耐磨性需在一个相对长的时间周期内经过大量物料的磨损试验，才能得到相对有说服力的比较数据。一般破碎齿耐磨性评定方法可以采用齿体磨损量、累计物料通过量、磨损率等指标。

A 齿体磨损量

评定破碎齿磨损的基本磨损量是齿高磨损量和体积（或质量）磨损量两种。齿高磨损量是指测定破碎齿高在破碎齿失效时总的磨损高度，这在磨损监测中便于使用。体积（或质量）磨损量是指磨损过程中破碎齿体积或质量的改变量。实验室试验中，往往是首先测量试样的质量磨损量，然后再换算成体积磨损量；也可以通过测量磨痕宽度等，然后计算出磨损体积。对于密度不同的材料，用体积磨损量来评定磨损程度比用质量磨损量更为合理。此指标一般以破碎齿规定周期内磨损高度或损失质量、体积为指标，一般高度以 mm、质量以 g 或 kg 为单位计量。

B 累计物料通过量

磨损量的测定简便易行，但没有和物料的通过量建立相关性。实际工业应用中，生产产能受外界影响具有波动性，如果仅按照规定时长内磨损量不一定能客观体现破碎齿的耐磨性；如果累计破碎齿一次性寿命周期内累计通过物料量，数据的准确性会更高，但这种方法缺点是必须要经过较长时间才能得到评价结果。此指标一般以破碎齿一次性寿命通过百万吨物料量来计量。

C 磨损率

在所有的情况下，磨损量都是通过物料量的函数。因此，用规定通过物料量的齿体磨损量（即磨损率）表征破碎齿的耐磨性，是最为准确客观的评价方法，如磨损高度/通过量（mm/Mt）或磨损失重/通过量（kg/Mt）。

8 分级破碎装备

分级破碎装备是实现分级破碎技术的载体，是完成分级破碎功能的手段与工具。从破碎机分类来看，分级破碎机属于点接触式破碎机，主要依靠克服物料的抗拉强度对物料进行破碎。本章主要内容包括分级破碎设备的机械结构、设备主要类型、性能参数、设备效率与优势等。

8.1 分级破碎机的典型技术特征

分级破碎机的典型技术特征有：

（1）破碎齿的专业性与多样性。根据不同的破碎条件和技术要求采用不同的破碎齿形、齿的布置方式、齿的安装方式及针对性的破碎齿材质，是分级破碎机的鲜明技术特征（见图 8-1），目的是用最适宜的专用技术方案实现每一次破碎作业的最佳破碎效果。

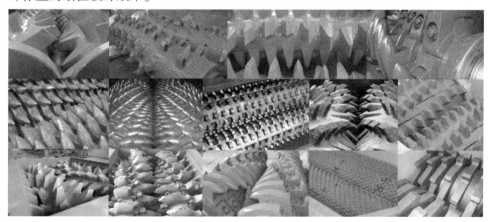

图 8-1　分级破碎齿的专业性和多样性

（2）齿辊内、外旋向灵活性。两齿辊旋向的多样性，根据不同的破碎工况既可以采用破碎为主的向内旋转，也可以选用筛分为主的向外旋转，这是分级破碎显著技术特征之一。如果分级破碎设备采用上下对称布置设计，驱动系统悬臂安装，就可以通过整机上下翻转直接实现外旋和内旋的快速切换，或者通过将两个齿辊位置对调也可以实现旋转方向的切换，如图 8-2 所示。

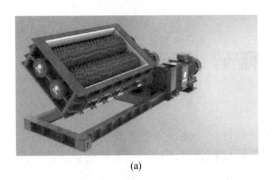
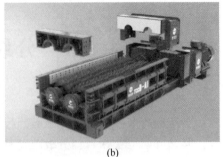

(a)   (b)

图 8-2　分级破碎内、外旋转方向的切换方法

(a) 上下翻转对称设计；(b) 左右齿辊对调

（3）齿辊采用低转速。分级破碎机一个显著的技术特征是齿辊转速低，一般在 30~120 r/min。这样，再配以相对较大的电机功率，可以实现低转速、大扭矩破碎力的输出，最大限度地保证了分级破碎机的破碎强度达到 300 MPa，同时还可提高成块率、降低过粉碎率、节能降耗、降低破碎机因高速运转时进入铁器产生的破坏性冲击。

（4）固定齿辊中心距。分级破碎机一般都采用固定中心距，齿辊中心距保持刚性固定，整机采用高强度结构设计和大扭矩高可靠性传动系统；确保对物料强行破碎，严格保证产品粒度，设备具有高破碎强度和较大装机功率。

固定中心距、强行破碎是分级破碎能够严格保证出料粒度、实现开路破碎、简化流程的根本保证。固定中心距的缺点也很明显，分级破碎机在面对大块铁器进入破碎腔时，容易出现传动系统严重损坏的现象，对破碎齿的强度、冲击韧性、齿辊轴和减速器等整个传动系统提出非常高的可靠性要求。固定中心距虽令分级破碎机适用于高度工业化的生产体系，专业性强且优势突出，但同时降低了其对恶劣工况的适应能力。

以上四点是分级破碎机的显著技术特征，确定一台双齿辊破碎设备是分级破碎机还是传统齿辊破碎机，通过上面四点就可以分清。

8.2　分级破碎机的机械结构

分级破碎机主要由电动机、高速联轴器、减速部件、低速联轴器、齿辊部件、机架机壳、移出检修装置、集中润滑、智能控制等部分组成，如图 8-3 和图 8-4 所示。不同型号和品牌的分级破碎机在实现类似功能的前提下，采用的具体结构形式、技术参数等有所差异。

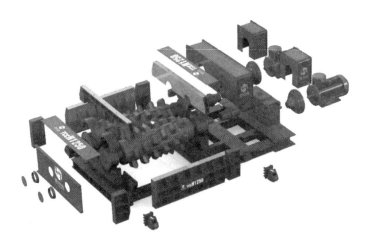

图 8-3　分级破碎机的机械结构分解图

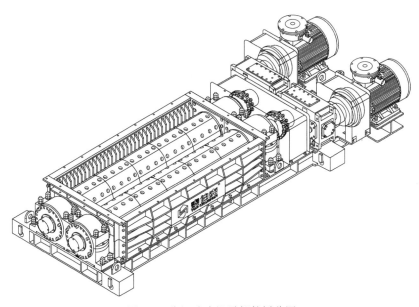

图 8-4　分级破碎机零部件拆分图

8.2.1　齿辊部件

齿辊是完成分级破碎任务的核心功能部件，主要由破碎齿体、齿座、齿辊轴、轴承杯、轴承、同步齿轮、低速联轴器等部分组成，如图 8-5 和图 8-6 所示。

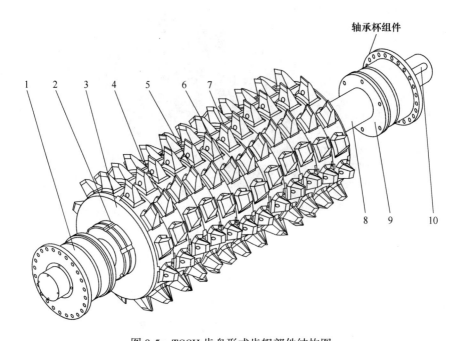

图 8-5　TCCH 齿盘形式齿辊部件结构图

1—轴承杯；2—圆螺母；3—端板；4~7—破碎齿和破碎齿盘；8—齿辊轴；9—透盖；10—联轴器平键

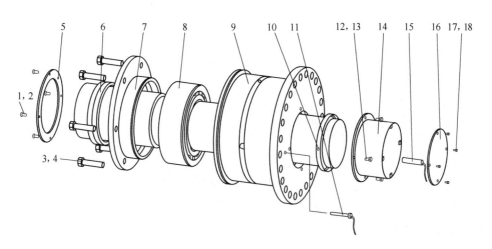

图 8-6　TCCH 轴承杯组件拆分零件图

1—压盖螺栓；2—压盖垫圈；3—透盖螺栓；4—透盖垫圈；5—压盖；6，10—密封圈；
7—透盖；8—轴承；9—轴承杯；11，15—传感器；12—保护罩螺栓；13—保护罩垫圈；
14—保护罩；16—端盖；17—固定螺钉；18—螺钉垫圈

8.2.2 破碎齿形

破碎齿形是分级破碎设备最为核心的工作部分，是分级破碎技术设计、加工、使用的"灵魂"，齿形的设计、研究、加工制造是分级破碎装备最为重要的环节。因为破碎齿直接决定了设备的使用效果、效率和可靠性。

破碎齿要承担功能很多，主要包括：良好的啮入物料能力、高效率的破碎、超高的破碎强度、最佳的出料粒度组成和产品粒形、稳定可靠的使用、持久的耐磨损性、保持高强韧性防止冲击断裂等。

根据入料粒度、出料粒度的差别，可将破碎齿形分为粗碎、中碎、细碎等，由于不同破碎阶段需要面对破碎的具体任务各具特点，就需要与其相适应的结构、形状、材料、安装布置方式等。峰值破碎力、破碎强度、处理能力、过粉碎率、分级破碎能力是各阶段破碎齿形设计需要区别对待、有所侧重的重要因素。

8.2.2.1 粗碎齿形

粗碎一般是指（准）脆性矿物经开采后的初级破碎，入料粒度一般在 2000 mm 以下，出料粒度 150~400 mm。主要特点是入料粒度、峰值破碎力、瞬时破碎载荷大，这就要求破碎齿形具有尺寸大、齿数少、高强度、耐冲击等特性，与之对应的处理能力、耐磨损性、分级破碎能力等相对容易实现。

粗碎齿形种类多样，按照安装方式可分为可原位拆卸、不可拆卸及半可拆卸三种，可拆卸又分为多曲面、卯榫固定结合螺栓连接，如图 8-7 所示。各种结构类型，有着不同优缺点和适用范围。一般来讲，可拆卸原位更换的结构有利于现场使用，便于维护且对生产影响小，但结构强度和可靠性偏低。不可拆卸的圆形或多边形内孔齿环连接，结构强度高，但需要整个辊部件拆卸后换场更换，更换周期长、对生产影响大。半可拆卸结合了两者的优势，通过高强度结合面固定、焊接固定或加强，达到可更换和高强结构的有效结合。

(a)　　　　　　　　　　　　　　　　(b)

图 8-7 分级破碎机常见粗碎破碎齿类型
（a）U 键半可拆泰伯齿；（b）不可拆鹰嘴齿；（c）子弹头半可拆重装齿；（d）T 形可拆鹰爪齿；
（e）可拆帽鸭嘴齿；（f）可拆多面箭头齿

8.2.2.2 中碎齿形

中碎一般是指（准）脆性矿物经粗碎后的物料，入料粒度一般在 300 mm 以下，出料粒度在 50~100 mm。由于入料粒度变小，大粒度物料产生的瞬时破碎大载荷不再明显，但同时设备通过能力变小使其形成的物料通过时间延长，最终使得破碎机的整体扭矩需求趋于平稳。这种工况下，要求中碎齿形具有很好的平衡性，兼顾物料通过能力和破碎齿强度。由于齿体变小，物料的磨损概率增加，破碎齿的耐磨损性能变得更为重要。

中碎齿板要兼顾破碎与通过能力、破碎强度、耐磨损三方面的性能。由于瞬间破碎力减小，破碎齿的固定一般可采用可拆卸结构，如果遇到高强度破碎作业需求，还应考虑齿环等高强度结构。

由于处理粒度变小，与其对应的单个破碎齿体变小，为了提高整体安装强度、拆装效率，中碎一般采用破碎齿体组合在一起的齿板结构形式。

可拆卸齿板主要靠齿板与齿座的结合面，由卯榫或自锁等结构传动扭矩，再通过螺栓加以固定，从而便于更换，如图8-8所示。

(a)

(b)

(c)

(d)

(e)

(f)

图 8-8　分级破碎机中碎常见破碎齿板类型

（a）鹰嘴式螺栓固定齿板；（b）子弹头式轴套安装（c）梯形齿螺栓固定齿板；（d）子弹头螺栓齿板；
（e）鹰嘴形螺栓齿板；（f）马蹄形螺栓自锁齿板

8.2.2.3　细碎齿形

细碎一般是指出料粒度在 3~35 mm，这一粒度范围破碎的难点是处理能力急剧下降，破碎齿板的使用寿命变短。由于出料粒度小、破碎齿体还要保持最大耐磨体积，因此齿形设计变化形式有限，如图8-9所示。

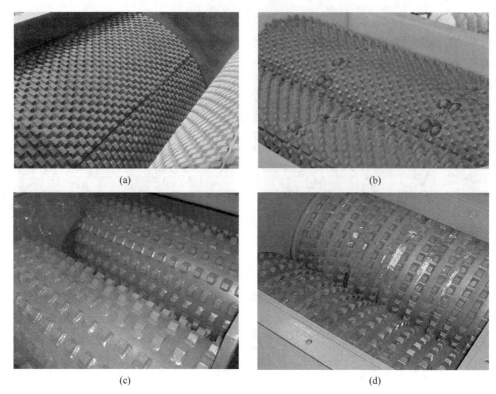

(a)　(b)　(c)　(d)

图 8-9　分级破碎机细碎常见破碎齿板类型

(a) TCC-15 mm 细碎齿板；(b) TCC-25 mm 细碎齿板；
(c) MCLANAHAN30 mm 细碎齿辊；(d) CPC25 mm 细碎齿辊

由于齿前空间很小，这个粒度范围内，分级破碎机已经基本失去了分级的功能，只发挥着破碎的作用，但其采用固定中心距、不退让、强行破碎、高破碎强度等特点依然是分级破碎机的技术特征，因此这种情况还是称其为分级破碎机，简单说就是用分级破碎机的结构实现齿辊破碎机的功能，且功能完成得更高效、准确和持久。

8.2.3　低速联轴器

低速联轴器将减速器的输出轴和齿辊轴连接在一起，将来自电机的动力传递到齿辊，特点是转速慢、传递扭矩大。该联轴器除了便于拆卸、运行可靠外，还要求能适应一定的角位移、径向位移和轴向位移。同时，还要有较好的挠性，能将破碎腔内剧烈的冲击载荷，尤其是进入铁器后的绝大部分破坏性冲击载荷吸收或减弱，以避免减速器的严重损坏。常见低速联轴器类型与优缺点见表8-1。

表 8-1 分级破碎机常用低速联轴器对比

名称	简图	优点	缺点
齿式联轴器		(1) 无弹性元件的挠性联轴器，有一定的缓冲冲击载荷作用； (2) 传递功率和转矩大； (3) 运行安全可靠	(1) 缓冲减振作用不突出，容易出现减速器断裂； (2) 减速器和齿辊轴键连接，紧配合拆装不方便
蛇簧联轴器		(1) 有金属弹性元件的挠性联轴器，对于中、大扭矩有较好的缓冲减振作用； (2) 具有一定的补偿两轴相对偏移和减振、缓冲性能，传递功率和转矩大； (3) 运行稳定可靠	(1) 缓冲减振作用不突出，容易出现减速器断裂； (2) 减速器和齿辊轴键连接，紧配合拆装不方便； (3) 成本偏高
液压装配蛇簧联轴器		(1) 有金属弹性元件的挠性联轴器，对于中、大扭矩有较好的缓冲减振作用； (2) 具有一定的补偿两轴相对偏移和减振、缓冲性能，传递功率和转矩大； (3) 依靠液压拆装，方便快捷	(1) 缓冲减振作用不突出，容易出现减速器断裂； (2) 对加工精度要求高，维护量稍大； (3) 成本高
胀紧套齿式联轴器		(1) 无弹性元件的挠性联轴器，有较好的缓冲减振作用； (2) 具有较好的补偿两轴相对偏移和减振、缓冲性能，传递功率和转矩大； (3) 便于拆装	(1) 缓冲减振作用不突出，容易出现减速器断裂； (2) 配合松紧稳定性弱； (3) 成本偏高
弹性柱销联轴器		(1) 有弹性元件的挠性联轴器，有很好的缓冲冲击载荷作用； (2) 结构简单，使用方便； (3) 成本低	(1) 传递功率和转矩小； (2) 减速器和齿辊轴键连接，紧配合拆装不方便

8.2.4 高速联轴器

高速联轴器连接电机和减速器高速轴，除了动力传动作用外，还应具有缓冲减振和过载保护作用，最理想的载荷传递是能够零载荷或低载荷启动，减少带载启动产生的大电流对电机的损坏和对电网的冲击。分级破碎机常用高速联轴器对比见表8-2。

表 8-2　分级破碎机常用高速联轴器对比

名称	简图	优点	缺点
液力耦合器		（1）柔性的传动装置，能消除冲击和振动； （2）过载保护性能和启动性能好，齿辊载荷过大而停转时输入轴仍可转动，不至于造成电机损坏； （3）当载荷减小时，输出轴转速增加直到接近于输入轴的转速，使传递扭矩趋于零，有利于堵转后的带载荷启动，而较少对电机和电网冲击	（1）过载后容易出现易熔塞喷油，污染环境，且恢复生产需要时间长； （2）要求安装精度高
磁力耦合器		（1）隔离性好，安全可靠，无接触传递动力，减振缓冲效果好； （2）对安装精度适应性强，维护量小	传递效率低，成本高
柱销联轴器		（1）具有很好的减振缓冲，结构简单； （2）制造容易，更换方便，耐磨性好	传递扭矩小，振动冲击大，传动精度低

续表 8-2

名称	简图	优点	缺点
膜片联轴器		（1）补偿两轴线不对中的能力强，径向位移时反力小，挠性大，允许有一定的偏心、偏角和轴向偏差； （2）具有明显的减振作用，无噪声，无磨损； （3）传动效率高，适用于中、高速大功率传动	（1）耐热性、耐腐蚀性差，要求润滑严格； （2）价格偏高，结构偏复杂

8.2.5 机架与机壳

机架起到支撑连接各部件、吸收传动系统和齿辊间产生的扭矩的作用。不同生产厂家机架结构形式不同，按照驱动系统的固定方式，机架大致可分为悬臂安装（B3）和落地安装（B5）两种。悬臂安装的优点是破碎机适合设计成上下对称、有利于齿的旋向调整、占地空间少、对安装面要求少；缺点是对设备加工精度要求高、容易产生振动、不易超大型化等。落地安装（B5）的优点是稳定性好、适应性强；缺点是机架生产成本偏高，不容易把破碎机设计成上下对称形式以利于齿辊旋向的调整。

机壳作用主要有挡料、密封、防尘，对于磨蚀性强的物料还需要增加耐磨衬板，便于衬板磨损后及时更换，让机壳保持长时间的使用。

8.2.6 设备检修移出机构

分级破碎机高度低、结构紧凑，运行平稳、振动小，使其便于从工作位置移出检修。移出检修既可以优化工作环境，也可提高工作效率、减少安全隐患。移出检修机构原理：在分级破碎机机架底部成对安装移动轨轮，设备需要检修时，释放轨轮的固定装置或通过液压调节，就可以使轨轮转动，破碎机在人工牵拉或电机驱动下沿着预铺设轨道移出工作位置。

轨轮大致可分为高度固定和液压控制高度可调两种方式。

（1）高度固定方式（以下简称定高）。一般破碎机在作业工程中，破碎机整机和破碎腔内物料重量都要靠几个轨轮传递给轨道，这种移出方式结构相对简单，一般工况都可以运行良好。如果设备重量和破碎载荷过于大，仅靠轨轮和轨道的局部接触，容易影响运行的平稳性，如图 8-10（a）和（f）所示。

（2）高度可调方式（以下简称调高）。一般采用液压缸+连杆机构，此种方式工作状态下是整体机架和地面接触传递载荷，稳定性强，机架通过地脚螺栓与地面连接。检修时，首先移除地脚螺栓，随后液压缸伸长、连杆机构将轨轮下压，几个轨轮共同支撑起设备，设备移出检修；待检修结束再复位破碎机，收缩液压缸，抬起轨轮，破碎机架和地面螺栓再次连接。这种方式适合于重量与载荷很大的重型装备，如图8-10（b）（d）（e）所示。

轨轮的转动、破碎机的移出形式也分为人工牵拉（见图8-10（b）（d）（e）（f））和电机自动驱动两种形式（见图8-10（a））。

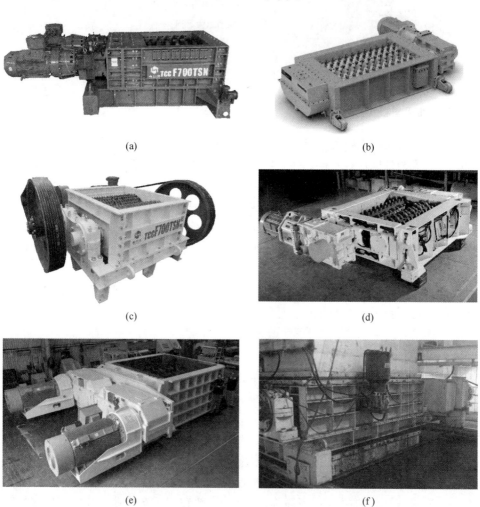

(a)

(b)

(c)

(d)

(e)

(f)

图 8-10　分级破碎机常见传动与结构类型

（a）直联+悬臂+定高自动移出；（b）直联+悬臂+调高人工移出；

（c）皮带+机架落地+固定；（d）直联+悬臂+调高人工移出；

（e）直联+托架悬臂+调高人工移出；（f）直联+机架落地+定高人工移出

8.3 分级破碎机的动力传动形式

分级破碎机的传动形式是指动力从电动机传递到齿辊破碎部件采用的传动类型，常见形式是电机—液力耦合器—减速器—低速联轴器—齿辊（简称直联）和电机—皮带—齿辊（简称皮带）两种形式。

直联传动形式使用范围广，优点是传递扭矩大、传递效率高、传动比大、结构紧凑、高度低；缺点是齿辊中心距不容易进行调节，异物冲击载荷大时传动系统容易出现故障、造价高。一般中、大型规格的分级破碎机普遍采用此种传动形式，如图 8-10（a）（b）（d）（e）（f）所示。直联传动形式又分单电机和双电机驱动两种，一般中、细碎设备多采用双电机驱动，有利于粒度调整和齿辊内、外旋切换；粗碎设备多采用单电机驱动，由于破碎机齿数少、两齿辊破碎齿间的耦合关系需要固定，以确保出料粒度均匀达标，需要通过两齿辊间的同步齿轮来实现，因此一般采用单电机+同步齿轮传动形式。

皮带传动的优点是结构简单、造价低、两齿辊中心距调整方便、过载保护简单（皮带传动本身就可作为过载保护使用）；缺点是传递效率低，过载易打滑，传递功率小，低温、粉尘、油污、腐蚀等环境都不适合，设备外形不够紧凑，占地空间大、高度偏高（图 8-10（c）），一般小、中型分级破碎机采用此种传动方式。

8.4 破碎齿材质

分级破碎机破碎齿材质是分级破碎装备核心技术中最为重要的，在满足破碎工艺性能指标的前提下，破碎齿体需要具备足够的耐磨损性、耐冲击韧性，同时还要尽量兼顾易加工性和经济性。

分级破碎机破碎物料过程中，主要磨损形式为磨料磨损，且针对不同类型破碎物料又可分为低应力挫伤磨损、高应力冲击磨损、凿削磨损等类型。针对以上不同的磨损细分类型，需要有不同的力学性能指标与其相适应，由此就需要有不同类型材质或热处理工艺来满足对应的力学性能需求。基于磨损工况的差异性和耐磨材质有限的适应性，没有任何一种材质具有普适性、针对任何物料都有很好的耐磨损效果。选择一种合适的耐磨材质往往要从测试破碎物料的磨蚀性开始，根据破碎作业的不同特点，选择或研究针对性耐磨材质是取得最佳应用效果的最佳技术路线。

磨料磨损工况对破碎齿体力学性能最主要的两项指标要求是硬度和耐冲击性，而且从原理上应该是在确保充分耐冲击性的前提下，尽量提高齿面硬度来提高耐磨损寿命。

下面介绍破碎齿体常见的耐磨材料。

8.4.1 高锰钢

高锰钢（hadfield steel）是指锰含量在 10% 以上的合金钢，是一种最为经典的耐磨材料，具有性能优异、性价比高、技术成熟度高等优点。在破碎行业，尤其是硬度较高的岩石、金属矿等众多领域，高锰钢是首选的耐磨材质，应用非常普遍。高锰钢在抵抗强冲击或大压力破碎工况下的磨料磨损或凿削磨损方面耐磨性非常好。

自 1882 年发明至今，历经 140 余年的充分发展和广泛应用，高锰钢发展出一系列材质，常见的有高锰钢（ZGMn13）、高锰合金（ZGMn13Cr2MoRe）、超高锰合金（ZGMn18Cr2MoRe）等。其中，尤以 ZGMn13 应用最为普遍。

高锰钢经水韧处理后的初始硬度（HB）很低（170~230），但在承受因坚硬矿物破碎所产生的剧烈冲击或接触应力下，表面会迅速硬化，充分硬化后表面硬度（HB）可达 550 或更高，而芯部仍保持极强的韧性，外硬内韧，既抗磨损又抗冲击，且表面受冲击越重，表面硬化就越充分，耐磨性就越好。

高锰钢未硬化时硬度低、耐磨性很差。若高锰钢件表面在破碎过程中物料硬度或形成的冲击力不足，则表面不能充分硬化，呈现出不耐磨状况。此种工况就不适合使用高锰钢材质，比如破碎煤炭用的分级破碎机，如果采用高锰钢材质，效果就不会太理想。高锰钢厚大断面工件，经水韧处理后内部容易出现大块碳化物而严重降低其使用性能，低温条件下常出现脆断现象。

常见高锰钢材质表，见表 8-3 和表 8-4。

表 8-3 中国高锰钢铸件化学成分

牌号	化学成分（质量分数）/%						
	C	Mn	Si	Cr	Mo	S	P
ZGMn13-1	1.00~1.45	11.00~14.00	0.30~1.00	—	—	≤0.040	≤0.090
ZGMn13-2	0.90~1.35	11.00~14.00	0.30~1.00	—	—	≤0.040	≤0.070
ZGMn13-3	0.95~1.35	11.00~14.00	0.30~0.80	—	—	≤0.035	≤0.070
ZGMn13-4	0.90~1.30	11.00~14.00	0.30~0.80	1.50~2.50	—	≤0.040	≤0.070
ZGMn13-5	0.75~1.30	11.00~14.00	0.30~1.00	—	0.90~1.20	≤0.040	≤0.070

表 8-4 中国对高锰钢铸件的力学性能要求

牌号	σ_s/MPa	σ_b/MPa	δ_5/%	α_{KU}/J·cm^{-2}	硬度（HBW）
ZGMn13-1	—	≥635	≥20	—	—
ZGMn13-2	—	≥685	≥25	≥147	≥300
ZGMn13-3	—	≥735	≥30	≥147	≥300
ZGMn13-4	≥390	≥735	≥20	—	≥300
ZGMn13-5	—	—	—	—	—

8.4.2 耐磨合金钢

耐磨合金钢在分级破碎机齿体应用最广泛，具有适应性强、可设计性强、耐磨损性和抗冲击性综合性能好等优点。

常见材质包括中、低碳合金钢，如 ZG30CrMnSi、ZG40SiMnCrMo 等，耐磨合金钢可通过调控化学成分和热处理工艺获得理想的冲击韧度和硬度指标。

8.4.3 陶瓷基复合材料

陶瓷基复合材料是金属元素和非金属元素组成的晶体或非晶体化合物，熔点高、硬度高、刚度高、化学稳定性好。耐磨陶瓷涂料具有高的机械强度和刚度、密度大、强度高、能有效抵御物料的冲击力和剪切应力，具有优良的韧性和抗冲击性，可有效防止冲击力造成的破损和剥落，并且解决陶瓷材料硬度高但韧性差的缺陷。

8.4.4 高铬铸铁

高铬铸铁是高铬白口抗磨铸铁的简称，是一种性能优良的抗磨材料。其优点是耐磨性好，同时它还兼有良好的抗高温和抗腐蚀性能；缺点是可加工性差、耐冲击性能差。按组织结构和使用情况，有良好耐磨性的铬系白口铸铁中除含有 12%~20% 的铬外，还含有适量的钼，当基体全部为马氏体时，这种合金的耐磨性能较好。如果基体中存在残余奥氏体，通常要进行热处理。抗磨高铬铸铁包括高、中、低铬合金铸铁（如 Cr15MoZnCu）。

由于高铬铸铁具有相当好的耐蚀性能，一些同时经受磨料磨损和腐蚀作用的耐磨件，如分级破碎使用在腐蚀性环境中，可考虑高铬铸铁材质。中国和德国典型高铬白口抗磨铸铁具体性能见表 8-5~表 8-8。

表 8-5 中国标准高铬铸铁化学成分

牌号	化学成分（质量分数）/%								
	C	Si	Mn	Cr	Mo	Ni	Cu	S	P
BTMNi4Cr2-DT	2.4~3.0	≤0.8	≤2.0	1.5~3.0	≤1.0	3.3~5.0	—	≤0.10	≤0.10
BTMNi4Cr2-GT	3.0~3.6	≤0.8	≤2.0	1.5~3.0	≤1.0	3.3~5.0	—	≤0.10	≤0.10
BTMCr9Ni5	2.5~3.6	1.5~2.2	≤2.0	8.0~10.0	≤1.0	4.5~7.0	—	≤0.06	≤0.06
BTMCr2	2.1~3.6	≤1.5	≤2.0	1.0~3.0	—	—	—	≤0.10	≤0.10
BTMCrS	2.1~3.6	1.5~2.2	≤2.0	7.0~10.0	≤3.0	≤1.0	≤1.2	≤0.06	≤0.06
BTMCr12-DT	1.1~2.0	≤1.5	≤2.0	11.0~14.0	≤3.0	≤2.5	≤1.2	≤0.06	≤0.06
BTMCr12-GT	2.0~3.6	≤1.5	≤2.0	11.0~14.0	≤3.0	≤2.5	≤1.2	≤0.06	≤0.06

牌号	化学成分（质量分数）/%								
	C	Si	Mn	Cr	Mo	Ni	Cu	S	P
BTMCr15	2.0~3.6	≤1.2	≤2.0	14.0~18.0	≤3.0	≤2.5	≤1.2	≤0.06	≤0.06
BTMCr20	2.0~3.3	≤1.2	≤2.0	18.0~23.0	≤3.0	≤2.5	≤1.2	≤0.06	≤0.06
BTMCr26	2.0~3.3	≤1.2	≤2.0	23.0~30.0	≤3.0	≤2.5	≤1.2	≤0.06	≤0.06

注：1. 牌号中，"DT"和"GT"分别是"低碳"和"高碳"的汉语拼音大写字母，表示该牌号碳含量的高低；

2. 允许加入微量 V、Ti、Nb、B 和 RE 等元素。

表 8-6 中国标准高铬铸铁的力学性能

牌号	表 面 硬 度					
	铸态或铸态去应力处理		硬化态或硬化态去应力处理		软化退火态	
	HRC	HBW	HRC	HBW	HRC	HBW
BTMNi4Cr2-DT	≥53	≥550	≥56	≥600	—	—
BTMNi4Cr2-GT	≥53	≥550	≥56	≥600	—	—
BTMCr9Ni5	≥50	≥500	≥56	≥600	—	—
BTMCr2	≥45	≥435	—	—	—	—
BTMCr8	≥46	≥450	≥56	≥600	≤41	≤400
BTMCr12-DT	—	—	≥50	≥500	≤41	≤400
BTMCr12-GT	≥46	≥450	≥58	≥650	≤41	≤400
BTMCr15	≥46	≥450	≥58	≥650	≤41	≤400
BTMCr20	≥46	≥450	≥58	≥650	≤41	≤400
BTMCr26	≥46	≥450	≥58	≥650	≤41	≤400

注：1. 洛氏硬度值（HRC）和布氏硬度值（HBW）之间没有精确的对应值，因此这两种硬度值应独立使用。

2. 铸件断面深度40%处的硬度应不低于表面硬度值的92%。

表 8-7 德国标准（DIN1695）高铬铸铁化学成分（质量分数）　　　　（%）

牌　号	C	Si	Mn	Cr	Ni	Mo
G-X300CrMo15-3	2.3~3.6	0.2~0.8	0.5~1.0	14~17	约0.7	1.0~3.0
G-X300C-MoNi15-2-1	2.3~3.6	0.2~0.8	0.5~1.0	14~17	0.8~1.2	1.8~2.2
G-X260CrMoNi20-2-1	2.3~2.9	0.2~0.8	0.5~1.0	18~22	0.8~1.2	1.4~2.2
G-X260Cr27	2.3~2.9	0.5~1.5	0.5~1.0	24~28	约1.2	约1.0
G-X300CrMo27-1	3.0~3.5	0.2~1.0	0.5~1.0	23~28	约1.2	1.0~2.0

表 8-8　德国标准（DIN1695）高铬铸铁力学性能

| 牌　　号 | 硬度 | | | 抗拉强度/MPa | 弹性模量/GPa | 密度/g·cm⁻³ | 收缩率/% | 线胀系数（20~100 ℃）/℃⁻¹ | 热导率（20~100 ℃）/W·(m·K)⁻¹ |
	HV₃₀	HBW	HRC						
G-X300CrMo15-3	380~750	380~690	39~62	450~1000	154~190	7.7	1.5~2.2	$(11 \sim 15) \times 10^{-6}$	12.6~15
G-X300CrMoNi15-2-1	380~750	380~690	39~62	450~1000	154~190	7.7	1.5~2.2	$(11 \sim 15) \times 10^{-6}$	12.6~15
G-X260CrMoNi20-2-1	380~750	380~690	39~62	450~1000	154~190	7.7	1.5~2.2	$(11 \sim 15) \times 10^{-6}$	12.6~15
G-X260Cr27	380~750	380~690	39~62	560~960	154~190	7.6	1.5~2.2	$(12 \sim 15) \times 10^{-6}$	—
G-X300CrMo27-1	380~750	380~690	39~62	450~1000	—	7.6	1.5~2.2	—	—

8.5　常见分级破碎机型号参数

国内外常见分级破碎机如图 8-11 所示。

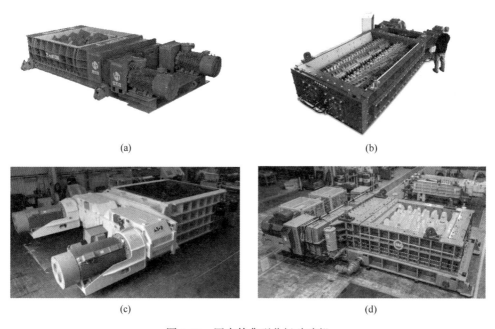

(a)

(b)

(c)

(d)

图 8-11　国内外典型分级破碎机

（a）TCC 系列分级破碎机；（b）CR 系列分级破碎机；（c）ABON 系列分级破碎机；（d）MMD 分级破碎机

国内外常见分级破碎机的规格型号与技术参数，详见表8-9~表8-12。

表8-9 TCC系列分级破碎机规格型号与技术参数

型号	齿辊直径 /mm	齿辊长度 /mm	最大入料粒度 /mm	出料粒度 /mm	破碎强度 /MPa	通过能力 /t·h⁻¹	破碎能力 /t·h⁻¹	装机功率 /kW	整机质量 /t
TCC6005V/H18.5	600	500	200 (100)	50	160	60~90	30~50	2×18.5	6
TCC6010V/H22		1000				120~180	80~120	2×22	7.5
TCC6015V/H37		1500				150~280	100~200	2×37	9
TCC6020V/H45		2000				200~300	120~250	2×45	11
TCC6025V/H75		2500				350~600	250~400	2×75	16
TCC6030V/H110		3000				500~800	300~500	2×110	22
TCC6035V/H160		3500				700~1200	400~600	2×160	28
TCC6040V/H200		4000				900~1500	500~800	2×200	45
TCC7010V/H30	700	1000	300 (150)	50	160	120~180	80~130	2×30	8
TCC7015V/H55		1500				150~250	100~200	2×55	10
TCC7020V/H75		2000				200~300	120~250	2×75	15
TCC7025V/H90		2500				350~600	250~400	2×90	20
TCC7030V/H132		3000				500~800	300~500	2×132	28
TCC7035V/H160		3500				700~1200	400~600	2×160	35
TCC7040V/H200		4000				900~1500	500~800	2×200	48
TCC7050V/H250		5000				1200~2000	650~1000	2×250	64
TCC7060V/H315		6000				1800~2400	800~1500	2×315	90
TCC8010V/H75 (S132)	800	1000	600	200	200	100~600	100~400	2×75 (132)	16
TCC8010V/H55			300	50	160	120~200	100~150	2×55	10
TCC8015V/H90 (S160)		1500	600	200	200	500~1000	300~750	2×90 (160)	18
TCC8015V/H75			300	50	160	150~300	120~240	2×75	15
TCC8020V/H110 (S200)		2000	600	200	200	800~2000	400~1000	2×110 (200)	24
TCC8020V/H75			300	50	160	200~400	150~300	2×75	20
TCC8025V/H90 (S250)		2500	600	200	200	1500~2500	600~1200	2×132 (250)	30
TCC8025V/H90			300	50	160	350~600	200~450	2×90	24
TCC8030V/H160 (S315)		3000	600	200	200	2000~4000	800~2500	2×160 (315)	35
TCC8030V/H110			300	50	160	500~800	400~650	2×110	28
TCC8040V/H250 (S450)		4000	600	200	200	3000~6000	1800~4000	2×250 (450)	42
TCC8040V/H200			300	50	160	900~1500	500~900	2×200	32

型号	齿辊直径/mm	齿辊长度/mm	最大入料粒度/mm	出料粒度/mm	破碎强度/MPa	通过能力/t·h⁻¹	破碎能力/t·h⁻¹	装机功率/kW	整机质量/t
TCC1015V/H110（S200）	1000	1500	500~900	150~300	250	500~1500	300~1200	2×110（200）	20
TCC1020V/H132（S250）	1000	2000	500~900	150~300	250	800~2500	500~1800	2×132（250）	26
TCC1030V/H200（S355）	1000	3000	500~900	150~300	250	1500~3000	800~2400	2×200（355）	40
TCC1040V/H280（S560）	1000	4000	500~900	150~300	250	2500~8000	1200~4000	2×280（560）	60
TCC1220V/H200（S355）	1250	2000	800~1200	200~400	300	1000~3000	800~2400	2×200（355）	38
TCC1230V/H280（S500）	1250	3000	800~1200	200~400	300	3000~8000	1800~5000	2×280（500）	60
TCC1520V/H250（S500）	1500	2000	1000~1500	300~500	300	1200~4000	600~2400	2×250（500）	56
TCC1530V/H315（S600）	1500	3000	1000~1500	300~500	300	3000~10000	1800~5000	2×315（600）	89
TCC1540V/H400（S730）	1500	4000	1000~1500	300~500	300	5000~15000	2400~7000	2×400（730）	100
TCC2020V/H280（S500）	2000	2000	1200~2000	400~500	300	1500~5000	800~3000	2×280（500）	60
TCC2030V/H355（S730）	2000	3000	1200~2000	400~500	300	3000~8000	1200~6000	2×355（710）	90
TCC2040V/H450（S900）	2000	4000	1200~2000	400~500	300	5000~15000	2400~9000	2×630（1260）	130

注：1. 表中数据主要参考泰伯克公司技术资料，www.top-crusher.com，仅供参考；

　　2. 表中数据破碎物料是煤炭，堆密度为 0.9 t/m³，破碎强度为 160 MPa。

　　3. 表中括号表示不同选择项。

表 8-10　CR 系列分级破碎机规格型号与技术参数

型号	最大通过能力/t·h⁻¹	入料粒度/mm	出料粒度/mm	备注
SI12-0615	300	300	50	外旋
SI12-0620	400	300	50	外旋
SI12-0625	500	300	50	外旋
SI12-0815	600	300	100	内旋
SI12-0820	800	300	100	内旋
SI12-0825	2000	300	100	内旋
SI12-0825	1000	300	50	外旋
SI12-0830	3000	300	150	内旋
SI12-0830	1500	300	50	外旋
SI12-0935	1500	300	50	外旋
SI12-0940	2000	300	50	外旋
SI12-1020	2000	800	200	内旋
SI12-1030	3000	800	200	内旋

型号	最大通过能力/t·h⁻¹	入料粒度/mm	出料粒度/mm	备注
SI12-1220	2000	1000	300	内旋
SI12-1230	3000	1000	300	内旋
SI12-1425	2500	1500	300	内旋
SI12-1435	3000	1800	300	内旋
SI12-1440	4000~5000	1800	300	内旋
SI12-1840	8000~12000	1800	300	内旋

注：1. CR 系列分级破碎机数据源于德国 AUBEMA 和 CPC 两家公司技术资料，数据仅供参考；

2. 表中各项指标破碎物料为煤炭，堆密度为 0.9 t/m³。

表 8-11　ABON 系列分级破碎机规格型号与技术参数

机型	入料粒度 /mm	排料粒度 /mm	处理能力 /t·h⁻¹	外形尺寸 /mm×mm×mm	装机功率 /kW	整机质量 /t
5/180CC	0~150	<50	300	5230×1740×700	132	14
6/160HSC	0~300	50~100	900	5421×2270×840	250	20
6/220CC	0~300	50~100	1200	6221×2416×840	250	23
6/250HSC	0~300	50~100	1500	6375×2270×840	250	25
6/250HSS	0~100	<30	500	6166×2270×840	250	28
7/160CC	0~600	50~300	1500	5614×2220×840	250	21
7/160HSC	0~600	50~200	1100	5614×2220×840	250	22
7/250HSC	0~600	50~200	2000	6559×2270×840	250	27
7/250HSS	0~100	<30	800	6384×2642×840	250	30
7/300CCTD	0~600	100~300	3500	7083×2732×1100	2×250	45
8/220CC	0~900	200~300	3000	6852×2784×1100	250	38
8/300CCTD	0~900	200~300	4500	7307×3530×1100	2×250	50
9/300CCTD	0~1000	200~300	5500	7307×3630×1100	2×315	55
10/220CHD	0~1100	300~350	3000	7427×3394×1400	355	63
10/220CCTD	0~1100	300~350	3000	7017×4770×1400	2×250	72
11/220CHD	0~1200	300~350	3500	7428×3490×1400	1×355	70
11/220CCTD	0~1200	300~350	3500	7428×4540×1400	2×355	75
11/300CCTD	0~1200	300~350	4000	7780×4540×1400	2×355	80
13/300CCTD	0~1500	300~450	6000	8305×5317×1600	2×355	110
16/350CCTD	0~2000	300~450	12000	7790×6640×2000	2×630	200

注：1. 表中数据源于 FLsmidth-ABON 公开资料，仅供参考；

2. 表中各项指标破碎物料为煤炭，堆密度为 0.9 t/m³。

表 8-12 MMD 系列分级破碎机规格型号和技术参数

性能		机型	S00 系列			625 系列			750 系列			1000 系列		1250 系列		1500 系列	
		作业	粗破		二破	粗破		二破	粗破		二破	粗破		粗破		粗破	
最大给料尺寸/mm		三齿	665			830			1000			1330		1665		2000	
		四齿以上	500		250	625		300	750		350	1000		1300		1500	
最大排料尺寸/mm			150~250		25~50	175~350		60~100	175~350		75~125	200~300		200~350		250~400	
生产能力/t·h⁻¹			150~1000		100~300	300~2000		200~600	500~2000		300~800	600~2500		1000~6000		4000~14000	
功率/kW			100~150（单驱）			2×150			300（单驱）			2×224		2×373		2×515	
箱型			短	标准	长	短	标准	长	短	标准	长	标准	长	短	标准	短	标准
特性尺寸	外形尺寸/mm	L	3860	4530	5200	4260	5275	6280	6005	6675	7460	5791	6791	6970	7770	8865	10625
		W	1590	1590	1590	2260	2260	2260	2330	2330	2330	2605	2605	3490	3490	4050	4050
		H	671	671	671	800	800	800	1083	1083	1083	1073	1073	1510	1510	1780	1780
	破碎腔尺寸/mm	A	681	1352	2023	1020	2020	3020	1360	2030	3030	2030	3030	2026	2830	3275	4184
		B	1060	1060	1060	1500	1500	1500	1800	1800	1800	2050	2050	2760	2760	3190	3190
	中心距/mm	S	500			625			750			1000		1250		1500	
机器质量/t			7.75~12.50			13.50~15.30			32.00~50.00			55.00		50.00~70.00		112.00~132.00	

注：表中数据仅供参考。

数据来源：王宏勋. 为什么要发展轮齿式破碎机 [J]. 矿山机械，2001，1：37-40。

8.6 半移动破碎机（站）

分级破碎机由于具有高度低、振动小、整机内力平衡、对外产生载荷小等特点，非常适合安装在可移动或半移动钢结构平台上，在露天采矿或剥离土工作面、砂石骨料生产采石场等地方，直接将物料破碎到一定粒度，再进行外运或直接外销。破碎设备的可移动，有利于破碎环节前移、简化生产流程、优化采矿、加工、装卸、运输、销售等系统环节，实现绿色低碳物料破碎处理流程，有广阔的应用前景。

半移动式破碎机是指破碎机自身不具备长距离行走功能，需借助专门的移设工具，整体或分体运输、移动，以实现不同破碎场地间的高效转场。

一般地，如果半移动平台只有破碎机、由铲车直接给料到破碎腔内、处理能力较小的设备，称为半移动破碎机；如果处理能力比较大，整个平台上包含料斗、给料机、破碎机等多台设备，称为半移动破碎站；以下将这两种形式统称为半移动破碎机。

半移动破碎机一般和地面没有永久性的地脚连接，现场也就不需要永久性的水泥基础。采用钢结构雪橇承担破碎机的整体重量，破碎站采用模块化设计，包含料斗模块、给料机模块、破碎机模块等。转场移动设备是通过汽车平板卡车或专用履带运输车。

半固定式破碎站与地面有了明显的连接，破碎机需要安装在有效的混凝土基础或钢结构上。在布置部位上，要放在固定帮上，当然也有一些例子，因为地形地质条件所限，需要在工作帮上建筑较为坚固的基础来安放破碎机，也归入半固定式破碎站中。

常见典型半移动破碎站应用如图 8-12 所示。

(a)

(b)

(c)

(d)

图 8-12　半移动破碎站与移设装置

（a）TCC 半移动破碎站；（b）CPC 半移动破碎站；
（c）MMD 移设专用履带车；（d）履带车移设半移动破碎站

8.7　移动式破碎站

移动式破碎站从自身行走能力上是自驱动式。小型移动式破碎机采用轮胎或履带式。大型、超大型移动式破碎机一般都采用履带式，如图 8-13 和图 8-14 所示。

(a)　　　　　　　　　　　　　　　(b)

(c)　　　　　　　　　　　　　　　(d)

图 8-13　移动式破碎机（站）

（a）中小型移动破碎站（建筑垃圾）；（b）中小型移动破碎机（矿石）；
（c）大型移动式破碎站；（d）3000 t/h 超大型移动式破碎站

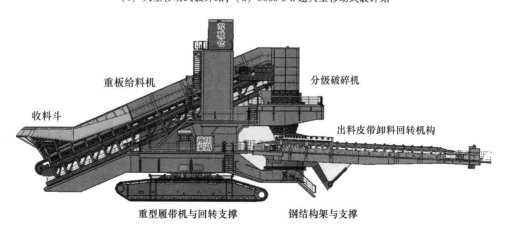

图 8-14　移动式破碎站组成图

移动式破碎站的创新之处在于其独特的功能性和机动性,使之能够在采掘工作面随着电铲自由行进,并将破碎后的物料通过胶带系统输送,从而彻底摆脱卡车的使用。采用连续开采工艺不仅可以带来如提高产能、降低成本等经济效益,这一点与采用卡车的间断开采工艺相比尤其明显,而且可以大幅度减少 CO_2 排放量,更加绿色低碳。在大型露天矿山有显著的技术与经济优势,主要体现在以下几个方面。

(1) 露天采运系统效率高。露天矿传统的电铲/卡车运行模式属于间断性的物料运输,由于在实际作业时电铲必须损失工作时间用来等待满载的卡车驶离和空车驶入定位。根据卡车数量的不同,电铲损失的工作时间可能是由每辆卡车损失几分钟甚至更多时间累积而成的。与之形成对比的是:自移式破碎机总是位于电铲旁边,这意味着电铲采掘及装载作业不会中断。理论上移动式破碎机与电铲一样灵活,双方沿着工作面推进时没有相互等待。物料被破碎至胶带可运输的粒度后,再通过后续的可移设和固定式胶带输送系统传输到下游设备。

(2) 运行成本低。采用卡车运输作业的矿山需要配备大量司机和维修人员,半连续工艺所需人员较少,又不影响生产,这是因为该工艺只需很少的人即可完成破碎机/胶带机系统的运行和控制,尤其是系统便于实现智能化和无人值守,在节省人工的同时,也让生产更安全与高效。

采用移动式破碎机半连续工艺彻底解决了大型重载卡车轮胎所形成的高额运行费用,可以大幅减少橡胶的消耗。一般输送胶带的使用寿命是 8 年,如果与相同年限内卡车的轮胎消耗相比,自移式破碎系统所消耗的橡胶比卡车轮胎所消耗的橡胶可减少 95%。

(3) 绿色低碳。移动式破碎机通过可移动胶带输送机运送物料,由于胶带滚动摩擦阻力小,使胶带磨损低,能量利用效率高,而且整个系统只消耗电能,其能量效率可高达 80%,且基本不排出 CO_2。与之相比,柴油驱动的大型自卸卡车所组成的间断工艺,典型的“用油换矿”,自卸车自身重量占整个运输重量的很大比例,消耗大量柴油,能量效率只有 40% 左右。例如:一套 3000 t/h 移动式破碎系统配合胶带输送机可取代 26 台重载卡车,这些卡车小时油耗共约 190 L。如果使用这些卡车完成移动式破碎系统的年产量,共计年消耗 2.2×10^7 L 柴油。因此可以看出,移动式破碎机的连续工艺对于 CO_2 减排有着突出的表现。

(4) 高寒生产更有利。对于地处高寒地区的大型露天矿,低温状态下大型自卸卡车经常出现结冰后无法爬坡、翻车等故障,严重影响生产的连续性和安全性,采用可移动皮带机运输则基本没有这个问题。典型可移动式破碎站如图 8-14 所示。

9 分级破碎智能化

破碎对象，如煤炭、矿石、固体废弃物等不是均质物料，没有准确的理论强度值，具有不可重复性、随机性，很难通过纯理论方法确定或预判破碎过程参数和指标。同时，破碎对象又具有可比对性，通过大量的重复试验可以很好地寻找规律。

人工智能可以通过大数据分析和机器学习等智能化、非可预判性手段，方便快捷地寻求破碎的规律性、预测破碎效果、优化破碎能量和粒度参数指标、监测破碎设备与破碎系统的运行状态等信息。这种预测、预判的功能可以通过提高算力与通信速度实现实时在线，这样就能够对破碎效果、能耗与破碎过程操作参数进行实时的映射，从而实现破碎装备与系统的智能化。

由此可以看出，基于传统比对试验方法的大数据分析和机器学习，赋能传统破碎过程数学模型具有很强的合理性和广阔应用前景。

9.1 破碎能耗在线智能测定

矿物与岩石等准脆性物料在破碎过程中能耗巨大，除了破碎后比表面积增大带来表面能的变化以外，还伴随着热能、动能、声能等不同形式的能量耗散，如图 9-1 所示。

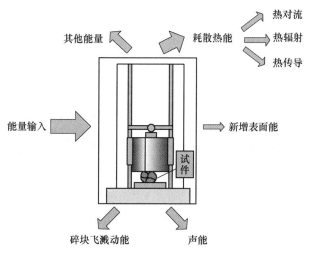

图 9-1 物料破碎过程的主要能量形式

　　破碎本质上是以能量的消耗实现物料粒度减小、强度减弱的过程，因此物料的新增表面能往往被认为是破碎过程中被有效利用的能量。根据作者及研究团队试验测定，即使在能量效率较高的准静态单轴压缩破碎中，能量利用效率最高也仅为 8%，能量利用效率低，大部分能量均以耗散热能、机械能、声能、物料颗粒飞溅动能等形式损失。其中，耗散热能占比为 80%~85%，机械能占比为 8%~10%，声能占比为 0.01%~0.05%，颗粒飞溅动能占比为 2%~5%。

　　研究各种能量的生成机理，探索破碎方式对各种能量产生的影响机制，是提高破碎能效的关键。通过人工智能定量化研究能量消耗，确定物料微观特性、破碎方式对能量耗散的影响规律，可以丰富物料破碎理论，为节能、环保、破碎过程智能化提供理论指导。

9.1.1　高速动态实验平台

　　高速动态实验平台（见图 9-2）是破碎能耗在线智能测定的硬件基础，该平台以落锤试验机为核心模块，并搭载各类能量测定所需的传感器，通过冲击加载的方式对物料进行破碎，将采集到的传感器实时数据传入计算机进行处理与分析，实现破碎过程中能耗的在线测定。

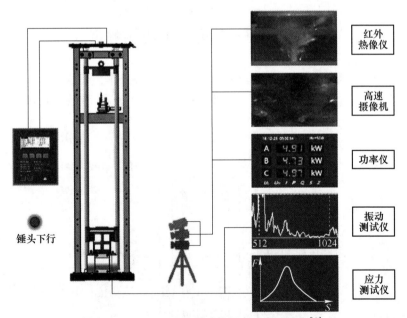

图 9-2　PAN-E2E-VIT 型矿物解离冲击试验机[1]

　　高速动态实验平台通过改变落锤高度来改变破碎输入能，同时以更换锤头类型来改变接触方式。其中，红外热像仪进行耗散热能的测定，高速摄像机进行物料颗粒飞溅动能测定，声压传感器进行声能测定。

9.1.2 耗散热能在线智能化测定方法

破碎过程中物料的耗散热能主要通过两种方法进行测定：间接法与直接法。其中，间接法是根据能量守恒定律进行计算：

$$Q_{hs} = E_s - E_d - E_v - E_m - E_e \tag{9-1}$$

式中　E_s——破碎总输入能；

E_e——物料新增表面能；

E_d——颗粒飞溅动能；

E_v——声能；

E_m——机械能损失。

该方法的优点在于测定精确度较高，然而物料的新增表面能 E_e 测定需要先计算物料的新增表面积，再乘以物料的比表面能，公式如下：

$$E_e = S_e \times e_\sigma \tag{9-2}$$

实际破碎过程中物料新增表面积难以通过在线方法测定，所以间接法具有一定的滞后性。表 9-1 给出了石英物料在不同加载速率下通过间接法测得的耗散热能占比。

表 9-1　石英物料耗散热能间接法测定结果[2]

加载速率 /kN · s⁻¹	能量类型/J				耗散热能占比/%
	输入能	动能	表面能	间接热能	
1	113.02	4.48	1.91	106.63	94.35
2	105.07	4.80	1.95	98.32	93.58
3	85.29	6.10	1.86	77.33	90.67
4	100.79	12.10	1.68	87.01	86.33
5	103.82	10.23	1.70	91.89	88.51

耗散热能直接测定法是通过红外热成像技术与计算机视觉技术相结合的在线智能化测定方法。将破碎过程中红外热像仪拍到的图像传入训练好的神经网络进行温升区域的定位与识别，最后通过热能计算模型实时测定耗散热能。

本方法的神经网络选择 Vision Transformer（ViT）。ViT 通过引入自注意力机制，能够有效捕捉图像中的全局依赖关系，在区域分割任务上展示出优异的性能，并能有效处理不同尺度的目标。ViT 的网络结构如图 9-3 所示，其核心组件包括图像块嵌入层、多头自注意力机制及多层感知机。首先，ViT 将输入图像分割成固定大小的多个小块，每个小块都通过一个线性层转换为特征向量，加入可学习分类词符 X_{class}。这些特征向量与位置编码 E_{pos} 相结合，为模型提供关于每个小块在图像中位置的信息。然后，带有位置信息的特征向量被送入 Transformer 编码器。最后，将分类字符取出，使用多层感知机得到分类结果。

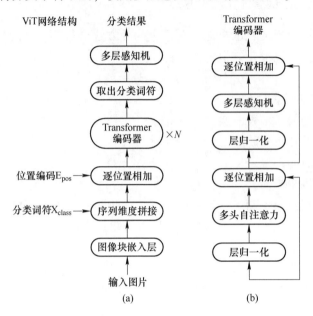

图 9-3　ViT 结构示意图[3]

（a）ViT 网络结构；（b）Transformer 编码器

ViT 通过堆叠 12 层编码器在自注意力层中，展现出了相较于深度 CNN 网络更为优越的特征提取能力。与 CNN 网络通过滤波器进行特征提取的方式不同，ViT 采用了独特的 MSA 层结构，这种结构赋予了模型对图像信息进行全局处理的能力。相较于 CNN 中受到滤波器尺寸限制的卷积操作，MSA 层能够关注到图像各个区域之间的关联性，从而在特征提取过程中更加聚焦于图片中的关键区域，自动忽略无关信息。

在模型训练过程中，首先需要进行多组破碎试验，拍摄试验过程中物料破碎的红外热成像视频，将拍摄好的视频数据进行分帧处理，生成图片序列，挑选温升区域明显的图片进行特征区域标注，制作数据集（见图 9-4），最后喂入 Transformer 编码器模型进行训练，训练完成后将模型文件部署验证。

由于热能的大小随温度的变化而变化，在破碎过程中产生的热能可以看作是随温度变化的函数，公式如下：

$$Q_{hs} = cm\Delta t \tag{9-3}$$

式中　Q_{hs}——破碎过程产生的热能，J；

　　　c——破碎物料的比热容，J/(kg·℃)；

　　　m——破碎物料产热区域的质量，kg；

　　　Δt——变化的温度，℃。

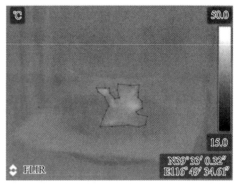

图 9-4 温升区域标注

对于整体的物料破碎过程，共有 n 个颗粒，环境温度为 T_0，破碎过程产生的热能可以由单个质量为 n_i 的颗粒进行求和的方式计算，公式如下：

$$Q_{\text{hs}} = \sum_{i=1}^{n} cm_i\Delta(T_i - T_0) \tag{9-4}$$

实际破碎过程中，破碎产物是块状结构，因此需要考虑材料在深度方向上的温度分布特征。在物料破碎的过程中，由于物料间碰撞摩擦的时间短暂且作用面积很小，因此所产生的摩擦热现象可类比为短激光脉冲对固体的加热作用。进一步将激光应用于固体试件的加热过程，可视为模拟物料在瞬时碰撞摩擦中所产生的热量变化。为研究准脆性物料的瞬态热传导特性，依据其第三类边界条件，对物料进行激光加热试验，利用红外热像仪拍摄的红外图片，获取物料表面在 X 和 Y 方向上的温度分布数据，如图 9-5 所示。

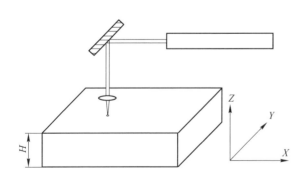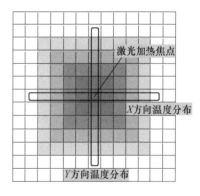

图 9-5 激光加热在 X 和 Y 方向的温度分布

激光加热焦点周围的相对温差拟合得出激光加热焦点周围相对温差随距离变化的表达式，公式如下：

$$y = 0.045x^2 - 0.445x + 1.17 \tag{9-5}$$

　　从图 9-6 中可以看出，相对温差随着到热源距离的变化不是线性的，近似成二次函数关系。在距离热源较近的范围内，随着热源距离的增加，相对温差呈现较大的下降趋势，而随着热源距离的进一步增加，相对温差的变化趋于平缓。在大概 5 个像素点距离的位置，其温度和环境温度的差值仅为最高温度和环境温度差值的 5%，因此可以近似看作该点温度就是环境温度。所以在深度方向上，可以选取 5 个像素点作为计算热能时的温度分布特征，热能的在线测定结果如图 9-7 所示。

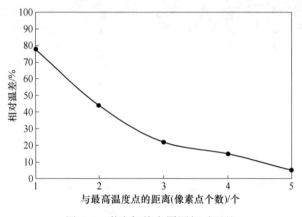

图 9-6　激光加热点周围相对温差

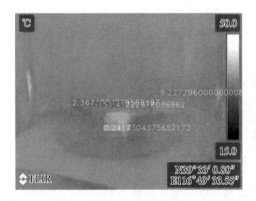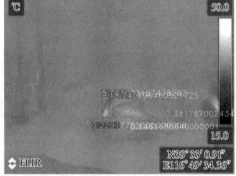

图 9-7　热能在线测定结果示意图

　　根据对比不同加载条件下的耗散热能测定结果（见表 9-2）可知，直接法测定的耗散热能占比最高的为混凝土物料，面接触下的加载方式占比为 31.31%，点接触下的加载方式占比为 10.66%，与间接法测得的耗散热能结果差距较大。主要原因可能是红外热成像技术的局限性，因为在物料破碎瞬间，会有极大的温升变化；然而，由于持续时间短，难以观察，且根据神经网络检测到的温升区域大小也与实际情况存在误差，因此在精确度方面有待进一步研究优化。但是，该方法与间接法测定相比具有在线性与实时性，为破碎领域智能化发展、破碎能量利用率的提高提供了新的技术路线与方法。

表 9-2 通过神经网络识别法耗散热能直接测定结果

试验编号	物料种类	锤头形状	落锤质量/kg	落锤高度/m	输入能/J	热能/J	产热能耗占比/%
1	混凝土	平锤头	30	0.5	114.92	35.98	31.31
2	混凝土	平锤头	30	0.6	154.00	41.72	27.09
3	混凝土	平锤头	30	0.7	194.33	63.92	32.89
4	混凝土	锥锤头	30	0.5	92.60	16.95	18.30
5	混凝土	锥锤头	30	0.6	136.63	24.86	18.20
6	混凝土	锥锤头	30	0.7	172.27	46.63	27.07
7	石英	平锤头	30	0.5	133.26	18.77	14.09
8	石英	平锤头	30	0.6	150.16	23.77	15.83
9	石英	锥锤头	30	0.7	181.96	19.39	10.66

9.1.3 颗粒动能在线测定方法

破碎过程中颗粒的动能测定要求实时准确捕捉飞溅颗粒的运动轨迹，在此基础上结合动能定理，即可实现动能的在线测定。由于该方法涉及高速摄影技术、目标检测与追踪技术，因此主要可分为基于机器学习与深度学习的颗粒检测与追踪两类方法，本节将针对两种方法的实现思路与优缺点分别介绍。

9.1.3.1 颗粒目标检测

基于机器学习的颗粒目标检测方法主要有光流法、背景减除法及帧间差分法。其中，光流法是描述运动物体在图像中像素值变化的一种技术。当物体在图像中移动时，像素的亮度值也会随之改变，这种改变就像水流动一样，被称为光流。利用光流技术可以计算每一帧图像中像素的运动速度和方向，从而得到一个运动场的二维矢量图。但光流法受环境影响因素较大，尤其是在高速摄像机的视频数据中，光线较暗，物体运动对光流的影响不敏感，导致检测过程中对颗粒的边缘检测不理想。

背景减除法是一种用于提取运动目标区域的技术，它的基本思想是基于运动图像建立背景模型。背景图像的像素值由背景模型近似获得，同时在检测每一帧图像时，将每一帧的图像像素值与背景图像的像素值进行差分处理，将差分后的结果进行比较，若某一区域的像素值差值较大，则可将该区域看作为运动区域。背景减除法对颗粒的形状检测较为完整且对光照变化等因素适应能力强，但当颗粒运动速度较快时，会出现丢失飞溅颗粒检测目标的情况。

帧间差分法的基本思想是通过比较连续帧上目标位置的不同，从场景中检测并提取出运动目标。其优点是实现简单、复杂度低、鲁棒性强。又可分为二帧差分法与三帧差分法。其中，三帧差分法也是在高速动态实验平台中飞溅颗粒检测效果最好的机器学习算法。图 9-8 所示为三帧差分法实现流程图。

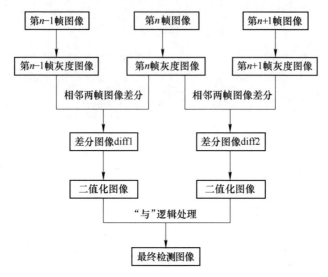

图 9-8　三帧差分法实现流程图

三帧差分法首先选取视频图像中连续的三帧目标图像，记为 f_{n-1}、f_n 和 f_{n+1}，对应的像素值分别是 $f_{n-1}(x,y)$、$f_n(x,y)$ 和 $f_{n+1}(x,y)$，之后对它们两两做差，计算相邻两帧图像的差值，公式如下：

$$\begin{cases} D_{(n,n-1)}(x,y) = \left| f_n(x,y) - f_{n-1}(x,y) \right| \\ D_{(n+1,n)}(x,y) = \left| f_{n+1}(x,y) - f_n(x,y) \right| \end{cases} \tag{9-6}$$

再选取合适的阈值，对得到的两个差分图像进行二值化处理，公式如下：

$$\begin{cases} BW_{(n,n-1)}(x,y) = \begin{cases} 1, D_{(n,n-1)}(x,y) > T \\ 0, 其他 \end{cases} \\ BW_{(n,n-1)}(x,y) = \begin{cases} 1, D_{(n+1,n)}(x,y) > T \\ 0, 其他 \end{cases} \end{cases} \tag{9-7}$$

最后将得到的两个二值化处理过后的图像进行"与"逻辑处理，得到最终的检测颗粒图像 $BW(x,y)$，公式如下：

$$BW(x,y) = BW_{(n,n-1)}(x,y) \cap BW_{(n,n-1)}(x,y) \tag{9-8}$$

9.1.3.2　颗粒目标追踪

在实现飞溅颗粒目标检测后，还需要实现目标追踪才可以实时在线捕捉飞溅颗粒的速度。目标检测与目标追踪是两个相对独立的下游任务，机器学习的目标追踪算法主要有基于特征匹配的追踪算法、基于目标轮廓的追踪算法、基于区域匹配的追踪算法、卡尔曼滤波追踪算法。

基于特征匹配的追踪算法主要是对目标的特征进行分析，例如色彩、边缘特征、纹理等。在追踪目标比较复杂的情况下，也可以将多个特征进行结合来分析，以此提高目标追踪的鲁棒性。在选择特征点后，就需要在之后的视频序列中对该特征点进行匹配，从而获得目标颗粒的位置信息。这种算法的优势在于算法简单，且当目标出现遮挡的情况下，能够很好地根据未被遮挡的区域特征进行持续追踪，因此具有很好的鲁棒性。但是，该算法在运动场景复杂的情况下追踪效率较低。

基于目标轮廓的追踪算法是将目标区域用封闭的轮廓进行标记作为特征进行捕捉。一般会在视频的第一帧中将该轮廓进行提取，并在后续帧中进行定位匹配。该算法分为目标匹配和目标模板更新两个步骤，不同于基于特征匹配的追踪算法，它是在二值图的基础上进行边缘轮廓标记，因此计算速度更快。这种算法的优势在于对非刚体的追踪具有很好的鲁棒性，然而该算法不是很适合于复杂的背景环境，且追踪效果受噪声影响较大。

基于区域匹配的追踪算法是先将运动目标与背景区域进行建模，再将运动目标提取并划分区域，对不同区域进行追踪，并建立不同区域之间的联系，从而实现对整个运动目标的追踪。这种算法追踪效果比较稳定，但是当环境复杂时，追踪效果也会变差，精确度随之降低，并且在运动目标被遮挡或者形状发生改变的情况下，往往会失去追踪目标。

卡尔曼滤波追踪算法是一种具有预测功能的滤波器，它的预测过程是针对前一时刻的状态进行最优估计，得到预测后的当前状态，通过方程计算得到该状态的先验概率分布函数。在此基础上对观测值的检测修正先验概率分布函数，从而得出当前时间的后验概率分布密度函数，是破碎产物飞溅颗粒追踪推荐选择的算法，实现流程图如图9-9所示。

图9-10所示为高速动态实验平台破碎过程中飞溅颗粒追踪效果，在机器学习的颗粒检测与追踪算法中可以较好地追踪到大于6 mm的煤炭颗粒，对于细颗粒的追踪效果较差。表9-3

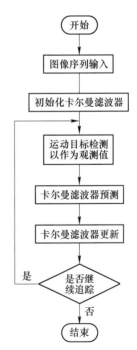

图9-9　卡尔曼滤波器追踪
实现流程图

为该方法煤炭物料颗粒的动能测定结果，在高速动态实验平台中动能占比为破碎总输入能的 3%~5%。

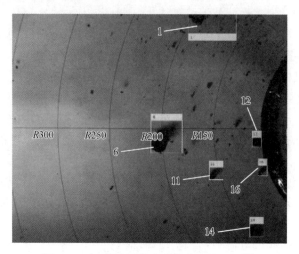

图 9-10　机器学习算法颗粒追踪效果图[4]

表 9-3　基于机器学习的煤炭物料颗粒动能测试结果

输入能/J	不同颗粒动能/J				动能占比/%
	>30 mm	20~30 mm	6~20 mm	总动能	
60.698	1.869	0.056	0.046	1.972	3.25
57.227	2.551	0.071	0.146	2.769	4.83
57.152	1.906	0	0.029	1.935	3.39

9.1.3.3　飞溅颗粒轨迹二维转换为三维

在深度学习的颗粒动能测定方法中，改变的主要为飞溅颗粒目标检测阶段的算法，与传统机器学习算法相比，深度学习方法检测结果更精确，同时机器学习算法对飞溅颗粒的检测通常局限于二维平面，其较低的精确度限制了三维空间飞溅颗粒运动轨迹重建的可行性。但是，深度学习对于飞溅颗粒目标检测需要更大的数据集作为模型训练样本，以下将以 YOLOv5 模型为例概述三维空间飞溅颗粒运动轨迹重建与动能计算方法。

实现飞溅颗粒的三维运动轨迹捕捉需要使用双目高速摄像机，或者将两个相同的摄像机进行协同标定以实现相同的效果。

标定完成后通过最小二乘法求取空间三维坐标，以左摄像机为基准设立世界坐标系，则右摄像机相对于世界坐标系的旋转和平移矩阵。若已知物点在左右视图下的像素坐标，可通过式（9-9）与式（9-10）计算空间点的三维坐标。

$$Z_{C1}\begin{bmatrix} u_1 \\ v_1 \\ 1 \end{bmatrix} = M_1\begin{bmatrix} X_C^1 \\ X_C^1 \\ X_C^1 \\ 1 \end{bmatrix} = M_1\begin{bmatrix} R_1 & T_1 \end{bmatrix}\begin{bmatrix} X_w \\ Y_w \\ Z_w \\ 1 \end{bmatrix} = \begin{bmatrix} m_{11}^1 & m_{12}^1 & m_{13}^1 & m_{14}^1 \\ m_{21}^1 & m_{22}^1 & m_{23}^1 & m_{24}^1 \\ m_{31}^1 & m_{32}^1 & m_{33}^1 & m_{34}^1 \end{bmatrix}\begin{bmatrix} X_w \\ Y_w \\ Z_w \\ 1 \end{bmatrix}$$

$$(9\text{-}9)$$

$$Z_{C2}\begin{bmatrix} u_2 \\ v_2 \\ 1 \end{bmatrix} = M_2\begin{bmatrix} X_C^2 \\ X_C^2 \\ X_C^2 \\ 1 \end{bmatrix} = M_2\begin{bmatrix} R_2 & T_2 \end{bmatrix}\begin{bmatrix} X_w \\ Y_w \\ Z_w \\ 1 \end{bmatrix} = \begin{bmatrix} m_{11}^2 & m_{12}^2 & m_{13}^2 & m_{14}^2 \\ m_{21}^2 & m_{22}^2 & m_{23}^2 & m_{24}^2 \\ m_{31}^2 & m_{32}^2 & m_{33}^2 & m_{34}^2 \end{bmatrix}\begin{bmatrix} X_w \\ Y_w \\ Z_w \\ 1 \end{bmatrix}$$

$$(9\text{-}10)$$

式中 $[u_1 \quad v_1 \quad 1]^T$——物点在左图像中的像素坐标；

$\qquad [u_2 \quad v_2 \quad 1]^T$——物点在右图像中的像素坐标。

通过联立式 (9-9)、式 (9-10) 可得四个线性方程，公式如下：

$$\begin{cases} (u_1 m_{31}^1 - m_{11}^1)X_w + (u_1 m_{32}^1 - m_{12}^1)Y_w + (u_1 m_{33}^1 - m_{13}^1)Z_w = m_{14}^1 - u_1 m_{34}^1 \\ (v_1 m_{31}^1 - m_{21}^1)X_w + (v_1 m_{32}^1 - m_{22}^1)Y_w + (v_1 m_{33}^1 - m_{23}^1)Z_w = m_{24}^1 - v_1 m_{34}^1 \\ (u_2 m_{31}^2 - m_{11}^2)X_w + (u_2 m_{32}^2 - m_{12}^2)Y_w + (u_2 m_{33}^2 - m_{13}^2)Z_w = m_{14}^2 - u_2 m_{34}^2 \\ (v_2 m_{31}^2 - m_{21}^2)X_w + (v_2 m_{32}^2 - m_{22}^1)Y_w + (u_2 m_{33}^2 - m_{13}^2)Z_w = m_{24}^2 - v_2 m_{34}^2 \end{cases}$$

$$(9\text{-}11)$$

将式 (9-11) 化为矩阵形式为：

$$AP = b \tag{9-12}$$

其中

$$A = \begin{bmatrix} u_1 m_{31}^1 - m_{11}^1 & u_1 m_{32}^1 - m_{12}^1 & u_1 m_{33}^1 - m_{13}^1 \\ v_1 m_{31}^1 - m_{21}^1 & v_1 m_{32}^1 - m_{22}^1 & v_1 m_{33}^1 - m_{23}^1 \\ u_2 m_{31}^2 - m_{11}^2 & u_2 m_{32}^2 - m_{12}^2 & u_2 m_{33}^2 - m_{13}^2 \\ v_2 m_{31}^2 - m_{21}^2 & v_2 m_{32}^2 - m_{22}^1 & u_2 m_{33}^2 - m_{13}^2 \end{bmatrix} \tag{9-13}$$

$$P = \begin{bmatrix} X_w & Y_w & Z_w \end{bmatrix}^T \tag{9-14}$$

$$b = \begin{bmatrix} m_{14}^1 - u_1 m_{34}^1 \\ m_{24}^1 - v_1 m_{34}^1 \\ m_{14}^2 - u_2 m_{34}^2 \\ m_{24}^2 - v_2 m_{34}^2 \end{bmatrix} \tag{9-15}$$

通过四个线性方程式求解三个未知量，该方程必有解。因此，可以对式 (9-14) 用最小二乘法求取其中的未知量 X_w、Y_w、Z_w，即点 P 在世界坐标系中的坐标值。

$$P = (A^{T}A)^{-1}A^{T}b \tag{9-16}$$

YOLOv5 是一种多任务深度学习模型，可以完成包括图像分类、目标检测、图像分割三类下游任务，图 9-11 所示为其网络结构。

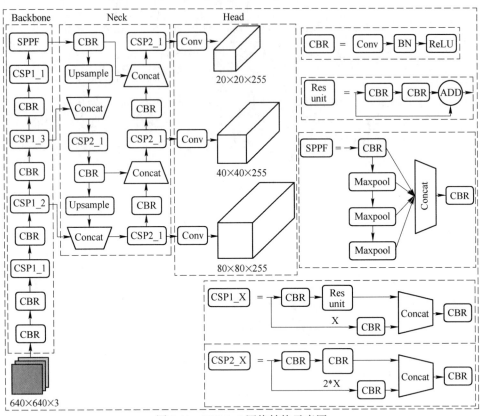

图 9-11　YOLOv5 网络结构示意图

YOLOv5 的骨干网络包含 Focus、CSP 和 SPP 三种结构。Focus 结构通过"切片"操作，将图像在进入 YOLOv5 的骨干网络之前分成四部分，该结构可以有效地减少参数量，提升网络的检测速度，同时保留了输入特征图中的重要信息，有助于提高模型的特征提取能力。

CSP（cross stage partial）结构是 YOLOv5 中的一个重要组成部分，用于构建骨干网络（backbone）。CSP 结构主要通过对网络结构进行巧妙的设计以减少网络参数和推理过程的计算量。其核心思想在于将输入的特征图依通道拆分为两部分，一部分利用卷积块对特征进行提取，另一部分将特征图通过跨阶段分层（cross-stage hierarchy）结构处理，最后将两部分特征进行融合。这种设计有效地减少了梯度信息的冗余传播，降低了计算量，提升了网络的训练效率。

SPP（spatial pyramid pooling）为空间金字塔池化。在池化操作中通过控制不同的填充和步长，保证了特征图的一致性，有利于后续的特征融合和处理。该模块不仅扩大了特征的接受范围，而且通过对图像中上下文信息的分离，实现目标检测算法性能和准确性的提高。

颗粒追踪方法采用前文介绍的基于区域匹配的目标追踪算法，图 9-12 所示为煤颗粒三维轨迹重建结果，图 9-13 为深度学习方法煤飞溅颗粒追踪结果，与机器学习的检测结果相比，对细粒级的追踪效果更好。

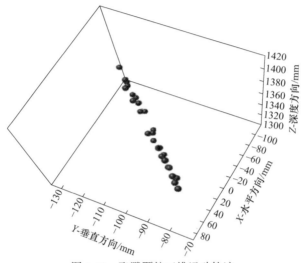

图 9-12　飞溅颗粒三维运动轨迹

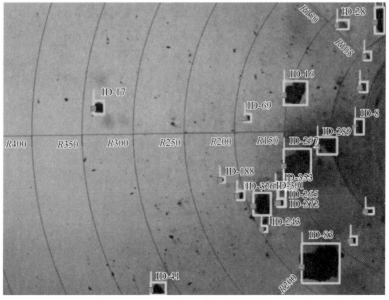

图 9-13　飞溅颗粒追踪结果

9.2　分级破碎智能诊断

分级破碎生产系统智能化的基石是分级设备的智能化，未来的生产将在现有自动化基础上，由信息管理系统（CPS）将物料信息、生产设备、自动化控制、人员管理系统紧密地结合在一起，检测设备与生产设备、生产设备与管理系统都将实现数字互联和信息交流，从而将生产系统转变成一个自运行智能环境，甚至与远在千里之外的产品最终用户形成更大的智能物联网。

例如，炼钢厂因焦炭灰分超标而通过物联网直接控制选煤厂分级破碎机出料粒度的调整。破碎设备应用的智能化首先是标准化、模块化、数字化，并在此基础上实现信息化和智能化。在这样的环境下，破碎设备同样需要实现从机械化到信息化再到智能化的发展。

生产系统的智能化、定制化运行同样要求每一台设备都具有高度定制化的特点，根据用户的实际需求自由切换和调整技术参数，以高效满足物联网情境下的技术需求。同时，要求设备具有智能故障诊断和故障自愈等功能。

当下的矿物加工工程领域，一个产量为3000万吨/年的大型选煤厂，其相应的传送带速度可达7 m/s，料层厚度可达500 mm。随着选煤厂处理量的提升，破碎设备受上述大流量、高带速、厚料层等工况的影响，伴随入料成分的复杂性和不可预估性，难以避免地有铁器、木材等有害杂物进入破碎腔，严重影响设备使用寿命，甚至引起重大安全事故。同时，在高强度、大处理量的连续破碎作业下，对破碎齿的疲劳强度、破碎机的使用寿命也是巨大考验。本节将针对分级破碎机典型故障，以及智能化故障诊断进行介绍。

9.2.1　分级破碎的故障类型

分级破碎机常见的典型故障有如下几种：齿帽脱落，破碎齿过磨损，转子不对中，破碎齿辊弯曲变形，轴承失效，破碎机固定机架松动等。

通常破碎齿的形式有齿板式与齿帽式，其中，齿帽式的破碎齿在安装时是多个齿帽前后相连以环形进行安装。在冲击载荷下，各齿帽间的连接件会受力不均，在高强度、大处理量作业下循环往复，往往会造成齿帽间连接件的松动。当连接件失效时，齿帽会随物料一起脱落，对后续设备产生严重的伤害。

破碎齿是破碎机的核心部件，是破碎机能否严格保证出料粒度的关键。由于破碎齿直接与物料接触并发生作用，因此该部件极易磨损并发生故障。尤其有铁器等杂物时，破碎齿齿尖会受到严重冲击，不仅会造成破碎齿表面的磨损、点蚀，严重时还会造成破碎齿的断裂。为减缓破碎齿表面的磨损，延长其寿命，除提高破碎齿表面的耐磨性、强度以外，还应对入料中杂物及时排除。如图 9-14为分级破碎机进铁器后断裂的破碎齿。

(a)　　　　　　　　　　　　　(b)

图 9-14　由于进铁器造成的破碎齿断裂[5]

（a）齿板上的破碎齿断裂；（b）齿帽断裂脱落

　　破碎辊是与电机间接相连的重要旋转部件，除了为破碎齿传递机械能以外，还承受着物料的冲击，为防止破碎辊发生弯曲变形，设计时往往都会留有富裕的刚度。然而，当有大块铁器进入破碎腔时，由于铁器在破碎辊间的连续跳跃，难免会为破碎辊的强度、刚度稳定性带来隐患，严重时可能造成破碎辊的弯曲变形，继而引起相邻破碎齿间的刮擦，影响设备的正常运行。

　　轴承是旋转设备的关键部件之一。物料被破碎时，由受力分析可知，物料会对破碎辊产生相应的反力，作为轴端支撑部件，该力会对两端轴承形成弯矩，并引起轴承的局部受力不均衡。如果有铁器等难以破碎的物料进入时，受力不均衡严重时会引起轴承失效，常见的轴承失效形式有疲劳点蚀、塑性变形、磨损与胶合等。

　　设备基础的固定是安全运行的保障，设备的振动往往是引起基础松动的主要原因。对于分级破碎机而言，尽管正常运行状态下，其振动并不会过于剧烈明显，但当有铁器进入时，其跳跃产生的交替载荷会加剧设备振动。振动的加剧会引起连接螺栓与设备之间的摩擦力瞬时减小或消失，长时间造成连接失效、基础松动。

　　破碎机正常运行时，当入料量处于合理入料量范围内时，设备很少会发生入料堵塞。当有铁器等杂物混入时，会降低破碎机的破碎效率，加大破碎机的处理负荷，严重时可能会造成入料堵塞的发生。

　　转子不对中是指两旋转部件连接时有较大的中心偏差，该偏差过大时会造成旋转轴的剧烈振动、轴承的失效等故障。在分级破碎机中，不对中主要是指电机输出与破碎辊输入之间旋转部件的不对中，常见的转子不对中形式有平行不对中、角度不对中和组合不对中。

9.2.2 分级破碎机的故障诊断方法

在矿物加工作业中，为尽可能避免有害物料进入破碎设备，常采用以下三种方法：设置人工捡杂、捡矸环节；使用永磁式除铁器进行除铁；使用金属探测仪结合除铁器进行除铁。其中，人工拣选方法可以有效去除物料表面的铁器、木材等杂物，但是对物料层中的杂物很难有效清除，并且存在效率低、工人安全、健康无法保障等问题；传统永磁式除铁器和结合金属探测仪的除铁系统可以有效剔除体型较小的金属物，但是大块金属物仍需要停机，然后由人工捡除，且无法去除木材这类特型杂物；再加之选煤厂处理量的提高，仅通过提前除杂的方法，很难完全排除原煤运输过程中的杂物。因此，在依然会有有害物料进入破碎设备的情况下，对破碎机工作状况进行实时监控，预测设备发生故障的概率，诊断设备异常状态，成为保证破碎机使用年限、提高破碎作业安全指数的重要手段。

9.2.2.1 传统诊断方法

在选煤过程中，破碎设备声音、振动的异常往往预示着设备故障的发生。破碎机故障的传统诊断方法主要以人工经验为主，但该方法通常有很大的滞后性与不稳定性。其滞后性表现在：通常破碎设备有明显异常声响的时候已经有严重的设备故障发生，且破碎作业工况恶劣，环境噪声大，即使经验丰富的设备工程师也难以察觉影响破碎设备健康的异常情况。其不稳定性表现在：人工很难 24 h 监控破碎设备的异常振动与声响，且难以对破碎机的健康状况进行评估，无法预测和防备破碎机什么时候会产生严重故障，一旦失察发生重大安全事故，将造成难以估量的损失。

9.2.2.2 基于深度学习的声压-振动信号诊断方法

随着人工智能技术与深度学习模型的发展与完善，由 AI 代替传统人工已经逐渐应用部署到各个工程领域。在破碎机故障诊断方面，利用深度学习、声音信号、振动信号对破碎机进行智能化故障诊断已经具备一定的可实施性与应用。

基于深度学习的声压-振动信号诊断方法总体思路是：在原有破碎设备上安装数据采集设备（传感器、数据采集仪等），采集破碎机工作时的声压与振动信号，再通过信号处理技术，结合物料的破碎特性，分析对比破碎机正常工作与有害杂物进入时的信号特征，同时形成一个信号数据集，利用深度学习框架，搭建并训练一个分类模型，最终将信号采集、处理、模型预测判断三个部分作为代码核心，生成一个破碎机状态检测与故障诊断系统。

该诊断方法是一种结合了物料破碎技术、人工智能技术、信号处理技术、计算机技术的新方法。与传统的人工诊断方法相比，该方法具有实时反馈、工作效率高等特点，并且应用到实际生产工作之后，能节省大量人工成本，同时其对破碎设备的实时监控还有一定的预警作用，保障破碎作业安全，减少事故发生。

A 破碎试验装置

方法可行性与合理性的验证以单颗粒入料试验为主，即破碎过程中每次只放入一个物料颗粒，待整个破碎过程结束，再进行下一个破碎作业。其中的试验样本如图 9-15 所示，选择煤块（太西煤）、木材（松木块）和铁器（Q235B 碳钢焊接空心桶）分别作为正常物料、干扰物料和有害物料，研究不同物料进入破碎机时运行状态信号的差异。

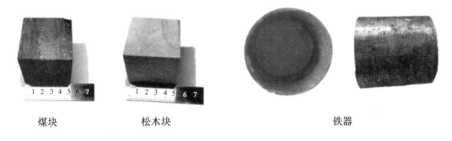

煤块　　　　　松木块　　　　　　　　铁器

图 9-15　破碎试验样本图[6]

为采集破碎设备在不同入料过程中的运行状态信号，实验平台是基于 ZKB-Ⅱ型剪切式破碎机构建的破碎机运行状态监测与故障诊断监测系统。其中，试验系统的布置示意图如图 9-16 所示。

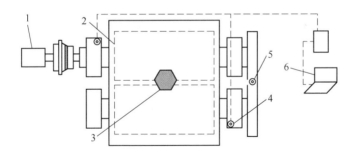

图 9-16　试验系统布置示意图

1—电机；2—破碎齿辊；3—物料；4—振动传感器；5—声压传感器；6—数据采集仪与工作站

该试验系统由破碎系统、信号采集系统及信号处理系统组成。破碎系统为ZKB-Ⅱ型破碎机，其电机电流频率为 30 Hz、转速为 65 r/min，入料尺寸为300 mm×200 mm×3 mm，产物粒度为 20 mm×20 mm。为最大限度地避免噪声源（如电机、联轴器等）的干扰，声压传感器被安装于两破碎辊的轴向中心线处，两个振动传感器被安装在破碎机两端的轴承座上，相关信号采集系统工作参数见表 9-4 所示。

表 9-4 信号采集系统技术参数

仪 器	灵敏度	采样频率/Hz
声压传感器	29.5 mV/Pa	20~15000
振动传感器	10 mV/g	0.2~10000
信号采集仪	—	最高 51200

在经过信号采集仪简单处理后，数据被传输至工作站中，在此处原始信号会经过去噪、变换等处理，制成训练样本，并输入已经搭建完成的深度学习模型中进行分类训练。

B 傅里叶变换

在破碎过程中，通过安装在破碎机上的传感器采集到的声压、振动信号为时序信号。但在信号的异常点或异常波段时常在幅频特性图上进行处理与分析，因为特别是复杂无规则信号，在时域上无法表现出来的某些特征在幅频特性图中会十分明显。

傅里叶变换（Fourier transform，FT）是将时域信号转换为频域信号最基本的方法之一，其原理就是通过连续积分的方式将整段非平稳时域信号在每一时刻对应的普通正弦波整合，得到最终的频域图，如图 9-17 所示。

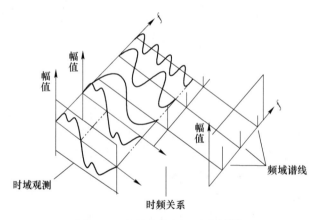

图 9-17 频域变换原理示意图[7]

$$f(\omega) = F[f(t)] = \int_{-\infty}^{\infty} f(t) e^{-i\omega t} dt \qquad (9-17)$$

式中 $f(t)$——非平稳的对象信号波；

ω——频率；

t——时间；

$e^{-i\omega t}$——复变项。

然而，在破碎机工作状态检测过程中，直接对采集到的声压或振动信号进行傅里叶变换会由于噪声带来较大误差，因为煤块、松木块破碎过程中每一次声能的释放是一个瞬时过程，而破碎机运转的声能则伴随破碎过程始终。为了尽可能避免破碎机本身的噪声，可以将空载的声压信号作为前导噪声段，再求出其声压的平均值作为噪声参照。在分析实际破碎过程中的声压信号时，将采集到的信号减去空载信号的平均值达到降噪效果，图 9-18 为单颗粒煤破碎过程中降噪前后的声压信号对比，将采集到的声压信号用谱减法降噪后，信噪比明显提升，入料前设备空载的噪声信号与破碎时设备本身产生的噪声明显减少，同时整段信号能量短时集中，幅值局部突出的特点没有受到谱减法的影响。

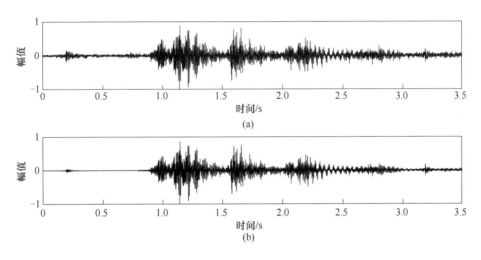

图 9-18　降噪效果图

（a）原声音波形；（b）谱减后波形

将一个单颗粒破碎过程中采集到的空载、煤块、松木块、焊接碳钢筒的声压信号分别经过谱减法后再做傅里叶变换最终输出，如图 9-19 所示。

图 9-19 中，三种物料的功率谱曲线在低频段（0~1000 Hz）内功率幅值均比较突出，说明三种信号在该频段内均有丰富的频谱成分，且破碎煤块的音频信号频谱能量要明显高于铁器和松木块；同时，各信号的主要频段为 300~400 Hz 之间。在中频段（1000~3000 Hz）内，煤块和松木块功率谱幅值均平坦分布，而铁器的功率谱幅值波动明显且高于煤块和松木块，在 2000~2500 Hz 之间有两个明显的波峰。在高频段（3000 Hz 以上），煤块、松木块频谱幅值都不明显，且分布都较为平缓，但是铁器仍在一定声压幅值范围内呈波浪形涌动。

通过以上幅频特性图分析，三种不同物料信号在低、中、高频段均有明显差异，可以提取低频段 360 Hz 的幅值、中频段内波峰对应的频率值、高频段幅值的标准差，作为不同物料破碎时声压信号的 3 个特征值来区分煤块与有害杂物。

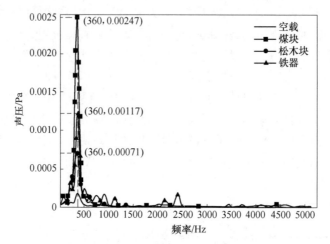

图 9-19 傅里叶变换输出图

C 傅里叶变换改进——短时傅里叶变换

在破碎机故障诊断中，虽然傅里叶变换已经可以一定程度完成信号处理的任务，但对非平稳信号的傅里叶变换只能将信号的不同频率特征展示出来，并不能表现其中各个频率的成分信号分别出现的时间点。然而，在实际问题中更好的办法应该是从时域、频域、幅值三个维度综合考虑，实时监控破碎机的异常工作状态，此时可以在傅里叶变换的基础上进行进一步改进，利用短时傅里叶变换来处理，分析不同物料的信号。

短时傅里叶变换并不像傅里叶变换一样是将一整段信号进行变换，而是通过引入窗函数的方式对整段信号进行分段变换，将每一段变换后的信号进行旋转映射，再以时间为基准拼接到一起。其数学表达式如下：

$$f(t,\omega) = F[s(\tau)] = \int_{-\infty}^{\infty} s(\tau) \dot{w}(\tau - t) e^{-i\omega\tau} d\tau \qquad (9\text{-}18)$$

式中 $s(\tau)$——非平稳的研究对象信号波；

$\quad\quad \omega$——频率；

$\quad\quad t$——时间；

$\dot{w}(\tau-t)$——窗函数的共轭函数。

常用的窗函数包括矩形窗、汉宁窗和汉明窗。矩形窗在数学意义上等价于不加窗，采用的是直接截取信号段的方法，这种方法可能会导致产生频谱泄漏，在时频分析中一般不选择矩形窗，而选用汉宁窗或汉明窗，数学表达式分别如下：

$$w(t) = \begin{cases} 0.5\left[1 - \cos\left(\dfrac{2\pi t}{L-1}\right)\right] & 0 \leqslant t \leqslant L-1 \\ 0 & \text{其他} \end{cases} \qquad (9\text{-}19)$$

$$w(t) = \begin{cases} 0.5 - 0.46\cos\left(\dfrac{2\pi t}{L-1}\right) & 0 \leqslant t \leqslant L-1 \\ 0 & 其他 \end{cases} \quad (9\text{-}20)$$

汉明窗与汉宁窗相比, 旁瓣的加权系数更小, 适合分析频率、时间、幅值三者的综合关系, 更适用于破碎机入料识别与故障诊断领域, 而汉宁窗则更适合于分析频率与时间二者的关系。

采用汉明窗的加窗方式, 将一个单颗粒破碎过程采集到煤块、松木块材、铁器的声压信号进行短时傅里叶变换, 并以频谱分析视图的方式输出, 如图 9-20 所示。

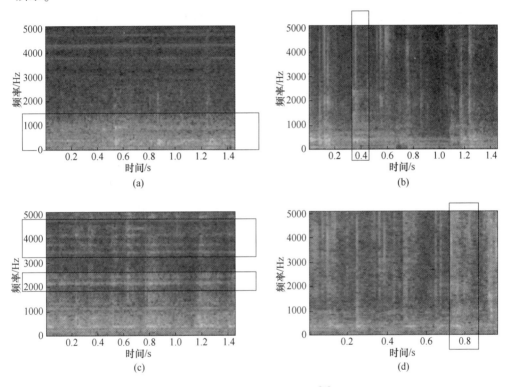

图 9-20 汉明窗频谱分析图[8]

(a) 空载; (b) 煤块; (c) 铁器; (d) 松木块

图 9-20 中, 颜色深浅代表声压 (Pa), 越亮则声压越强。煤块、松木块、铁器在 0~5000 Hz 内均有声压分布, 与之前傅里叶变换的频域范围一致, 但来自不同样本组, 通过观察图 9-20 (b) 中煤块的声压信号, 以 0.4 s 附近为例, 其图形特征为白色竖线, 即说明能量在 0~5000 Hz 全频域范围内均有声压分布, 但是在 300 Hz 附近白色明亮区域最为明显, 即能量最集中, 中高频段 (1000~5000 Hz) 亮度浅且粗细较均匀, 即声压幅值小但分布均匀。这也与上一节中通

过傅里叶变换得到的结果基本一致。同样通过观察图 9-20（c）中铁器的信号特征可以看出，在 300~700 Hz 的低频段是能量分布最集中的区域，而在中频段的 2000 Hz、2500 Hz 左右能量分布集中，恰好对应了上一节傅里叶变换图中铁器在中频段的两个波峰；在高频域（3500~5000 Hz）内较明亮区域呈间断分布，且间隔均匀，又验证了上一节傅里叶变换中铁器在高频段内声压呈小范围波浪形涌动的信号特征。

除此以外，因为增加了时间维度，通过比较图 9-20（b）与（c）在时间基准上的图像特征可以明显看出，图 9-20（b）在水平方向以白色竖直线间断分布，间隔较大，而图 9-20（c）呈水平白色粗条纹线间断分布。结合物料破碎特性，因为煤块与铁器相比，它属于脆性物料，其更易发生断裂，同时煤块被齿啮入破碎腔的过程非常流畅，且被破碎后可由出料端直接排出，瞬时声压更加集中，声压释放过程为十位数毫秒级；而铁器在破碎过程中无法完全被破碎齿啮入破碎腔内，而是会在齿辊间连续跳动与齿辊发生近似持续性的碰撞。所以在时间域上几乎没有间断，在水平方向可连成一条直线。松木块则是作为较强的干扰项，无论是水平方向的图像特征，还是竖直方向的图像特征均介于煤块和铁器之间，与煤块相比，其竖直线远比煤块密集，而与铁器相比，水平方向并没有连成一条直线。所以不同物料经过短时傅里叶变换之后的频谱分析视图本身就有明显的图像特征与理论依据，不用特意提取特征值就可以作为判断破碎机入料异常的标准。

D　小波变换[9]

由于短时傅里叶变换的局部性受到窗函数的限制，一旦窗函数的大小确定就无法自动调整窗口来适应信号的变化。由此，法国科学家 Morlet 提出了小波变换。小波变换在时频域的不同位置具有不同的分辨率，可以根据信号的变换自适应窗口的大小。小波变换的公式如下：

$$W_{\psi}(s,\tau) = \frac{1}{\sqrt{s}} \int_{-\infty}^{\infty} x(t)\psi^* \left(\frac{t-\tau}{s}\right) \mathrm{d}t \tag{9-21}$$

式中　　s——尺度参数；

　　　　τ——时间或平移参数；

$\psi^*(\cdot)$——$\psi(\cdot)$ 的共轭复数，$\psi(\cdot)$ 表示尺度为 s、位置偏移为 τ 的小波函数。

尽管小波变换解决了短时傅里叶变换窗口固定的问题，使得窗口有了自适应性，因为小波变换相当于用一个形状和放大倍数相同的"放大镜"在时-频域平面上移动去观察某固定长度时间内的频率特性，导致高频信号分辨率高则频率分辨率差，低频信号频率分辨率高则时间分辨率差，而短时傅里叶变换在全局分辨率（频率分辨率与时间分辨率）上效果更好。在实际工程应用时，应多方面考虑，选择合适的方法。

E 端对端

在上述讨论的几种信号处理手段中，人工提取的信号特征往往依靠专业知识，限制了提取特征的稳定性、灵活性和泛化能力。因此，研究者们开始尝试从原始信号中直接获取分类特征，而无需使用任何信号处理技术。

研究者们对信号的处理重点从特征发掘转变为增加样本量。为获取原始信号中的分类特征，一般将采集到的时序信号按照一定的样本量进行分割。原始的信号将被以相同数据点数分割成若干段，组成用于深度学习训练的时序信号样本，通过对切割好的原始信号片段进行分类学习，从而完成分类识别的任务，具体方法如图 9-21 所示。

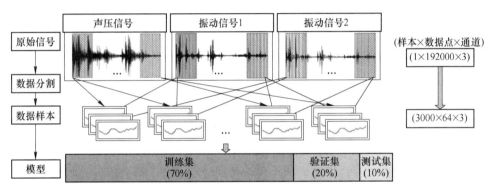

图 9-21 端对端诊断方法

F 不同深度学习模型的效果

前文提到，破碎机入料信号的分类与识别最终离不开深度学习模型的构建。深度学习通过学习样本数据中的内在规律分析数据特点，使机器能够成功识别这些数据。

作为深度学习中常用的网络，卷积神经网络（CNN）是一种前馈神经网络（见图 9-22），利用卷积计算代替一般神经网络的矩阵乘法运算以获得更多的输入信息。其网络结构除输入层和输出层外，隐含层一般包括多层组合的卷积层、池化层和全连接层。

卷积层通过卷积核对输入信息网格，采用步进遍历的方式进行求卷积运算，并输出相对应包含信息特征的卷积网格，卷积核是一定维度的方阵构成的权值组合。池化层的设置是为了降低采样量，通过减少输入的采样点来降低运算量，同时提取输入数据的更深层次特征。全连接层是用来将最后一层池化结果的特征信息展平成一个一维矩阵，便于进行分类预测。

循环神经网络（RNN）是一种节点定向连接成环的人工神经网络，这种网络的内部状态可以展示动态时序行为。不同于 CNN，在 RNN 中，每层神经元的信

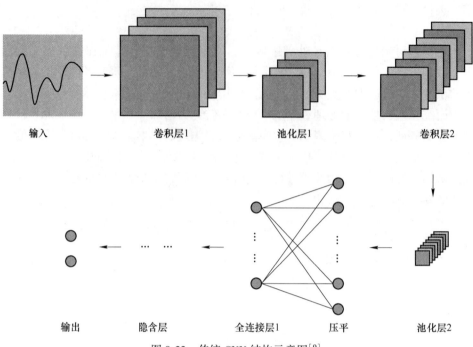

图 9-22 传统 CNN 结构示意图[9]

号只能向上一层传播，样本的处理在各个时刻独立，因此又被称为前向神经网络（feed-forward neural networks）。而在 RNN 中，神经元的输出可以在下一个时间段直接作用到自身，即第 i 层神经元在 m 时刻的输入，除了 $i-1$ 层神经元在该时刻的输出外，还包括其自身在 $m-1$ 时刻的输出，如图 9-23 所示。

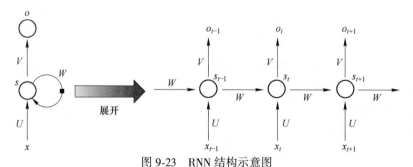

图 9-23 RNN 结构示意图

针对破碎机工作状态实时监控与故障诊断的问题，需要考虑到破碎作业工作环境、任务复杂度与计算成本等问题，选择不同的神经网络模型，而且最重要的是选择不同方法和不同模型，最终在异常物料分类识别的精确度上各有不同。

在非端对端的方法中，采用短时傅里叶变换生成的频谱分析视图，在 LeNet-5、ResNet-18 及 CNN-LSTM 三个模型中做了对照实验，比较了模型的分类性能在破碎机入料识别故障诊断问题中的表现。其中，LeNet-5 模型结构与超参数设置见表 9-5 和表 9-6。

表 9-5 LeNet-5 模型结构

层级	核尺寸	节点数	输入	输出	填充	激活函数
卷积层 C1	5×5	6	32×32×3	32×32×6	2	ReLU
池化层 S2	2×2	—	32×32×6	16×16×6	0	—
卷积层 C3	5×5	16	16×16×6	16×16×16	0	ReLU
池化层 S4	2×2	—	16×16×16	8×8×16	0	—
全连接层 F5	1×1	1	8×8×16	1×256	0	ReLU
输出层		2	1×256	1×2		Softmax

表 9-6 LeNet-5 超参数设置

层级	输入	激活函数	填充	步长	随机失活
卷积层	32×32	ReLU	1	1	
池化层	—	—	—	2	0.2
全连接层	—	Softmax	—		

其中，卷积层可使用 tensorflow 框架中 conv2D 卷积模型，随机失活参数通过可使既定比例的神经元失活来防止过拟合现象。ResNet-18 模型结构与超参数设置见表 9-7 和表 9-8。

表 9-7 ResNet-18 模型结构

层级	核尺寸	节点数	输入	输出	填充	步长
卷积层 C1	7×7	64	224×224×3	12×12×64	3	2
池化层 S2	3×3	—	112×112×64	56×56×64	1	2
残差块 B3	3×3	64	56×56×64	56×56×64	1	1
残差块 B4	3×3	64	56×56×64	56×56×64	1	1
残差块 B5	3×3	128	56×56×64	28×28×128	1	2
残差块 B6	3×3	128	28×28×28	28×28×128	1	1
残差块 B7	3×3	256	28×28×28	14×14×256	1	2
残差块 B8	3×3	256	14×14×256	14×14×256	1	1
残差块 B9	3×3	512	14×14×256	7×7×512	1	2
残差块 B10	3×3	512	7×7×512	7×7×512	1	1
池化层 S11	7×7	—	7×7×512	1×1×512	1	1
全连接层 F	1×1	1	1×1×512	1×512	0	1
输出层	—	2	1×512	1×2	—	—

表 9-8　ResNet-18 超参数设置

层级	输入	激活函数	填充	步长
卷积层	224×224	ReLU	0	1 或 2
池化层	—	—	—	2
全连接层	—	Softmax	—	—

　　针对破碎机入料识别自主定义的一种八层结构的多尺度 CNN-LSTM 神经网络模型，将卷积神经网络与循环神经网络结合。通过卷积层和池化层多次提取信号中的特征信息后通过 Dense 层改变维度后送入长短时记忆网络层，通过其对一维数据的高效记忆与学习能力，使得识别模型在一定训练轮次之后具有更高的特征值与标签值的对应及预测能力。其模型结构与超参数设置见表 9-9 和表 9-10。

表 9-9　CNN-LSTM 模型结构

层级	核尺寸	节点数	输入	输出	填充	激活函数
卷积层 C1	3×3	6	64×64×3	64×64×6	1	ReLU
卷积层 C2	3×3	6	64×64×6	64×64×6	1	ReLU
池化层 S3	2×2	—	64×64×6	32×32×6	0	—
卷积层 C4	3×3	12	32×32×6	32×32×12	1	ReLU
卷积层 C5	3×3	12	32×32×12	32×32×12	1	ReLU
池化层 S6	2×2	—	32×32×12	16×16×12	0	—
全连接层	—	1	16×16×12	256×12	0	ReLU
LSTM7	—	128	256×12	128×12	—	Tahn
LSTM8	—	128	128×12	1×128	—	Tahn
全连接层 F	—	2	1×128	1×2	—	Softmax

表 9-10　CNN-LSTM 超参数设置

层级	输入	激活函数	填充	步长
卷积层	64×64	ReLU	0	1
池化层	—	—	—	2
全连接层	—	Softmax	—	—
LSTM 层	—	Tahn	—	—

训练与测试结果图以可视化曲线的形式展示出来，通过相关评价参数，反映故障诊断模型的优劣，如图 9-24 所示。

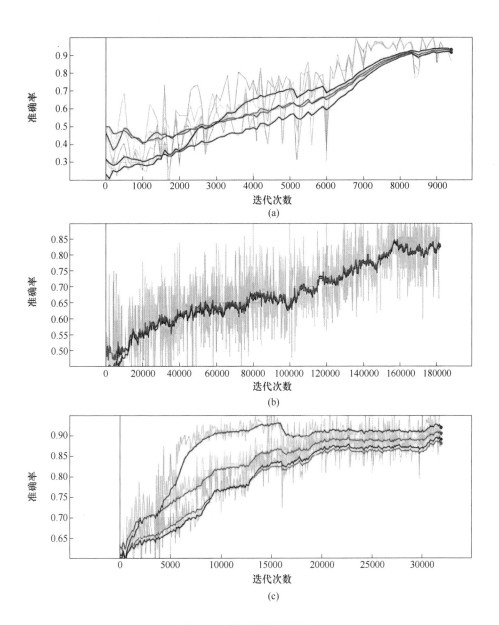

图 9-24　模型训练过程图

（a）LeNet-5；（b）ResNet-18；（c）LSTM-CNN

从图 9-24 中可以明显看出，对于采用信号处理的方法（非端对端），选择不同的神经网络效果完全不同。LeNet-5 由于层级较少，其收敛速度也是三种网络中最快的；ResNet-18 拥有更多更复杂的网络层级结构，但其准确率却不及 LeNet-5，这可能是因为研究中训练模型的数据量相对于十八层的深度残差网络的提取能力过少导致的，所以拥有层级跳跃结构的 ResNet-18 仍然未能避免产生过拟合现象造成了正确率的下降；自定义的多尺度 CNN-LSTM-8 是其中最复杂的一个模型，虽然其独特的结构融合了卷积神经网络和长短时记忆网络的优点避免了过拟合现象，但计算成本也大大提高，同时其正确率总体趋势仅仅与 LeNet-5 相当，煤块、铁器识别精度最高达到了 92%，所以选择神经网络模型时并不是越复杂的模型越好，在经过短时傅里叶变换转化成频谱分析视图后，其不同物料特征图差异明显的情况，反而是比较简单的 LeNet-5 效果最好，精确度高，计算成本低。

针对原始信号端对端时序信号分类的方法中，同样尝试了不同的模型。由于端对端的方法不需要对传感器采集到的原始信号进行变换，只需进行分割，降低了工作量与计算成本，因此可以同时加入两个通道的振动信号，通过通道声压-振动信号综合对破碎机异常工作状态进行实时检测，选择了 FCN 和 ResNet-18 模型进行比较，如图 9-25 所示。

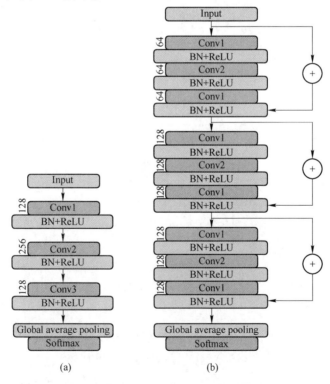

图 9-25　FCN（a）和 ResNet18（b）的模型结构

针对原始信号端对端时序信号分类，通过将原始信号的192000个三通道数据点分割为64个三通道数据点一组的1000组样本数据，得到的结果见表9-11。

表 9-11　破碎机入料的时序信号分类

方法	网络	训练准确率/%	验证准确率/%
端对端	FCN-3	84.41	83.04
	ResNet-18	99.21	90.29
	FCN-4	91.98	90.85

由表9-11可知，针对端对端数据的分类，FCN-3网络存在欠拟合，即数据特征未被完全提取学习；ResNet-18模型存在过拟合现象，即训练准确率和验证准确率相差较大；FCN-4网络更适合端对端时序信号分类，可以达到91.98%的准确率。由此可见，在端对端的方式下，结构最简单的FCN-3模型并不能起到特别好的效果，复杂一点的模型反而效果更好。这可能是因为端对端的方法中数据之间内在的物理联系比较混沌，不像基于信号处理的方法，可以直观地得出不同物料信号的不同点在什么地方，为什么在这个地方，所以就要采用更复杂的模型，去提取更多的隐藏信息来判断有杂物混入的信号特征。由此可见，端对端的方式下，选择不同模型，依然会有不同表现，而且选择模型的标准与考量也与基于信号处理方法的考量完全不同。

无论是基于信号处理的方法，还是端对端的方法，这一系列实验证明在破碎机状态检测与故障诊断问题中，基于深度学习的声压-振动信号诊断方法有良好的可行性与可靠性。

9.2.2.3　智能化故障诊断工业应用

为进一步验证基于深度学习的声压-振动信号诊断方法的可行性与合理性，以现场应用的分级破碎机为例，设备入料由上层车间经由皮带、入料口、溜槽，最后滑入下层车间的破碎机进行破碎。传感器安装在与试验设备相应的位置，工业试验现场如图9-26所示，设备仪器布置如图9-27所示。

选择前文中效果较好的集中深度学习诊断方法，将采集到的工业试验数据输入上述模型中检测分类效果，具体结果见表9-12。由此表可知，本节涉及的试验方法投入工业应用时，对铁器的识别准确率都在95%以上，而且破碎机入料的端对端的时序信号分类方法由于简单、便捷且分类性能优良，比图像分类识别方法更加优秀，对铁器的识别准确率可达99.10%，如图9-28所示。

图 9-26　工业试验现场布置图[10]

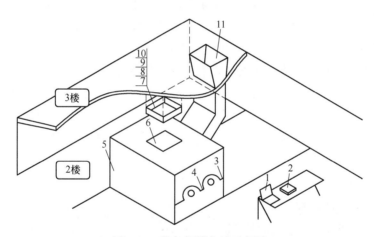

图 9-27　设备仪器布置示意图

1—计算机；2—数据采集仪；3—1 号振动传感器；4—2 号振动传感器；5—破碎机；
6—物料观察孔；7—红外摄像机；8—普通摄像机；9—声音传感器；10—LED 投光灯；11—入料口

表 9-12　各模型检测分类效果

方　法	网　络	对铁器的识别准确率/%
FFT	LeNet-5	95.82
STFT	LeNet-5	96.18
CWT	LeNet-5	96.83
端对端	FCN-4	99.10

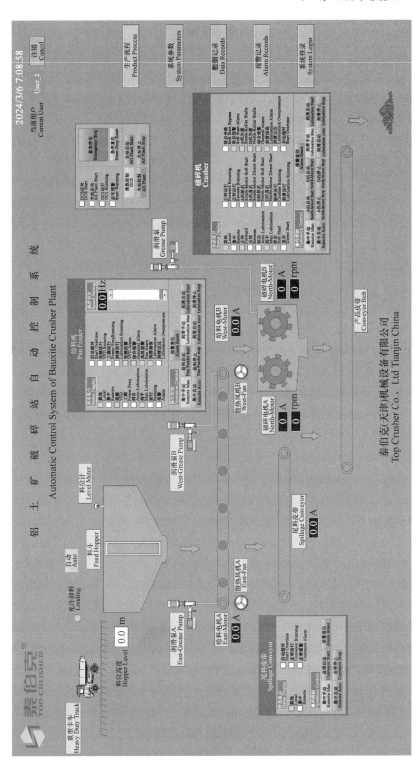

图 9-28 基于机器学习的分级破碎故障诊断工业应用示意图

参 考 文 献

[1] 李泽魁. 基于频谱分析的破碎机故障诊断研究 [D]. 北京：中国矿业大学（北京），2019.

[2] 郭庆. 脆性矿物破碎过程能量演化规律研究 [D]. 北京：中国矿业大学（北京），2021.

[3] 陈照威. 基于红外成像和 Transformer 的破碎过程中耗散热能实时量化研究 [D]. 北京：中国矿业大学（北京），2024.

[4] 何焕妃. 基于计算机视觉的破碎颗粒三维运动轨迹重建与动能计算 [D]. 北京：中国矿业大学（北京），2024.

[5] BI Y K, PAN Y T, YU C, et al. An end-to-end harmful object identification method for sizer crusher based on time series classification and deep learning [J]. Engineering Applications of Artificial Intelligence, 2023, 120105883.

[6] 闫一帅. 基于音频信号分析的破碎机故障识别技术研究 [D]. 北京：中国矿业大学（北京），2020.

[7] 庞雷. 基于神经网络的分级破碎机在线监测模型研究 [D]. 北京：中国矿业大学（北京），2022.

[8] 陈曦. 基于信号分析和卷积神经网络的破碎机故障识别系统研究 [D]. 北京：中国矿业大学（北京），2021.

[9] 梅浩. 基于机器视觉的破碎飞溅颗粒的识别追踪与动能计算 [D]. 北京：中国矿业大学（北京），2023.

[10] PAN Y T, BI Y K. The feeding materials identification of crusher based on deep learning for operating status monitoring and fault diagnosis [C]. Queensland, Australia. XXth International Coal Preparation Congress, 2023.

10　分级破碎工程

经过多年的发展，分级破碎取得了广泛应用，并以其独特的技术优势不断拓展适用边界。本章分级破碎工程涉及分级破碎适用范围、常用破碎流程、选型计算、参数确定、比较优势、工业应用典型案例、常见问题解析等。

10.1　分级破碎适用范围

分级破碎脱胎于齿辊破碎，但在许多方面有了很大变化与提高，使得其适用范围在齿辊破碎设备的基础上进一步拓展。随着工业领域对分级破碎认知的深入，其适用边界还在不断扩大的过程之中。

10.1.1　开路破碎

分级破碎严格保证产品粒度和筛分、破碎双功能的特点使得更多物料的破碎流程可以采用开路破碎，这可以说是分级破碎的典型技术优势之一，也是对传统破碎流程的提高与优化。开路破碎既可以是采用分级破碎单台设备实现筛分、破碎双功能，也可以采用分级破碎+筛分。同传统闭路破碎相比，采用开路破碎可以简化工艺流程，减少物料预处理系统设备数量。

10.1.2　高成块率需求

如果希望产品成块率最大化，实现窄粒级最优区间的产品破碎，分级破碎一定是首选破碎技术与装备。因为过粉碎低是分级破碎另一个典型的技术优势，与其他类型破碎设备相比，分级破碎可以大幅度提高破碎产品成块率。实际工业生产中，煤炭、石灰石、焦炭、电石等，很多物料都有这方面的技术需求，有时是为了直接提高产品的价值，有时是为了提高抛尾效率和效果，有时则是为了降低因物料过粉碎高造成的加工难度、成本、能耗增加或设备磨损加剧、粉尘排放超标等。

10.1.3　破碎强度需求

由于机械结构强度低和输入扭矩小等原因，传统的齿辊破碎设备破碎强度一般在 120 MPa 甚至 80 MPa 以下，只能应用于煤炭、焦炭等中等硬度以下的脆性物料。分级破碎设备由于采用了高强度和大扭矩设计，可以对高硬度以下物料达到很好的破碎效果。一般破碎强度，粗、中、细碎可达 300 MPa、160 MPa、120 MPa左右，这样就极大提高了该类破碎机的使用范围。

10.1.4 物料种类要求

分级破碎机适用于煤矿、金属、非金属矿山、水泥、陶瓷、建材等多个领域，适合处理的矿石和物料包括露天矿表层岩石，煤炭、焦炭、黏土、石灰石、铝土矿、花岗岩、铜矿、金矿、镍矿、铁矿、石膏、滑石、硅灰石、高岭土、油砂、橡胶等。以国际某知名分级破碎机品牌为例，其已投用的 3000 多台设备中，煤炭所占比例约50%、金属矿山约12%、花岗岩和石灰石约14%、非金属矿约9%、石料工业约6%、化工原料约4%，应用物料种类 80 余种。随着分级破碎被更多行业所了解和认可，其应用范围会继续增大。

10.1.5 黏湿物料

对黏湿物料适应性强、不堵塞，是分级破碎的另一显著技术优势。黏湿物料对于绝大部分破碎设备都是一个难题，无论是冲击式原理的锤式、反击式，还是面接触原理的颚式、圆锥、旋回等，黏湿物料都会造成破碎腔堵塞，轻者需要不断清理、影响生产效率，严重的直接堵塞不能正常运行。传统的齿辊破碎设备面对黏湿物料也没有太好的使用效果，所以分级破碎在处理黏湿物料的破碎作业中会越来越多地得到应用。

10.1.6 参数范围要求

分级破碎目前应用入料粒度一般可达 1500 mm 或更大，出料粒度最小可达 3~6 mm，单机最大处理能力粗、中、细碎分别可达 12000 t/h、3000 t/h、500 t/h 左右。

分级破碎的出料粒度下限有个分界点，一个是筛分破碎一体作业的粒度，另一个是细颗粒破碎粒度。一般的准脆性矿物在 80~100 mm 或更大时，由于出料粒度大，破碎腔内物料填充系数小，适度颗粒基本具备单颗粒通过的条件，可以实现实际意义上的分级破碎。当产品粒度在 80~100 mm 及以下时，破碎腔内物料填充系数大，物料颗粒夹杂破碎程度会急剧增加，此时采用分级破碎一体化作业，就会大幅提高过粉碎率，降低设备处理能力，该分级破碎过程主要起到的是破碎作用，没有了筛分分级的功能。其破碎过程也会因分级破碎的结构形式具有破碎强度高、处理能力大、严格保证产品粒度等特点，依然将其归为分级破碎设备适用的参数范围。当然，分界粒度是与实际处理能力、物料特性、物料粒度组成等强相关的一个参数，要根据实际情况具体确定。

10.2 分级破碎流程

由于分级破碎特殊的技术特点，尤其是强行破碎、保证粒度，可以实现开路破碎，对传统的破碎流程产生了很大影响。经过多年的发展，围绕分级破碎设备的工艺流程有了新的变化和特点。针对不同破碎对象和破碎目的有着不同的破碎流程，流程的确定主要受破碎段数、单段破碎比分配、检查筛分、生产规模适配等因素影响。

10.2.1 影响流程的主要因素

破碎设备、破碎流程都服务于破碎系统设计目的。破碎系统设计目的多样，主要包括：资源充分利用、流程优化、设备及基建投资的高性价比、生产运行简单高效、降低系统能耗、环境友好、便于智能化管理等。采用分级破碎流程设计的主要目的是：简化流程、降低厂房高度和系统建设费用；提高产品成块率、产品价值或抛尾效率；提高破碎系统处理能力，并对黏湿物料适应能力强等。

10.2.1.1 破碎比分配

破碎系统的基本目标就是把大粒度物料破碎成小粒度，破碎比是破碎程度的直接指标。破碎比分配包含了总破碎比和每一级破碎比的确定与组合。

总破碎比由破碎系统的技术要求确定。矿山露天爆破开采或大型煤矿放顶煤开采，原矿粒度为 1~1.5 m，井工开采采用全机械化，则其原矿粒度一般为 300~600 mm。煤炭从井下开采出来到满足选煤厂洗选加工，产品粒度达到 50 mm 左右，总破碎比为 6~30。选矿厂如果按照 20 mm 作为破碎产品粒度，若要满足后续磨机入料粒度要求，则其总破碎比为 15~75。

一般破碎设备单级合理破碎比基本都是 2~5，这样为完成总破碎比，一般需要 1~4 段破碎。分级破碎设备单段合理破碎比在 2~6 范围内，如何合理准确地确定每一段的破碎比，需要根据实际情况而定。下面介绍单段破碎比的确定主要考虑因素和遵循原则。

A 成块率

当破碎目的是提高产品成块率，降低过粉碎的场合，应尽量减小单段破碎比到 2~3，且配合检查筛分，尽早将合格粒度产品排出，可以最大限度地达到破碎目的；反之，对于产品粒度成块率没有特殊要求，甚至是加大破碎的程度，以实现"多碎少磨"的选矿流程，可以考虑破碎比选 3~5。

B 物料强度

物料的抗压强度、韧性、磨蚀性越高，破碎齿越不容易将其高效咬入破碎，此时，破碎齿的磨损也会加剧。为了达到理想的物料咬入效率，降低不必要的磨损，物料强度和单段破碎比成反比，单段破碎比 2~6。对于成块率没有特殊要求的煤炭、焦炭等中硬以下脆性物料，单段破碎比可取 4~6；对于高硬度、高磨蚀性和高韧性的物料，单段破碎比可取 2~4。

C　生产规模

对于小型破碎系统，宜采用尽量简化流程，在合理破碎比范围内取大值。比如，对于 300 t/h 以下的煤炭破碎系统，因为这种小规模的煤矿一般都采用全工作面综采，破碎机入料粒度一般在 300 mm 以下，产品粒度 50 mm，此时就可以考虑单段破碎比为 6，一次破碎就可以满足选煤厂粒度要求。

对于大型矿山，由于其采矿能力大，包含露天开采或放顶煤的大粒度物料，而且要求单机处理能力大，对破碎齿辊的一次性破碎效率要求高，此时就要采用更为完善、高效的多段破碎，单段破碎比为 3~5 就比较合理。

D　入料粒度组成

由于破碎机处理的是颗粒群，不是单一颗粒，因此实际的破碎比由物料组成颗粒的加权平均粒度决定。粒度组成不同，实际的加权后粒度差别很大，真实破碎比也就完全不同。

例如，同样是 300 mm 入料、50 mm 出料，名义破碎比为 6。如果给料是 50~300 mm 块状物料和 0~300 mm 的全粒级物料对比，实际破碎比就会有很大差别。因为后者物料中 50~300 mm 可能只有不足 30%，其余都是小于 50 mm 的细颗粒物料。

露天矿和井工矿开采出的原矿，假设粒度上限均为 1 m，但实际粒度组成也会差别很大，图 10-1 为露天矿和井工矿粒度特性对比。露天矿原矿由于是通过爆破开采，不但大粒级物料占比大，而且粒形也会以类正方体形状居多。井工矿由于放顶煤开采或者顶板、底板、侧帮等也会产生 1 m 左右大粒度产品，但都以

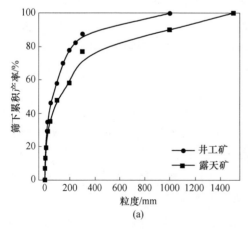

(a)　　　　　　　　　　　　　　　(b)

图 10-1　露天矿和井工矿的粒度特性对比

(a) 粒度组成对比；(b) 露天矿物料呈近立方形粒形

片状、条状颗粒居多，且大块物料占整体比例与露天矿相比也要小很多，这就使得露天矿的破碎过程破碎比就要变化，以 2~4 范围合理，而井工矿可以选 4~6。

10.2.1.2　破碎段数

破碎段数与破碎比息息相关，简单计算是总破碎比除以各级破碎比。破碎段数与每级破碎比成反比。每级破碎比的选取要根据不同的生产规模，针对不同物料强度和粒度组成特点，在综合考虑成块率、磨损、能耗等多方面因素情况下确定。常见破碎段数有单段、两段、三段、四段等。破碎段数越多系统复杂程度越高，但换来的是细化技术与经济指标更好，综合效果最好。

10.2.1.3　检查筛分

由于分级破碎具有保证出料粒度的特点，因此采用分级破碎的流程一般不需要闭路来保证产品粒度，而采用开路破碎。配备预先或检查筛分，一般是为了除去物料中的杂物，确保最终产品成块率最大化，或者提高系统产能等。通过增加筛分，可以将已经合格的中间产物及时排出，避免在破碎系统中夹杂破碎、增大过粉碎率、降低系统产能、产生不必要的能耗和磨损。

10.2.2　分级破碎常用流程

常见的分级破碎流程可总结为六类，如图 10-2 所示。

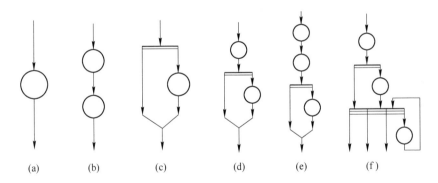

图 10-2　常见分级破碎流程

(a) 一段开路；(b) 二段开路；(c) 预先筛分+一段开路；(d) 二段开路+一级检查筛分；
(e) 三段开路+一级检查筛分；(f) 二段开路+一段闭路破碎+二级检查筛分

10.2.2.1　一段分级破碎流程

在煤、黑色金属、砂矿及有色金属等洗选厂，当采用处理粒度比较大的重力选矿方法时，原矿通过一次分级破碎即可满足洗选设备要求，此时可优先采用一段分级破碎。

以选煤厂为例，采用一段分级破碎适用以下两种情况：（1）矿井生产规模一般大于 5 Mt/a，井下采用综采+放顶煤开采工艺，入选煤厂的原煤粒度最大可达 1 m，如果选煤厂采用浅槽、动筛跳汰、立/斜轮分选机、超大直径旋流器、智能干选等，允许入选粒度在 120~300 mm，此时破碎比在合理的 4~6 范围内，且由于破碎出料粒度大，分级效果明显，非常适合一段分级破碎流程。（2）采用一般规格旋流器、跳汰、风力分选等洗选方法，要求洗选粒度在 50~100 mm，而矿井规模 3 Mt/a 以下，采用综采工艺，采出粒度 300 mm 左右，此时破碎比在 3~6，也可采用一段分级破碎流程。

另外，一段分级破碎流程还可用于矿山、矿石码头等需要将原矿初步加工后外运、外销等初级加工场合。

10.2.2.2　二段分级破碎流程

二段分级破碎流程适用于井工开采的大型煤矿或小型中、高硬度金属矿山，或者露天开采的煤矿。二段总破碎比为 10~20，此流程目的就是解决物料中粒度上限对系统或后续设备的制约与影响。

井工开采大型煤矿的第一段分级破碎设在井下转载点，第二段在选煤厂原煤准备车间，通过两段分级破碎，满足选煤厂洗选粒度要求。

井工开采小型中、高硬度金属矿山，将中等粒度物料通过两级破碎，破碎至 20~25 mm，满足后续磨矿粒度需要。

露天煤矿通过两段破碎，每段破碎比为 2~4，将 1 m 左右大块煤破碎到 100 mm 左右，满足电厂细碎或磨碎需要。如果要破碎到 50 mm，则还需要增加一段破碎，即通过三段分级破碎才能将煤破碎到 50 mm。

10.2.2.3　预先筛分+一段开路分级破碎

预先筛分有利于去除大粒度杂物。通过预筛分将物料中的大粒度杂物与小粒度分开，大粒度物料在慢速手选皮带上，通过人工手选或近些年发展起来的机械手拣选，可以高效去除物料中的大块异物，确保后面洗选过程的流畅性与稳定性。这种流程适合于原矿中杂物多、需要提前去除的工况。应用这种流程的前提条件是生产系统的产能不能太大；否则，为满足处理能力需要，无论是大幅增加手选带速度，还是增加手选带数量，都不可行。

预先筛分还有利于合格小粒度提前高效排出，只有大块物料进入破碎机，提高最终产品成块率和系统产能。这种流程一般是在分级破碎粒度较小或原料中细颗粒占比很大情况下使用。比如，选煤过程如果洗选粒度小于 50 mm，或粒度稍大，或物料黏湿，或者入料原煤中细颗粒比例很大，分级破碎设备的分级效果不明显时，都可以考虑采用先筛分再单段分级破碎的流程。

10.2.2.4　二段开路分级破碎+一级检查筛分

二段开路分级破碎+一级检查筛分流程充分利用分级破碎，保证粒度和检查筛分快速排出合格粒度的技术优势，以最简短流程实现最大程度的破碎比，提高破碎产品成块率。检查筛分可以将一段破碎物料中已经合格的粒度及时排出，既提高了二段分级破碎设备的通过能力，也有利于减少夹杂破碎，提高成块率。此时的检查筛分一般是针对中等粒度，分级破碎处于有效分级的下限，大概在 50~100 mm 范围内。

10.2.2.5 三段开路分级破碎+一级检查筛分

三段开路分级破碎+一级检查筛分流程，是在上述二段破碎+一段筛分基础上增加了一段开路分级破碎，与上述流程相比，可以满足较大总破碎比，或者相同总破碎比情况下降低每段破碎比，有利于让分级破碎设备处于更优的咬料排料工作条件，提高最终产品成块率、降低齿部磨损和破碎能耗。这种流程适合于中硬以下物料的露天煤矿破碎至 50 mm，或者井工开采中硬矿物破碎至 20~25 mm。对于中、高硬矿石露天矿开采原矿，如果采用分级破碎将其破碎至 20~25 mm，要综合考虑厂型规模、单机处理能力、设备磨损等因素；大型规模厂宜采用四段开路分级破碎，具体配置什么样的检查筛分，根据实际情况灵活决定。

10.2.2.6 二段开路分级破碎+一段闭路分级破碎+二级检查筛分

二段开路分级破碎+一段闭路分级破碎+二级检查筛分流程，使用分级破碎、开闭路、检查筛分的综合破碎流程，目的是充分发挥分级破碎在小破碎比工况下成块率最高的特点，采用多段破碎+小破碎比+检查筛分，实现对最终产品最大程度的成块率。

上述各种破碎流程特征比较见表 10-1。

表 10-1 分级破碎特征比较

分级破碎流程	适用厂型规模	露天开采的原矿最大粒度 800~1200 mm（近正方形粒形）				井工开采的原矿最大粒度 300~800 mm 左右（条、片状粒形）				破碎流程主要目标
		煤炭等中硬以下脆性物料		中硬以上脆性物料		煤炭等中硬以下脆性物料		中硬以上脆性物料		
		总破碎比	破碎产物粒度	总破碎比	破碎产物粒度	总破碎比	破碎产物粒度	总破碎比	破碎产物粒度	
一段破碎	大型	3~6	200~300	3~4	300~400	4~6	150~300	2~4	200~300	简化流程
	中、小型	3~6	200~300	3~4	300~400	4~6	50~100	2~4	80~150	简化流程
二段破碎	大型	10~12	100~120			10~20	50~100	6~10	80~120	简化流程
	中、小型							6~12	20~25	简化流程
预先筛分+一段开路分级破碎	大型	3~6	50~80	3~4	50~80	4~6	50~80	2~4	50~80	提高处理能力
	中、小型	3~6	50~80	3~4	50~80	4~6	50~80	2~4	50~80	高效除杂
二段开路+一级检查筛分	大、中、小型	9~12	50~80	6~10	80~100	9~12	50~80	6~10	80~100	提高最终产品成块率

续表 10-1

分级破碎流程	适用厂型规模	露天开采的原矿最大粒度 800~1200 mm（近正方形粒形）				井工开采的原矿最大粒度 300~800 mm 左右（条、片状粒形）				破碎流程主要目标
		煤炭等中硬以下脆性物料		中硬以上脆性物料		煤炭等中硬以下脆性物料		中硬以上脆性物料		
		总破碎比	破碎产物粒度	总破碎比	破碎产物粒度	总破碎比	破碎产物粒度	总破碎比	破碎产物粒度	
三段开路+一级检查筛分	大、中型	20~50	25~50	8~30	25~100	30~70	20~50	8~20	40~60	提高最终产品成块率、减少齿部磨损
二段开路+一段闭路破碎+二级检查筛分	大型			8~20	80~100					最大程度提高成块率，最小单段破碎比
四段开路破碎+若干检查筛分	大型			40~50	20~25					实现最大破碎比

10.3 分级破碎典型应用案例

10.3.1 矿山井口的大块控制

10.3.1.1 案例背景

山西朔州柴沟煤矿位于大同煤田鹅毛口精查勘探区，采出煤岩除包含煤炭以外，还包括灰色泥岩、砂岩、砂质泥、褐铁矿岩、炭质泥岩、高岭质泥岩、高岭岩、砂砾岩、中粗粒砂岩、火成岩等岩石，其中尤以火成岩、砾岩、褐铁矿岩、白砂岩最为坚硬和高磨蚀性。

10.3.1.2 案例简介

分级破碎机安装在煤矿井口和选煤厂结合部位，把井下运上来的超大块破碎到满足选煤厂粒度使用要求，被破碎大块物料属于高强度岩石，分级破碎机充分发挥分级+破碎的双重作用的典型应用，该案例自 2007 年 9 月 1 日持续运行至今已持续运转 17 年，累计过料量亿吨以上。2024 年核定产能 800 万吨，煤炭回收率约为 40%，其余 60% 都是煤矸石等各类岩石，最高抗压强度为 219 MPa。

煤矿采用斜井运输，井下采煤方法为综合机械化放顶煤开采，采出煤岩经刮板输送机外运。刮板输送机配有通过式锤式破碎机，煤岩从刮板输送机转载至斜井皮带运出井下到达煤矿井口，全部进入分级破碎机，再经皮带输送机运到选煤厂，通过重介浅槽分选机进行煤岩分选，如图10-3所示。

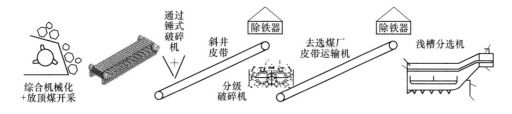

图10-3 柴沟煤矿煤岩粒度控制流程示意图

该案例既是分级破碎简化破碎流程优势的体现，也是分级破碎设备可以高可靠运行、适用于高强度物料、开路破碎的充分例证，更是国产大型分级破碎机在大处理能力、高破碎强度、高磨蚀性、高可靠运转方面的标志性项目。

该项目也是笔者和君正矿业合作历经17年，经过持续不断地技术探索、理论分析、试验研究、新材料研制、工业试验等大量工作后，取得的标志性技术成果。

10.3.1.3 技术比选

重介浅槽分选机的入料粒度最大为300 mm，2007年投产后由于采出的煤岩硬度高、磨蚀性强，井下通过式锤式破碎设备大概每一个月就要报废一套，而且由于岩石硬度高，通过式破碎不能保证出口粒度控制在300 mm以下，最大甚至到800~900 mm，而且大块基本都是各类硬岩石。由于粒度远超过选煤系统的承受能力，只要原煤进入选煤厂，就会出现堵塞、砸坏振动筛板等问题，洗选系统无法运行。

由于煤矿总体设计没有考虑中间的破碎环节，按照煤矿相关设计规范300 mm以上物料是不允许升井的，而300 mm理论上浅槽分选机是可以处理的。

实际情况是重介浅槽的合适处理粒度应该是200 mm以下，再加上升井的大量大粒度物料，必须增加破碎环节。由于系统中没有预设破碎空间，只能在煤矿井口斜井皮带和去选煤厂皮带之间转载位置挤进去一台设备。

厂房允许的低高度空间，土建结构预设不足，2000 t/h的大处理能力，800~900 mm大粒度，火成岩、白砂岩等高硬度物料，这些问题集中用一台设备解决，非常困难，物料强度测试结果见表10-2。颚式破碎机能满足破碎强度和入料粒度，但不满足处理能力、高度和土建要求。旋回破碎机能满足破碎强度、入料粒度、处理能力，但其自身高度超过10 m，自重上百吨，这和现场一两米的允许高度及土建条件比，几乎没有可能，此种情况使用高强度分级破碎机似乎是唯一选择。

表 10-2　柴沟煤矿煤中火成岩强度测试试验结果

试　件			力学参数				物理参数				备　注
			抗压强度/MPa		抗拉强度/MPa		视密度/g·cm⁻³		普氏硬度		
岩性	编号	取样深度/m	单值	平均值	单值	平均值	单值	平均值	单值	平均值	
火成岩	1—1—1		166.8				2.792		17.0		
	1—1—2		161.0				2.806		16.4		
	1—1—3		177.1	168.3			2.804	2.801	18.1	17.2	
	1—2—1		180.2				2.826		18.4		
	1—2—2		169.7				2.830		17.3		
	1—2—3		159.1	169.6			2.810	2.822	16.2	17.3	
	1—1—4				5.33						
	1—2—4				5.92						
	1—2—5				5.21	5.49					
	2—1—1		188.6				2.816		19.2		
	2—1—2		226.3				2.886		23.0		
	2—1—3		219.0	204.6			2.820	2.818	22.3	20.9	
	2—2—1		175.1				2.833		17.9		
	2—2—2		185.8				2.855		18.9		
	2—2—3		182.1	181.0			2.855	2.847	18.6	18.5	
	2—1—4				6.02						
	2—1—5				7.79						
	2—2—4				7.62	7.14					

　　确定了破碎设备种类，接下来的关键问题是供货周期和设备厂家选择。当时，比较可靠稳定的只有进口设备，但是价格高，最主要的还是工期需要 8 个月以上，已经投产的煤矿不可能承受等待这么长时间的代价。另一种选择就是国产设备，2~3 个月工期还可接受，价格也只是进口设备的 1/4，但能不能满足这么高的破碎强度、磨蚀性、处理能力，达到这种全天候单系统生产关键设备的高可靠要求。经过多方权衡最终选择了国产的 900 分级破碎机，随后的实践证明，国产设备经受住了严峻的考验。75 天准时交货，于 2007 年 9 月 1 日试车投入使用至今，运行状况良好，唯一需要完善的就是在处理高磨蚀性和大处理能力工况下，破碎齿的磨损寿命有待提高，当然这也是世界范围内破碎设备面临的普遍问题。

10.3.1.4 主要技术参数

柴沟煤矿分级破碎机的主要技术参数见表 10-3。

表 10-3 柴沟煤矿分级破碎机的主要技术参数

项　目	数据	备　注
设备型号	90300	
入料粒度/mm	900	大粒度都是各类岩石
出料粒度/mm	200	
处理能力/t·h⁻¹	3000	60%是矸石、白砂岩火成岩等，最大可达 3600 t/h
破碎强度/MPa	220	见表 10-2
齿形结构	齿环式	
外形尺寸（L×B×H）/mm×mm×mm	6844×3410×1204	
整机质量/kg	31000	

10.3.2 外旋式分级破碎

10.3.2.1 案例背景

神华宝日希勒煤矿位于呼伦贝尔草原中部，露天矿开采，剥采比小于 6 m³/t，核定生产能力为 3500 万吨/年。该矿 1 号、2 号、3 号煤层的煤质属低硫、低磷、中低灰分的优质褐煤，顶板以胶结较好的灰、深灰色泥岩、灰绿色砂砾岩为主，泥岩、粉砂岩为次。

10.3.2.2 案例简介

神华宝日希勒露天煤矿岩、煤均较软，不需爆破。开采工艺为单斗—汽车运输—半移动破碎站初级破碎—厂房内二次破碎。采掘设备主要是 WK10、35 等型号电铲，运输设备是 TR100 和 220T 大型自卸卡车。

该矿破碎流程主要是单斗电铲挖掘机挖煤，给入运输车，运输车将煤运到半移动破碎站，通过分级破碎机内旋将煤破碎至 300 mm 以下，由皮带运输机运送进破碎厂房，进入二级破碎机，二级破碎机采用分级破碎外旋，将煤破碎至 50 mm 以下，产品输送到电厂或外运。神华宝日希勒露天煤矿使用的二级破碎机采用分级破碎外旋的工作方式，是分级破碎外旋的典型应用，两齿辊分别外旋与侧梳齿进行破碎，充分体现了分级破碎内旋、外旋可变原理、外旋保证粒度效果好、单机处理能力大等优势。该分级破碎机齿辊长 4 m，产品粒度为 50 mm，单机处理能力可达 2000 t/h，是目前世界上分级破碎外旋中碎超大处理能力的典型应用，该案例从 2012 年成功应用至今。

10.3.2.3 主要技术参数

神华宝日希勒煤矿 2000 t/h 外旋式分级破碎机的主要技术参数见表 10-4。

表10-4 神华宝日希勒煤矿2000 t/h外旋式分级破碎机的主要技术参数

项目	数据	备 注
设备型号	CR620/08-40	
入料粒度/mm	300	三维尺寸，大块率（单边尺寸300~400 mm）不高于4%
出料粒度/mm	50	实际破碎产品限上率20%~40%
粒度调整/mm	50~80	侧梳齿板进出调节
处理能力/t·h⁻¹	2000	
散密度/t·m⁻³	0.9~1.2	
实际破碎强度/MPa	20	煤抗压强度：5.48~16.8 MPa之间（f_3~f_5），平均值10.18 MPa； 抗剪切强度：平均值0.88 MPa； 煤中泥岩抗压强度1.56~9.60 MPa
齿辊旋向	外旋	齿辊与侧梳板啮合破碎
齿形结构	齿板式	
外形尺寸（$L×B×H$）/mm×mm×mm	8400×3400×1350	
整机质量/kg	52000	

10.3.2.4 设备照片

现场应用设备和安装布置如图10-4和图10-5所示。

(a) (b)

图10-4 神华宝日希勒筛煤矿用2000 t/h外旋式分级破碎机

(a) 外旋式破碎齿辊；(b) 现场应用

10.3.2.5 设备应用特点

A 齿辊外旋单机处理能力上限

由于分级破碎机的齿辊过长（大于4 m），物料沿齿辊的均布会变得困难，而齿辊转速又不能过高，因此露天矿煤炭常规粒度组成工况下，物料的通过能力

(a)

(b)

图 10-5 SR620/08-40 外旋齿辊和齿板
(a) 外旋破碎齿辊；(b) 破碎齿板

在出料粒度为 50 mm 时，如果齿辊内旋一般最大通过能力在 1000 m³/h 左右，对于煤炭处理能力在 1000 t/h 左右。

齿辊外旋与两面侧梳板配合破碎物料，这样一台分级破碎机有两个破碎腔，与内旋只有一个破碎腔相比，提高了相同规格设备的处理能力，同时，虽然齿辊旋向和物料下落方向相反，但由于齿辊中间充裕的通过空间，两齿辊中间通道，同样可以实现小粒度物料的筛分通过，当然通过效率与内旋同向会降低。这样相同规格尺寸的分级破碎机，同样是出料粒度 50 mm，外旋式每个破碎腔依然可以有 1000 m³/h 左右的通过能力，对于散密度约为 1 t/m³ 的煤炭，其处理能力就可以达到 2000 t/h。

B　齿辊外旋有利于保证产品粒度

齿辊外旋破碎过程中，由于是旋转的齿和静止的侧梳板进行配合破碎物料，旋转齿辊的齿前空间起到的作用是夹带物料通过，而侧梳板为平面 "U" 形固定空间，其尺寸有如固定算条筛，起到了很好的粒度把关作用，因此齿辊外旋的粒度不容易超限，有利于严格控制产品粒度。与之相比，齿辊内旋，由于两个齿辊的齿前形成立体的 2 倍于外旋的物料通过空间，容易出现粒度超限的问题。

C　齿辊外旋破碎比的决定因素

从理论上讲，齿辊外旋就像两个单辊破碎机在并行工作，单齿辊和侧壁形成的破碎空间，对物料的啮入角要比内旋小，不利于抓住大块物料，其破碎比应该小于内旋。但本案例中，名义破碎比达到 6，而且是露天煤矿的煤，究其原因，主要是该矿的煤、岩都比较软，最大抗压强度也不足 20 MPa，抗剪切强度平均值为 0.88 MPa，说明该煤种既软又脆，稍一受力就碎，这样其入料粒度组成中细粒级含量也会多，两者综合作用，从该设备数据上看，即便外旋也有很大破碎比。这个结论在其他硬度和韧性较高的物料破碎中没有更多的实践支撑，有待新的应用案例去证实。

D 齿辊长度设计原则

此案例的设备使用过程中，即使已经通过加大给料高度和加长给料溜槽的手段来提高沿齿辊长度分布物料，但由于齿辊过长，同时出料粒度小，破碎齿对物料的横向推动作用也不是太明显，实际使用效果并不是特别理想，基本使用的还是中间 2/3 的长度。为了提高分级破碎机的处理能力，增加长度到一定程度的作用是有限的。

10.3.3 石灰石的高成块率

10.3.3.1 案例背景

石灰石是常见的一种非金属矿产，是用途极为广泛的宝贵资源，我国每年石灰石产量在 30 亿吨左右。石灰石是冶金、建材、化工、轻工、农业等部门的重要工业原料，是钢铁和水泥工业的重要原材料。石灰石作为冶金和化工原料时，一般都要求其有适宜的粒度范围，也就是石灰岩加工时的粒度组成和粒形直接影响其使用效果，这也决定了这种宝贵资源的利用效率和生产单位的直接经济效益。所以，在石灰石破碎过程中，如何保持高成块率，是非常重要的技术经济指标。

石灰石是由碳酸钙组成的沉积岩，主要由碳酸钙（方解石矿物）或碳酸钙镁（白云矿物），或是两种矿物的混合物组成。从组分上可分为：高钙石灰石（$CaCO_3 > 95\%$）、镁石灰石（$CaCO_3$ $80\% \sim 90\%$，$MgCO_3$ $5\% \sim 15\%$）和白云石（$CaCO_3$ $50\% \sim 80\%$，$MgCO_3$ $15\% \sim 45\%$）。石灰石是典型的中等硬度脆性物料，以碳酸盐为主的矿石，其硬度和磨蚀性一般都要低于以硅酸盐矿物为主的火成岩、砂岩等。石灰石的真密度为 $1.9 \sim 2.95$ t/m^3，堆密度一般为 $1.1 \sim 1.6$ t/m^3。石灰石垂直于层理方向的抗压强度一般为 $60 \sim 140$ MPa，平行于层理方向的抗压强度一般为 $70 \sim 120$ MPa，抗拉强度约为抗压强度的 1/12，抗剪强度约为抗压强度的 1/10。

石灰石的普氏硬度系数 $f = 6 \sim 12$，莫氏硬度为 $3 \sim 4$，磨矿功指数一般为 $8 \sim 15$ kW·h/t。石灰石可磨性指数为 $7.67 \sim 38.62$。石灰石的可磨指数（Bond work index，BWI，BWI 是用实验室小型球磨机将 3.36 mm 的石灰石块磨成 80% 通过 100 μm 所需的能耗来定义）是石灰石球磨系统的一个重要参数。BWI 越大，其硬度越高，可磨性指数越小，越难磨，石灰石的磨碎能耗正比于 BWI。

方解石和白云石矿物晶体结构类似，为六方晶系，且沿菱形面有很完善的解理，晶面常弯曲成马鞍状，聚片双晶常见，多呈块状、粒状集合体。三组菱面体解理完全，使得石灰石宏观上表现出脆性特征。

石灰石中酸不溶物也会影响其强度，一般为 0.4% ~ 58%，纯石灰石和白云石中酸不溶物含量为 1%~3%。含酸不溶物高的石灰石多为含黏土或石英的石灰石，石英通常以黑硅石形式存在，SiO₂ 具有磨蚀性，会增加石灰石的磨蚀性，对其进行破碎、磨矿需要耗费更多的能源，加剧对破磨设备工作部件的磨损。

近些年，随着石灰石价格的不断提高，围绕着如何提高石灰石破碎成块率的破碎方法与工艺流程变化很大，并且不断完善提高。从最初的颚式破碎机、锤式破碎机、圆锥破碎机，到现在不断加大齿辊式分级破碎机的应用，从原有的两级破碎流程到现在的三级破碎流程，逐渐从粗放生产向精细化、专业化发展。

10.3.3.2 案例简介

君正石灰石矿业公司，多年来一直专业从事石灰石的生产加工，是内蒙古乌海地区行业标志性企业，其主导产品是 25~80 mm 化工石灰石，主要满足其集团电石生产需要。15 年来，该企业持续致力于设备和工艺创新，主导产品的成品率从最初的 30% 左右，经过三次大的系统改造和诸多细节技术提升，产品粒级结构不断优化，截至目前，工艺线成品率已经达到 75% 左右。十几年探索出的设备改进与流程优化的技术路线，可以为国内生产化工和冶金石灰石的相关生产单位，在提高成块率、效益与资源价值等方面提供有益借鉴。与其类似的还有太原钢铁东山石灰石矿在提高成块率方面做出的有益创新和取得的良好效果。

2009—2010 年，君正矿业公司为了提高石灰石破碎成块率，分析认为当时在石灰石生产中存在以下问题：

（1）石灰石矿的选矿系统能力不能满足气烧石灰窑所需 40~80 mm 的粒度需要；

（2）选矿系统的中破（PE500×700）生产能力较小与粗破（PE1200×1500）不匹配，系统生产效率低，产能仅为 150 万吨/年（三班作业）；

（3）系统生产的成品石灰石 40~80 mm 的成品率为 30.66%，且针片状较多，增大了气烧石灰窑石灰的粉末率，同时影响气烧窑的透气性。

通过改造提升，实现了以下目的：

（1）提高产能，采选矿能力达到 300 万吨/年；

（2）有效提高 40~80 mm 石灰石成品率 10~15 个百分点，进一步降低生产成本、提高经济效益；

（3）通过破碎设备的升级，优化 40~80 mm 块料粒形，近立方形三维均匀颗粒，优化石灰窑的烧制效果。

该项目也是笔者和君正矿业合作历经 13 年，经过持续不断技术探索、理论分析、试验研究、数值模拟、工业试验后，取得的标志性技术成果。

10.3.3.3 石灰石传统破碎流程

石灰石传统破碎流程和破碎设备一般参考骨料生产进行，骨料生产破碎的目的是将岩石破碎到 0.15~30 mm 的细颗粒，而冶金或化工用料一般在 10~

120 mm。

比照骨料生产选用颚式或旋回破碎机进行一级破碎，颚式、圆锥、锤式或反击破碎机作为二级破碎，最大的缺点是这几类二级破碎设备的过粉碎比较大，尤其是锤式破碎机的过粉碎更加明显，颚式破碎机虽然过粉碎率比锤式破碎机有所降低，但由于其靠两个颚板之间的挤压揉搓对物料进行破碎，致使其产品呈现细颗粒和超粒度的片状物料两头多而中间优质块状产品少的分布状态。与前两者相比，圆锥破碎机从粒度组成、粒形等方面都要好很多，但其结构复杂、维修周期长，如图 10-6 所示。

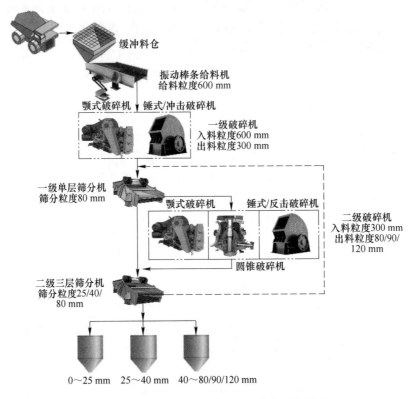

图 10-6 传统的石灰石破碎流程工艺与设备类型

从实际生产数据看，采用这种设备与工艺配置，成品率大概在 40%～65%，其中尤以锤式或反击破碎等高速冲击类设备的成块率最低，对石灰石资源的利用率浪费最大。这也是跨行业借鉴最应该避免的。

10.3.3.4 分级破碎技术引进石灰石破碎

君正矿业破碎系统的升级改造采取大胆决策、小心求证的策略。2009—2010年，围绕石灰石破碎提高成块率的核心问题，从各类破碎设备综合分析入手，经历了细化技术指标对比、工业应用实践考察、设备生产厂家技术交流比选等系统性的求证过程。

A 综合分析

对当时已经在行业内成功应用的重点类型破碎设备或者有很好应用前景的新技术进行综合分析研究，见表 10-5。

表 10-5 君正矿业 2010 年二级破碎机选型综合分析

项目	颚式破碎机	锤式破碎机	圆锥式破碎机	分级式破碎机
综合比对	工作原理：颚式破碎机是一种用作粗碎的设备，主要靠挤压、剪切的作用将物料破碎，适合于中型矿山进行粗破碎使用。优点：（1）一次性投资小，维护费用低；（2）使用经验丰富，便于管理。缺点：（1）破碎比相对较小，完全达到理想粒度产品，往往需要二次破碎实现。（2）破碎后的矿石针片状相对较多	工作原理：锤式破碎机是一种用作细碎的设备，破碎后粒度较小，主要靠锤头击打物料冲击衬板与物料间相互碰撞将物料破碎，大多数适用于水泥生产矿山和建筑用石料厂的破碎。优点：（1）产品粒度均匀，针片状较少；（2）破碎比较大，一段式可达到破碎要求。缺点：（1）设备维护费相对较高，一般是锤破、颚破的 1 倍以上；（2）细碎料相对会多	工作原理：圆锥式破碎机是一种用作中、细碎的设备，主要靠动锥旋转摩擦、挤压物料将物料破碎，适用于铁矿石与石灰石矿山的中、细碎破碎。优点：（1）产品粒度均匀，针片状较少；（2）破碎比较大，但一段式达不到破碎粒度要求，10%~20%需回破；（3）设备维护费相对较低。缺点：（1）设备结构复杂，维修检修时间长；（2）初期投资偏高；（3）细碎料相对会多一些	工作原理：依据两个主轴上安装的齿冠（齿板）进行相向或反向旋转运动形成剪切和拉伸作用破碎物料。优点：（1）具有筛分作用；（2）可破碎尺寸较大的物料；（3）产品粒度均匀；（4）成品率高；（5）运行平稳，维修方便。缺点：（1）初期投资偏高；（2）对铁器敏感度高，需要严格控制系统铁器
40~80 mm 成品率	30.66%	未知	35.16%	预期45%（实际60%）
先进性	一般	先进	一般	先进
成熟性	成熟	成熟	成熟	较成熟
可靠性	可靠	基本可靠	可靠	可靠

B 破碎设备粒度模型对比研究

研究对比分级破碎机和类似型号颚式破碎机粒度特性，通过粒度特性可以相对准确地预测破碎产品粒度组成，尤其是可以分析出不同类型设备的成块率差异，如图 10-7 和图 10-8 所示。

C 工业生产应用调研

太钢集团东山石灰石矿破碎筛分系统每年产块矿 195 万吨。矿区熔剂灰岩质

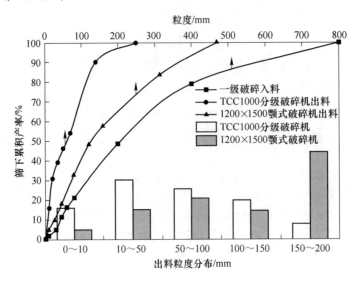

图 10-7　分级破碎机与颚式破碎机粗碎粒度特性对比曲线

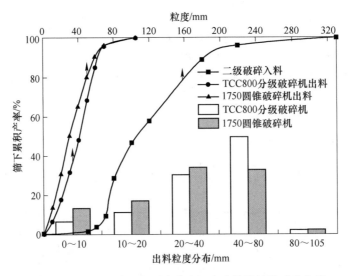

图 10-8　分级破碎机与颚式破碎机中碎粒度特性对比曲线

优量少，资源宝贵，系统破碎产生的过粉碎石渣不仅不能有效利用，而且排放还会直接影响周边环境。

2008 年该石灰石矿采用三段破碎三级筛分的生产工艺，破碎设备采用进口分级破碎机。三级破碎设备的主要技术参数和使用效果见表 10-6。通过两年的稳定运行，该系统体现出分级破碎设备成块率高、处理能力大、运行稳定可靠的优点，成品率稳定在 68% ~ 70%，高于国内其他类型的破碎设备 40% ~ 55% 的技术指标。

表 10-6　东山石灰石矿三级分级破碎机技术参数与使用效果

级别	入料粒度/mm	出料粒度/mm	处理能力/t·h⁻¹	设备型号	齿辊旋向	齿形结构	一次性使用寿命/月
第一级	800	250	380	850	内旋	齿帽式	24~36
第二级	250	100	300（预测）	500	内旋	齿板	24
第三级	100	40	180（预测）	500	外旋	齿板	14

D　分级破碎设备供货方的选择

经过多方研究与比选，看到了分级破碎技术与设备的优点和化工用石灰石需要高成块率之间高度的适配性和广阔的发展前景，最终决定逐步推进分级破碎技术与装备在君正矿业的应用，做内蒙古乃至中国第一个吃螃蟹的企业，利用中国国产的分级破碎装备应用到石灰石破碎工艺。以提高破碎筛分系统合格块矿产率为切入点，持续优化工艺，提高矿产资源的综合利用率。

分级破碎大方向确定后，技术与设备供应品牌如何确定又是一个新的选择，进口或者国产品牌各有优缺点。进口品牌设备技术成熟，国内有成功应用案例，没有技术风险，但设备和配件价格高、供货周期长、售后及技术对外依赖度高，技术上进口设备破碎出料粒度限上率高，粒度控制的准确度低，回破量大。国产品牌设备没有应用案例，缺乏相关物料破碎经验，技术上参差不齐，设备可靠性未经考验，风险大；优点是设备及配件价格低、服务及时主动，后期技术进步支持力度大等。

通过有针对性地技术方案论证、设备加工能力、质量控制、生产单位整体实力等多方面严格考察比选，2011 年最终招标选择国产 900 系列分级破碎机（见图 10-9），详细参数见表 10-7。

(a)　　　　　　　　(b)

图 10-9　石灰石分级破碎机现场应用图
(a) 一级分级破碎机；(b) 二级分级破碎机

表 10-7 石灰石二级分级破碎机技术参数

项　目	数据	备　注
设备型号	900（加长型）	
入料粒度/mm	240	
出料粒度/mm	80	产品粒度中 40~80 mm 占比不低于 65%
破碎产品限上率/%	10	
处理能力/t·h⁻¹	400	
散密度/t·m⁻³	1.2	
实际破碎强度/MPa	63	
齿辊旋向	内旋	两齿辊啮合空间控制粒度
齿形结构	齿盘式	
外形尺寸（L×B×H）/mm×mm×mm	6750×3100×1160	
整机质量/kg	30000	

E　初期技改成果

（1）主体设备投资累计不足 400 万元，技改后矿石成品率平均值 62.56%，较技改前成品率 52.22% 提高 10.34 个百分点；

（2）成块率提高的同时，产品粒形也得到很大改善，片状颗粒物料减少，近立方体颗粒成为产品主体形状；

（3）成品矿单位成本降低 4.18 元/吨，按年产 300 万吨计算，可直接增加经济效益 784.50 万元；

（4）满足该公司气烧窑对原料 40~80 mm 石灰石的质量需求，而且有效提高矿石成品率，使稀缺珍贵矿石资源得以充分利用，社会效益显著；

（5）设备运行稳定可靠，处理能力大，增产潜能增大；

（6）技术支持与售后服务专业、及时、稳定；

（7）使用过程出现的主要问题是该设备采用固定破碎腔原理，铁器进入破碎腔后不像颚式破碎机铁器卡死或者直接通过，易造成破碎齿头的掉落，最终通过加强系统中铁器管理、增加除铁器，该问题最终得以解决。

10.3.3.5　十年持续三次大的技术升级改造

初战告捷后，更加坚定了该企业沿着分级破碎技术路线不断优化系统成块率与产能的信心与决心。2011—2023 年的 12 年间，经历了三次大的技术升级和改造，系统成块率和产能都得到了大幅提高，取得了不断进步与提高。

最初两级颚式破碎机破碎工艺（见图 10-6），在行业内第一次将国产分级破碎机应用到石灰石二级破碎，采用颚破+分级破两级破碎工艺（见图 10-10），显著提高成块率的同时，优化了产品粒形，取得了显著经济与社会效益。在当时行业形势不太景气的情况下，很多同行企业亏损倒闭，该企业一直保持盈利，主要得益于这次大胆技术创新带来的高成块率和产能提高。

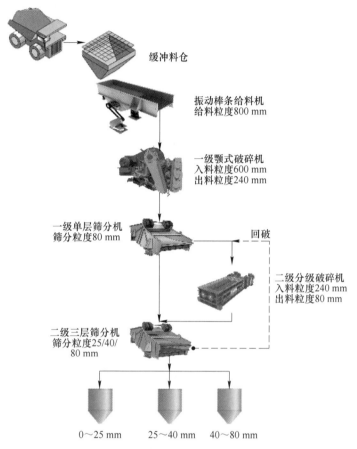

缓冲料仓

振动棒条给料机
给料粒度800 mm

一级颚式破碎机
入料粒度600 mm
出料粒度240 mm

一级单层筛分机
筛分粒度80 mm

回破

二级分级破碎机
入料粒度240 mm
出料粒度80 mm

二级三层筛分机
筛分粒度25/40/
80 mm

0～25 mm   25～40 mm   40～80 mm

图 10-10　石灰石颚式破碎机+分级破碎机两级破碎流程图

2017 年，经过几年生产运行后，体会到分级破碎机与颚式破碎机相比显著的技术优势。该企业大胆将第一级颚式破碎机也替换为 TCCH1250 大型分级破碎机（见表 10-8 和图 10-9（a）），在继续提高成块率、优化产品粒形的前提下，分级破碎机具有的抓料能力强、高效破碎的特点，使系统产能得到了极大提高，生产系统原有的因大块卡堵颚式破碎机造成的产能受限得到彻底解决，如图 10-11 所示。

表 10-8　石灰石一级分级破碎机技术参数

项　　目	数　　据	备　　注
设备型号	TCCH1250	
入料粒度/mm	800	

项　目	数　据	备　注
出料粒度/mm	240	
破碎产品限上率/%	10	
处理能力/t·h^{-1}	800	
散密度/t·m^{-3}	1.2	
实际破碎强度/MPa	120	
齿辊旋向	内旋	两齿辊啮合空间控制粒度
外形尺寸（$L×B×H$）/mm×mm×mm	7010×3440×1300	
整机质量/kg	42000	

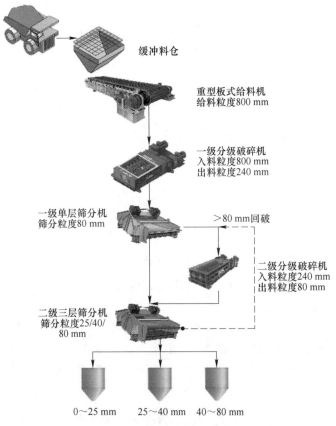

图 10-11　石灰石两级分级破碎流程

2022 年，经过深入理论分析、试验研究、数值模拟等工作后，结合君正矿业实际情况，将原有的两级分级破碎机改造为三级分级破碎机，实现了"小破碎比、精确破碎、最低能耗与磨损"的精细化分级破碎理念与实践。改造后，系统成品率提高到 75% 左右，粒形如"手掰"般优化，破碎能耗和齿部磨损也显著降低，达到了高效精细的石灰石破碎工艺与效果。采用三级分级破碎机后的生产流程，同时配备了三级检查筛分，第三级分级破碎采用闭路破碎，确保最高的成块率，流程图如图 10-12 所示，现场应用工业场景如图 10-13 所示。

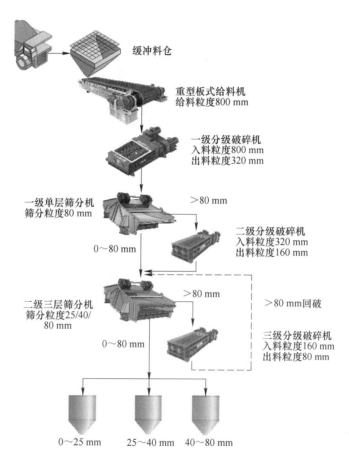

图 10-12　石灰石三级分级破碎流程图

10.3.4　矿山井下的大块控制

10.3.4.1　案例背景

由 10.3.1 节可知，伴随着煤矿大型化发展，综采机械化+放顶煤开采工艺的普遍应用，井下开采条件变差，都使得采出的煤炭中含有或多或少的大块煤岩。原有采煤过程中设置的刮板输送机安装的通过式破碎机在满足超大产能的前提下，实践中基本无法满足原有煤矿设计规范，大于 300 mm 的大粒度颗粒直接升

图 10-13　石灰石三级分级破碎工业场景图

井或进入斜井皮带，会造成系统卡堵、大巷皮带被大块岩石撕裂，甚至大块煤岩从高速运行皮带滚落伤人等恶性事故。

与此同时，由于煤层地质构造原因，开采出的原煤中夹杂或多或少的白砂岩、火成岩、砾岩等与煤层伴生的各种高硬度、高磨蚀性岩石，使得原煤破碎设备破碎齿体磨损快，故障率高、维护量大，严重影响生产。

5 Mt/a 以上井工开采大型煤矿基本都有条状、片状大块煤岩存在。按照控制关口前移、最大程度减少风险的原则，近些年，在煤矿井下刮板输送机到大巷皮带的转载点等地方增加分级破碎机，来控制大块物料的方式在大型煤矿普遍应用，并取得了理想的控制效果。通过分级破碎控制，杜绝因大块引起的生产和安全事故、保护煤流相关设备不受冲击损坏的同时，也为后期选煤厂正常生产运行，稳定煤炭产能不受影响，起到了至关重要的作用。磁窑沟煤矿井下的分级破碎机是井下控制超大块升井的典型案例。

10.3.4.2　案例简介

磁窑沟煤矿隶属于山西省晋神能源公司，井田面积 10.6227 km²，南北长 4.111 km、东西宽 2.860 km，批准开采 10 号、11 号、13 号煤层，开采深度 1100~780 m，井田范围由 9 个拐点连线圈定。目前开采的 13 号煤层，该煤层位于太原组下部，厚度为 2.90~19.10 m，平均 11.50 m。该煤矿采用综采+放顶煤开采工艺，煤层中含有大量的白砂岩、火成岩，抗压强度最高可达 200 MPa。为了控制过大块煤岩对系统的影响，井下增加一台分级破碎机。开采后的原煤经皮带直接给入破碎机，破碎机瞬时给料量可达 3000 t/h，给料中包含很多高强度、高磨蚀性的岩石，个别条状岩石长度可达 1200 mm。经分级破碎机破碎后达到 200 mm 以下，经皮带机运输升井后，直接给入选煤厂，通过重介浅槽进行煤炭分选加工。该设备 2019 年 12 月开始投入运行，截至目前，设备运行状态良好，设备维护量小，破碎齿耐冲击，现场大块白砂岩、火成岩都可一次破碎通过，如图 10-14 所示。整机设备振动小，电控、润滑系统全面。设备配有行走机构，检修的时候可拉出工作区间，便于检修与维护。

(a) (b)

图 10-14 分级破碎机用于煤矿井下控制过大块现场照片

(a) 破碎机侧面；(b) 破碎机电机侧

10.3.4.3 主要技术参数

煤矿井下控制过大块分级破碎机的主要技术参数见表 10-9，参考规格型号见表 10-10。

表 10-9 煤矿井下控制过大块分级破碎机的主要技术参数

项 目	数 据	备 注
设备型号	TCCH1200PMV	煤安型号：2PLF100/200
入料粒度/mm	1200	条状、片状大块居多
出料粒度/mm	200	$P_{95}<200$
处理能力/t·h^{-1}	3000	
散密度/t·m^{-3}	1.0	
实际破碎强度/MPa	200	白砂岩、火成岩等
齿辊旋向	内旋	
齿形结构	齿环式	
外形尺寸（$L \times B \times H$）/mm×mm×mm	7453×3200×1470	
整机质量/kg	42750	

表 10-10 煤矿井下用分级破碎机参考规格型号 （煤安）

参考型号	行业标准型号	齿辊直径 /mm	齿辊长度 /mm	处理能力 /t·h⁻¹	入料粒度 /mm	出料粒度 /mm	破碎强度 /MPa	装机功率 /kW	外形尺寸（长×宽×高）/mm×mm×mm	质量 /t
TCCH8015PSV/H	2PLF80/150	800	1500	120~600	600	150	160	2×90	4970×2500×1070	16.9
TCCH8020PMV/H	2PLF80/200	800	2000	150~1000	600	180	160	2×132	5420×2532×1274	21.6
TCCH8025PMV/H	2PLF80/250	800	2500	200~1200	600	200	160	2×200	6779×2638×1310	24.8
TCCH8030PLV/H	2PLF80/300	800	3000	400~2500	600	250	160	2×250	7400×3100×1360	34.1
TCCH1020PSV/H	2PLF100/200	1000	2000	500~1800	1000	300	250	2×200	6570×3040×1470	37.2
TCCH1025PMV/H	2PLF100/250	1000	2500	700~2500	1000	300	250	2×250	7258×3200×1430	42.6
TCCH1030PMV/H	2PLF100/300	1000	3000	900~3000	1000	300	250	2×315	7755×3822×1430	47.4
TCCH1040PLV/H	2PLF100/400	1000	4000	1200~4000	1000	300	250	2×400	9960×4179×1990	46.1
TCCH1215PSV/H	2PLF120/150	1200	1500	500~1500	1200	350	300	2×200	6335×3442×1440	41.5
TCCH1225PMV/H	2PLF120/250	1200	2500	1000~3500	1200	350	300	2×315	7435×3625×1450	58.5
TCCH1230PMV/H	2PLF120/300	1200	3000	1500~4500	1200	350	300	2×355	8446×4356×1557	59.2
TCCH1530PMV/H	2PLF150/300	1200	3000	2500~6000	1500	450	300	2×400	9071×4800×1672	94.9

10.3.5 坚硬矿石的粗碎

10.3.5.1 案例背景

莱芜铁矿床，属于燕山旋回晚期岩浆沿背斜与断裂侵入而生成的闪长岩体，与中奥陶系灰岩接触，形成接触带，产生矽卡岩和铁矿床，为接触交代-高温热液磁铁矿床。以磁铁矿为主，假象赤铁矿、赤铁矿次之，并含铜、钴有益伴生元素及硫、磷、硅等有害杂质。脉石矿物有绿泥石、透辉石、方解石、绿帘石、高岭土、石英等。矿石为中细粒结构，块状构造，有少量疏松矿石（称为粉矿）。其化学成分特点是铁富、硫低、磷低、有部分自熔性矿石，并含铜、钴、氧化矿石占总储量的 10% 左右。该铁矿石属于中硬以上脆性矿石，使用分级破碎机之前，一般都是采用颚式破碎机控制井下过大块。

10.3.5.2 案例简介

本小节介绍分级破碎机应用在中硬以上矿石粗碎的典型案例。莱芜铁矿谷家台铁矿 2011 年 10 月开始应用一台 8/220CHD 型分级破碎机，马庄铁矿 2015 年 5 月开始使用另一台相同型号分级破碎机，在矿井下用于中、高硬度铁矿石的一级破碎，用于控制过大块铁矿石升井。这是在国内第一台用于铁矿石破碎的分级破碎机，至今一直正常运转。此案例向上拓展了分级破碎机破碎强度应用范围。图 10-15 为莱芜铁矿井下分级破碎机应用。

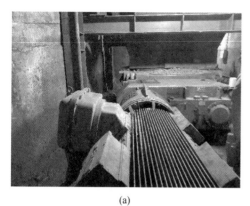

(a)　　　　　　　　　　　　　　　　　(b)

图 10-15　莱芜铁矿井下分级破碎机应用

（a）破碎机电机侧；（b）破碎机齿辊侧

10.3.5.3　设备应用

莱芜谷家台铁矿和马庄铁矿分别在井下安装应用了一台 8/220CHD 型分级破碎机，与常规颚式破碎机的升级替代方案相比，表现出处理能力大、矿车与主溜井可以同时给料、同水平出矿不需设原矿仓、硐室开挖量少、基建工期短、降低井筒深度（提升高度）、运转噪声小、过粉碎少、维护量小等突出优点，两种方案比较见表 10-11 和表 10-12。

表 10-11　分级破碎机与颚式破碎机用于铁矿井下大块破碎综合对比

比较项目	颚式破碎机	分级破碎机	备注
硐室开挖量	卸载站硐室掘喷：$S \times L = 7.2 \times 3.1 \times 10 = 223$ m³； 破碎站硐室掘进：$S \times L = 135 \times 19.3 = 2605$ m³； 破碎站硐室喷浆：喷浆厚 0.15 m，$4.8L+0.15S = 113$ m³原矿仓及放矿机硐室掘砌：掘进 2010 m³，砌碹 483 m³； 合计：5434 m³	卸载站硐室掘喷：$S \times L = 69.26 \times 16 = 1108$ m³； 破碎站硐室掘进：$15 \times 7.05 \times 4.3 = 455$ m³； 破碎站硐室砌碹：$455 - 322 = 133$ m³； 合计：1696 m³	设备布置开挖及支护量：颚式破碎机是分级破碎机的3.2倍
运行状态	振动大，要求基础强度高	运转噪声小，过粉碎少，粉尘少，振动小	

比较项目	颚式破碎机	分级破碎机	备注
生产流程优化		矿车与主溜井可以同时给料，同水平出矿不需设原矿仓，降低井筒深度（提升高度）	
运行维护	平常维护主要为加润滑脂、更换衬板，配置人员 2 人	日常维护简便，除截齿磨损更换截齿之外，未出现过因设备造成的停机事故，配置人员 1 人	
运行消耗	金鼎矿业颚式破碎机，年消耗 3 套衬板，处理量为 200 万吨/年	谷家台铁矿自 2011 年 11 月安装使用，平时维护主要是换油及更换截齿，1 套截齿可破碎矿石 200 万吨	
建设工期	掘进 4838 m^3，喷浆 126 m^3，砌碹 483 m^3；9776 工日；破碎机安装 363.6 工日；棒条给料机安装 42.4 工日。 合计 10182 工日，按 40 工日/天，需 255 天	掘进 1563 m^3，喷浆 53 m^3，砌碹 133 m^3；3125 工日；破碎机安装 220 工日； 合计 3345 工日，按 40 工日/天，需 84 天	建设工期颚式破碎机大概是分级破碎机 3 倍

表 10-12　莱芜铁矿 1000 t/h 分级破碎机与颚式破碎机参数对比

项目	数据	备注	近似规格颚式破碎机
设备型号	8/220CHD		PJ1500×2100
入料粒度/mm	900	三维尺寸	1200
出料粒度/mm	300	订货要求：（三维尺寸）大块率 300 mm，即限上率不得超过 5%	300
粒度调整	无		调整出口宽度
处理能力/t·h^{-1}	1000	破碎机处理能力可达 1000 t/h，但现场实际生产能力 300 t/h	1000
散密度/t·m^{-3}	2.5		
实际破碎强度/MPa	140~160	铁矿石	140~160
齿辊旋向	内旋		
外形尺寸（$L×B×H$）/mm×mm×mm	6842×2884×1100（21.7 m^3）	体积比：颚式破碎机/分级破碎机=13.5 倍	8090×8500×4270（294 m^3）
整机质量/kg	40000	质量比：颚式破碎机/分级破碎机=4.7 倍	188000

10.3.6 建筑垃圾的破碎

10.3.6.1 案例背景

建筑垃圾是伴生城镇发展的一种可利用资源，简单堆放占用土地，污染环境，引发生态和社会问题。城镇建筑拆除垃圾中钢筋/混凝土、装修垃圾中家具等类似物料都是多组分强韧性共存，如何将这类难处理物料各组分充分单体解离、确保破碎设备可靠高效运转是实现精细分选的首要难题。针对待破碎对象的结构及力学与磨蚀特性，采用理论与实验研究、工程试验验证、同时紧密结合包含破碎对象的设备全生命周期的数字孪生技术等研究方法，通过物理预处理、机械作用等方式，最大程度弱化钢筋与混凝土结合界面的应力水平，最大程度实现各组分单体解离。

本书作者及其团队研发出具有解离能力充分、运转可靠高效、破碎齿辊不堵塞不缠绕、破碎工作部件持久耐磨等突出特点的专用破碎解离装备，解决了困扰建筑垃圾资源化过程中的技术难题，为后期智能精细分选、实现钢筋/混凝土自动分离分选率大于98%奠定了基础。

10.3.6.2 技术参数

该项目是首次将分级破碎技术与设备应用在建筑垃圾资源化项目中，设备的主要技术参数见表10-13。

表 10-13 建筑垃圾用分级破碎机的主要技术参数

项 目		建筑垃圾资源化项目
设备名称		齿辊式分级破碎机
设备型号		TCCS700
处理量	额定处理量/$m^3 \cdot h^{-1}$	100
	最大处理量/$m^3 \cdot h^{-1}$	120
处理物料	名称	装修垃圾：危险废弃物、骨料类（如：5 mm 以下细料、混凝土、石材、砌块、砂浆等）、可燃物（如：木材、塑料、纤维织物、有机发泡材料、纸、橡胶等）、陶瓷、石膏、玻璃制品、钢铁、其他非铁金属等
	密度/$t \cdot m^{-3}$	约 1.0
	入料粒度/mm	0~600
	出料粒度/mm	0~150
运行条件	运行天数/$d \cdot a^{-1}$	300
	运行时间/$h \cdot d^{-1}$	16
	工作环境	室内

项　目	建筑垃圾资源化项目
设备功能	能够将含钢筋的各种形状装修垃圾进行破碎并且排出，可以将部分钢筋剥离出来；发生卡料时，齿辊可反转
	底座配橡胶减震垫
	液压千斤顶调整排料口大小
	入口配法兰

设备参数	辊子形式	双齿辊
	出口调节范围/mm	排料粒径可调，范围 100~300
	设备类型	双齿辊分级破碎
	急停装置过载保护	电气原理图
	辊齿更换周期	1 年以上（齿板式）
	润滑方式	润滑油脂
	电源条件	50 Hz/380 V/三相
	轴承温升/℃	温升小于 45，温度最高值小于 75
	噪声值/dB	空载时，在距离设备 1 m 处测得噪声值在 80 以下

10.3.6.3　应用

该设备自 2017 年投入使用至今运转情况良好，对建筑垃圾中多组分物料表现出很好的适应性，如图 10-16 所示。分级破碎技术在建筑垃圾破碎中体现出技术优势主要有以下几点：

（1）分级、破碎双功能，使得建筑垃圾中的小颗粒物料直接通过，只对大块物料进行破碎，提高了设备的处理能力，减少了物料间的夹杂和掺混。

（2）特殊的齿形设计，对钢筋混凝土这种强韧坚固的物料，以点接触方式破碎混凝土，分级方式让钢筋无害通过。

（3）高效的齿形设计，齿尖可直接刺入木板、纸板等平面物料内，通过齿辊差速将其撕碎。与此相比较，普通齿辊破碎机的平齿对这种平面物料没有太好的破碎作用，只能将其原样挤压通过，达不到破碎作用。

（4）高强度可更换破碎齿，即使进入铁器等异物，破碎齿也不会被损坏，体现出很强的可靠性和适应性。

（5）采用可更换破碎齿板设计，当破碎齿需要更换时，可以在工作位原位进行更换，而其他类型齿辊破碎机则是通过焊接整体破碎齿，难以现场更换。

(a)　　　　　　　　　　　　　(b)

图 10-16　建筑垃圾用分级破碎机

（a）TCCS700 建筑垃圾分级破碎机；（b）高强韧复杂组分建筑垃圾

10.4　分级破碎机的合理选用

如何选用好用、适用的分级破碎装备是每个工艺、系统设计人员和管理人员最关心的问题。分级破碎装备是否好用的决定性因素包括：设备型号的选择，设备工作原理的科学性与先进性，生产厂家的技术与设计水平、生产加工质量和服务水平等，简单说就是设备选型和生产厂家共同决定的。

分级破碎装备在实际应用过程中能够实现理想的破碎效果，满足破碎过程的数量、质量要求，达到运转高可靠性、最低的维护量、最大程度的环境友好性。大量工业实践表明，先进可靠的分级破碎装备要想达到理想的使用效果，合理选型是最为关键的环节，具有方向性的决定作用。

分级破碎装备虽然从表面上看只是一台单机设备，但必须从整个工艺系统的角度考虑与选用才会达到理想的结果。破碎设备的选用要综合考虑以下多方面因素。

10.4.1　入料粒度与处理能力

入料粒度和处理能力是破碎过程中两个重要的技术指标，是分级破碎装备选型的主要遵循与依据。破碎过程中粗、中、细碎所面临的主要问题不同，设备考虑的出发点也会不同。

粗碎过程需要重点考虑破碎力，因为粗碎过程瞬间处理的物料颗粒数少，属于大粒度单颗粒破碎过程，需要瞬间的输入破碎力大，要求粗碎设备有足够的整体强度与刚度和瞬间的大功率输出，见表 10-14。尽量选用以刺破、剪切、冲击、挤压为主的破碎方式，克服物料的抗拉或抗剪切强度破碎。粗碎机械选择，中等强度物料宜选用分级破碎机、冲击式破碎机等，坚硬物料采用颚式破碎机或者旋回破碎机（大处理能力）。

表 10-14　粗碎破碎设备技术对比

类型	参考型号	入料粒度/mm	出料粒度/mm	入料口尺寸/mm×mm	设备尺寸（高×长×宽）/m×m×m	设备高度与颚辊破碎机比较/%	驱动功率/kW	处理能力/t·h⁻¹	破碎强度/MPa	破碎面类型	功能部件尺寸/mm	转速/r·min⁻¹	设备质量/t
分级破碎机	TCC-H1250	1200	300	3000×2500	1.6×8.0×3.6	-168	500	8000~10000	200	点接触式	（齿辊直径×辊长）1500×3000	30	80
颚辊破碎机	ERC25-34（Krupp）	1100	300	1300×3400	4.3×5.6×7.1	100	600~800	4400~8800	200①	点-面接触式	（偏心辊径×辊长）2500×3400	130~200	240
复摆颚式破碎机	C200（Mesto）	1200	300	1500×2000	4.5×6.7×4.0	+5	300	855~1110	300	面-面接触式	（入料口）1500×2000	200	147
简摆颚式破碎机	PEJ（沈冶）	1250	170~220	1500×2100	4.5×9.2×9.1	+5	280	400~500	300	面-面接触式	1500×2100	100	220
旋回破碎机	TSUV1400×2200（FLsmidth）	1200	300	入料口宽度 B 1400	8.0×9.0×5.6	+78	600~750	6208~9490	300	面-面接触式	入口宽度1400，动锥直径2200	120	250

注：表中数据来源于各品牌官方网站和公开宣传资料，仅供参考。

① 此数据是该产品宣传材料中的可见数据，实际破碎强度应该可以达到 300 MPa。

　　细碎过程需重点关注破碎比和持续能量输出。细碎过程属于颗粒群破碎或料层破碎，需要破碎设备的破碎比较大，能量的持续输入强度高，此时，"石打石"冲击式破碎机、大功率反击式破碎机、高压辊磨机等便成为重点选择对象。如果细碎过程对产品粒度的中间粒度组成有较大期望需在控制粒度上限前提下最大程度提高中间粒级产量，此时分级破碎技术和设备就有其技术优越性。

　　中碎过程分级破碎装备选择是最多元化的，需要根据不同情况决定。对于中碎产品及作为最终产品的矿物、石灰石、焦炭、电石等而言，分级破碎便是最佳选择。后续还有磨矿流程，对过粉碎敏感度不高，则圆锥破碎机、锤式破碎机、反击式破碎机、颚式破碎机都在考虑范围内。另外，可同时参考其他因素进行选择，如性价比、设备高度、可靠性、运转稳定性、维护量等。

　　图 10-17 所示为常见破碎机适用粒度范围。

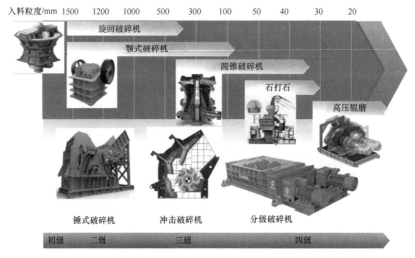

图 10-17 常见破碎机适用粒度范围

10.4.2 流程工艺确定破碎设备种类

分级破碎装备服务于不同的工业流程,破碎机选型也要与工艺流程具体要求相适应。如果工艺流程追求流程简化、整体高度空间小、最终产品粒度要求严格、细粒增量少、处理能力大等不同的设计目的,则就要有相应的破碎设备的选型原则与之相匹配,下面举例说明。

10.4.2.1 流程简化

在传统的选煤工艺流程见图 10-18(a)中,传统的辊式破碎机不能严格保证产品粒度,使得后续选煤流程不能正常运行,出现管路或选煤设备的堵塞,所以需要采用先筛分—筛上物返回破碎的闭路破碎流程,实际生产厂房就是几层厂房外加多台筛分、破碎、手拣皮带、运输设备等原煤准备车间,如图 10-19 所示。

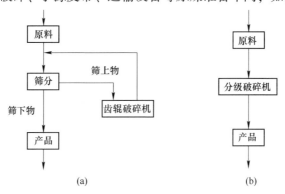

图 10-18 破碎机类型与工艺流程简化

(a)齿辊破碎机闭路破碎;(b)分级破碎机开路破碎

图 10-19　应用辊式破碎机的传统原煤准备车间

采用分级破碎机后，因为分级破碎机具有严格保证产品粒度、筛分破碎双功能、处理能力大、运行可靠性高等技术特点，井下原煤由斜井皮带运输上井，直接给入分级破碎机；破碎产品满足选煤粒度要求，通过皮带直接运到选煤厂，给入浅槽等洗选设备见图 10-18 （b）。相当于用一台设备取代了采用齿辊破碎机的整个原煤准备车间，工业应用如图 10-20 和图 10-21 所示。

图 10-20　一台分级破碎机取代整个原煤准备车间实际生产图
（2007 年 9 月运行至今，单系统连续生产）

对比图 10-18 （a） 和 （b） 两个流程，因为破碎设备的工作原理和性能不同，就可形成不同的工艺流程，带来的是工艺流程的大幅简化以及基建和设备费用的大幅度降低，所以不同的工艺流程需要选用与其设计目标相适应的破碎设备。

10.4.2.2　厂房高度

工艺系统设计过程中，如果想要尽量控制厂房高度，需对破碎机类型进行考虑。不同类型破碎机，尤其是初破设备，因为工作原理和结构特点的差异，在相同入料粒度情况下，其设备高度差异较大。设备高度不同，使得整个破碎系统的

图 10-21　TCCH900 分级破碎机厂房工业安装图

总高度差异会更显著，这样在给料难度、系统造价、安装维护等方面就会产生非常大的差异，可见破碎设备的选型具有非常重要的影响。

10.5　分级破碎机的使用与维护

10.5.1　准备与调试

10.5.1.1　准备工作

（1）检查耦合器、减速机、润滑油泵的注油类型和注油量。

（2）润滑油泵的调试。确定润滑油泵油桶中已经加注要求的润滑油及油量，接好润滑油泵电机电源后，主轴（从输出端视）或压入板（从储油器上方视）的旋转向应为顺时针。确定每个油嘴出口都正常出油，保证轴承能正常润滑。根据润滑点需要油量的大小用调整螺钉来调整其供油量，拧出为油量减小（最小为零），拧入为油量增大，最大油量时调整螺钉与凸轮的轴向间隙不得小于规定值，以防止柱塞折断，调整好后用螺母锁紧。主机润滑点少于润滑脂泵供油点时，可将多余部分的油量调整钉调到不供油位置（严禁堵死）。

（3）设定电控系统中的计时器参数：第一个计时器参数为 8 h（油泵电机每累计 8 h 开始自动运行），第二个计时器参数为 10 min（润滑油泵电机运行 10 min，自动停止），即满足设备每运转 8 h，给轴承注油 10 min。

（4）检查电机、减速机、主轴的同轴度。满足电机与减速机不同轴度小于 0.3 mm，角向误差不大于 15°；减速机与主轴不同轴度径向小于 20 mm，角向误差不大于 15°。如果不能满足要求，重新调整，调整完毕后紧固地脚螺栓。

（5）手工盘车，机器应无卡阻且转动灵活。

10.5.1.2　空载试车

首先必须确认人员远离破碎腔、旋转件等危险部位，并用广播连续播报试车通知，然后点动电机启动和停止按钮，当各部分转动无异常后，即可投入空运转。空运转4 h，应随时观察运转情况：声音、振动、发热和油脂泄漏等。螺栓等连接件如有松动，应及时紧固。

10.5.1.3 负载试车

空运转试车正常后，即可投入8 h负载运转，并继续观察上述各项运转情况，一切正常后方可投入正常生产。

10.5.2 运行与维护

10.5.2.1 严禁铁器进入破碎机

分级破碎机属于强力破碎机，遇到铁器时不会产生退让。当煤中夹杂着铁器时，对破碎机的破坏是致命性的，轻则闷车、打齿，重则损坏破碎辊主轴、减速机和电机。所以强烈建议，在破碎机的上游工艺安装性能可靠的除铁装置，清除夹杂在煤炭中的铁器。

当有一些木料进入分级破碎机的时候，木料不能马上被破碎，它会镶嵌在破碎齿上，和破碎辊一起转动，由此会导致小于破碎要求的物料不能由齿缝间漏下，破碎机处理能力下降。如果过多的小于破碎要求的物料不能顺利通过，会导致破碎机堵塞、闷车的情况发生。

如果发现有铁器、大型木料进入破碎机，必须及时停车，把铁器清理出破碎腔后方可再次开机运行。

10.5.2.2 检查螺栓松动

在破碎机运行前，需检查各个部位的螺栓是否松动，严格保证电机、减速机、破碎辊主轴的同轴度。

分级破碎机使用的电动机转速非常高，当电机与耦合器同轴度超出要求时，长期运转就会导致耦合器梅花联轴节损坏、耦合器连接盘损坏，情况严重的会造成减速机输入轴损坏。减速机输出轴和破碎辊主轴转速比较低，但是传递非常大的扭矩，如果同轴度超出合理的范围，会导致减速机低速轴损坏、减速机打齿的现象。

在破碎机运转前，必须检查电机、减速机地脚螺栓是否松动，如有松动，按以上要求校准同轴度，然后再紧固地脚螺栓方可投入运行。

10.5.2.3 电动机的维护

为了达到电动机的期望寿命，正确的维护是至关重要的。保持电动机的散热片、风扇和气路清洁，有利于合理的散热。保持电动机的周围区域干净，无妨碍足够的空气循环的障碍物。

保持电动机足够润滑。不要在电动机上涂过多的油脂，过多的油脂会流出轴承箱破坏电动机机翼上的绝缘层。在给电动机加润滑油前，移走放油塞以避免过多的油流失，并用一块干净的抹布擦拭所有的装置以防止污染物流入装置中。

当电动机长时间处于空闲状态时，应遵循操作准则：保持电动机的干净和干燥，提高或移动所有的电刷以防腐化，定期转动轴以防润滑油固结，检测绝缘电阻以防止由潮气吸收或其他原因造成的损坏。

10.5.2.4 减速机的维护

减速器的输入轴线和输出轴线与其联结部分轴线应保证同轴，其误差不得大于所用联轴器的允许值。安装好后，箱体油池内必须注入所需润滑油，油面应至油尺规定的上限刻度线。减速器在正式使用前，用手转动必须灵活，无卡阻现象，然后进行空载运转，时间不得少于 2 h。

减速机运转应平稳，无冲击、振动、杂音及漏油等现象，发现故障应及时排除。在使用中当发现油温显著升高，温升超过 40 ℃ 或油温超过 80 ℃，以及产生不正常的噪声等现象时，应停止使用，检查原因。如果因齿面胶合等所致，必须修复，排除故障，更换润滑油后再使用。在使用中发现结合面渗油严重或漏油，打开机盖涂 601 密封胶；若发现油封漏油，必须按原油封型号更换油封。

当环境温度低于 0 ℃ 时，启动前润滑油预热。建议减速箱每 4000 h 换一次油，放油可通过取下底盖上的放油塞来进行。加油时取下检查孔盖，通过上盖加入符合要求的润滑油，并重新密封上盖，加油直至油尺标定的位置。

10.5.2.5 耦合器的维护

液力耦合器正反转都能传递扭矩，耦合器安装好以后应检查旋转方向是否正确。耦合器必须安装防护罩。耦合器正常运转时工作液体的温度应低于 90 ℃，正常运转时应无振动、无杂音、无渗漏油等。如果有不正常现象必须立即停机检查，排除故障。

定期检查耦合器工作液体的质量和数量，定期检查联轴器弹性件和密封件的磨损情况，如不符合要求应立即调换。易熔塞中的易熔合金熔化后，必须更换同规格的易熔塞，切不可以用其他物件替代。耦合器在出厂前经过严格的平衡和渗漏试验，所以非专业人员不允许随意打开耦合器。

10.5.2.6 润滑系统的维护

破碎机轴承长期承受重载荷、大冲击的作用，润滑对于轴承至关重要，既要保证轴承的充分润滑，又不能使轴承过润滑。过润滑和不能充分润滑都会影响破碎机的使用寿命。

把所有的装有润滑膏或者润滑液的容器进行密封，以防止灰尘、沙粒等进入。在装入润滑油之前彻底清洁所要润滑的部位。把所有要润滑的部位用干净的布包好，以防止污染物进入要润滑的部件。

当用自动润滑系统进行润滑的时候要采取一定的措施防止润滑剂短缺，同时采用报警装置（喇叭、电铃、闪光灯等）在润滑油位低于最小油位时进行报警，当系统的润滑失效时要关闭系统。另外，无论有多少套防护措施，都要定期对设备进行检查。

10.5.2.7 破碎齿的维护

当破碎齿磨损到一定程度时，为保证破碎粒度及破碎齿的使用寿命，要及时更换破碎齿板、齿盘、齿靴或齿帽等，或使用耐磨焊条对破碎齿堆焊修复，一旦出现异常情况（如铁器进入破碎腔）导致掉齿应及时修补破碎齿。

10.5.2.8 电控系统的使用与维护

开车前应仔细检查破碎机和系统的工况，在确保破碎机和系统工况完好的情况下再开车，停车前排空破碎机中的物料，避免下次带载开车。

为避免对电网造成大的冲击，建议操作司机把两台电机分开启动，待第一台电机运行平稳后，再启动第二台电机。

当破碎机超载预警时，建议操作司机立即停止破碎机入料，密切观察破碎机转速，如短时间内报警不消除，应停止正转运行。间隔一段时间后启动反转运行，密切观察破碎机转速，如转速正常，可停止反转运行。间隔一段时间后再启动正转运行，如转速正常，可恢复入料继续运行；如转速不正常，应停止正转运行，重复上述过程。如此往复3次后仍不正常，应立即按下"急停"按钮，仔细检查破碎机工况，排除卡堵故障后方能再开车，开车前先弹起"急停"按钮。

当破碎机"超载报警"自动停车时，操作司机应立即停止破碎机入料，仔细检查破碎机工况，排除卡堵故障后方能再开车，开车前先弹起"报警消除"按钮。

当综合保护报警自动停车时，操作司机应立即停止破碎机入料，仔细检查供电电源、系统及破碎机工况，排除故障后方能再开车，开车前先弹起"报警消除"按钮。

10.5.3 常见故障与排除

表 10-15 是分级破碎机的常见故障与排除。

表 10-15 分级破碎机的常见故障与排除

常见故障	产生原因	排除方法
主轴承温度过高	润滑油脂不足	加入适量的润滑脂
	润滑油脂污染	清洗轴承后更换润滑脂
	轴承损坏	更换轴承
出料粒度超标	破碎齿磨损严重	更换破碎齿或进行堆焊
		刚性调整破碎辊中心距
自动停机	液力耦合器泄漏	补充工作液体
	破碎腔堵料	清理破碎腔物料
	传感器损坏或安装有误	更换或调整传感器

常见故障	产生原因	排除方法
振动加大	轴承损坏	更换轴承
	联轴器损坏	更换联轴器
	同轴度超差	重新调整电机、减速机同轴度
处理能力不足	给料不均匀	调整给料
	耦合器工作液体不足	补充工作液体
	进入木料	停车,排除木料
耦合器喷油	可能堵、卡、过载等,电控不起作用,易熔塞喷油保护电机	排除原因,更换新的原装易熔塞
耦合器过热橡胶梅花垫磨损严重	耦合器对中度不好	重新调整对中度
耦合器/减速机漏油	油封坏掉	排除原因,更换油封
转速表显示正常转速一半	测速传感器松动,或润滑油封住磁铁块	调整紧固传感器,保证与辊轴距离在许可范围内,或清理润滑油
设备振动严重并发出声响	破碎齿辊圆螺母松动与箱体干涉	紧固圆螺母
破碎机掉齿或掰齿	破碎腔体内进入铁器	注意除杂,更换修复破碎齿
设备突然报警/停车	断相、短路、过载等	排除原因,重新启动
润滑泵溢流阀出油	管路或接头堵塞	排除原因,更换油管或接头
润滑泵出油嘴不出油	泵柱塞损坏	排除其他原因,更换柱塞

后　记

——我与分级破碎机 30 年的不解之缘

1994 年，我在中国矿业大学（见附图 1）矿山机械工程系机械设计及制造专业大学三年级学习期间开始接触分级破碎机，大四毕业设计分级破碎机；2002—2006 年，攻读博士学位期间研究大型分级破碎的工艺等核心技术；2010—2012 年，博士后期间，研究分级破碎齿耐磨新材料与表面强化新工艺。至今整整 30 年，一脉相承，专注一件事情做深做精做实。

附图 1　中国矿业大学——分级破碎研究起步的地方

1995—2001 年，专注破碎齿形、齿部材质等核心技术的原始创新，打基础练本领。

2002—2014 年，中国经济高速发展，同时也是煤炭发展的"黄金十年"，精心培育了 SSC 这一民族高端品牌，引领国内大型分级破碎机（站）自强自立，走出了"自主创新，国际集成"的成功发展之路，大量替代来自多个发达国家的进口先进产品，做到高端自主可控。

2014—2024 年，10 年的大学科研与教学工作，通过不断地学习与提高，完成了从技术、工程的表象逐渐走进破碎科学的更深领域，真正做到了"产学研用"的完美结合。利用自研核心技术对大量进口分级破碎装备进行了技术升级改造，解决了困扰生产现场很多技术难题。将大型分级破碎装备推广到国际市场，并取得很好的使用效果，为中国制造在国际上增光添彩。

　　国内外分级破碎领域，工程与商业的发展如火如荼，科学技术研究却发展缓慢。分级破碎的专业化、精细化及对破碎过程科学认知方面需要有人去探索，需要有人静心钻研，这样我们国家才有在此领域具备原始创新的条件和基础，并有机会从跟跑者变成领跑者，掌握理论的话语权和制高点尤为重要。我用了几年时间，终于将自己的认识与收获借用语言和图表表达出来，通过本书与行业共享，并共同进步。总结过去，是为了更好地规划未来！从某种意义上说，这也是中国分级破碎发展的代表缩影与组成。

起步——大学毕业设计

　　1994 年大学三年级课程设计题目《分级破碎机专用减速器》，四年级本科毕业设计任务是《2PGC560×1000 强力分级破碎机的设计》。附图 2 是我对破碎齿形、齿的安装仰角、固定中心距等关键技术展开认知、判断与初步设计工作，当年设计破碎机原型机应用于开滦范各庄选煤厂。

附图 2　2PGC 强力分级破碎机
(应用于开滦范各庄选煤厂)

励精图治，创新蓄力

　　1995 年，我参加工作后，主动选择了具有挑战性的分级破碎机产品研发，几乎无从借鉴的零基础研究，趴在图板上一年进行手工研发设计，绘制出 13 套分级破碎机图纸。其中，2PGC560×1000 强力双齿辊破碎机，减速器驱动，1997 年成功应用在开滦范各庄煤矿，至今已经有 27 年时间；2PLF450×1500 强力双齿辊破碎机（首台由两皮带轮单独驱动）成功应用在神东补连塔煤矿，单机处理能力 300 t/h。

　　1997 年，我主持研究设计并命名了第一个分级破碎机系列产品 2PLF。

1998 年，负责煤炭部课题"分级破碎机破碎齿形及齿的布置形式的研究"，在国内率先针对分级破碎机核心部位——破碎齿进行深入研究，找到了通往成功的钥匙，也为后期知识产权独立自主奠定了坚实基础。在此基础上，又接续申请并组织实施煤炭部课题"分级破碎机的研究"，达到了国内领先水平，这两项科技成果为后续的大型分级破碎机的研制推广奠定了扎实的理论与技术基础（见附图 3（a）和（b））。

2000 年，负责牵头起草了煤炭行业首个分级破碎机标准《煤用分级破碎机》（见附图 3（c）），2PLF 作为标准统一应用。

（a）　　　　　　　　　　（b）　　　　　　　　　　（c）

附图 3　分级破碎机的基础研究与标准

（a）破碎齿形课题；（b）分级破碎机课题；（c）分级破碎机标准

核心创新，国际集成

2001 年，针对全国煤炭行业快速发展，大型高端破碎设备依赖进口的局面，在国内超前提出"核心创新，国际集成，高端可靠，替代进口"的国际化集成理念，深入研究破碎齿形及材料等核心技术的同时，广泛调研国际各品牌标准件的技术特点与供应渠道，并通过大量的交流与沟通，将此理念让用户理解与接受。

2002 年，准确把握国际分级破碎产业的发展趋势，深入研究并成功命名了国内第一个具有里程碑意义的大型分级破碎机品牌—SSC（Super Sizing Crusher），这一品牌名称随后成为引领中国大型高端分级破碎机的民族品牌的代名词；2003年，第一台 SSC 分级破碎机应用在鹤岗矿务局南山选煤厂，用于替代 MMD500破碎机；2004 年，第二台 SSC 大型分级破碎机（600 t/h）应用在包头钢铁集团选煤厂，第一次在与 MMD 的直接竞争中胜出。这说明，无论国内还是国外的产品，准确掌握核心技术，获取用户的信心和认可是最重要的（见附图4）。

(a)　　　　　　　　　　　　　　　　　　(b)

附图4　大型分级破碎机从理想变现实

（a）包钢选煤厂；（b）鹤岗南山选煤厂

快速发展，不断创新

2002—2012，十年的黄金发展期，煤炭市场快速发展，随着全国煤炭产能从10亿吨/年发展到40亿吨/年，SSC 大型分级破碎装备也得到快速发展。我负责主持推广应用了累计500余台（套）SSC/2PLF 系列产品，不但使我国大型分级破碎设备在快速发展阶段彻底摆脱了依赖国外的束缚，还节省了采购周期、节约了设备和配件采购费用、优化了服务效率，创造了可观的社会效益与经济效益，为我国煤炭工业破碎技术与大型装备的发展作出了贡献。这里举几个典型案例。

2005年，主持设计研发的 SSC90250 大功率分级破碎机，直接替代 MMD，应用在阳泉二矿。该案例是国内首次用分级破碎机破碎将近1 m 大块煤矸石，处理能力可达2000 t/h，破碎齿的强度和耐磨性经受住了严峻的考验，至今仍使用良好。

2007年9月1日，怀仁柴沟煤矿 TCC90300 大型分级破碎机投入运行，处理能力3600 t/h，处理的物料包括800~1000 mm 大块白砂岩、火成岩等高硬度物料，每天平均22 h 运行。该设备持续运行至今已有17年，累计过料量1.5亿吨以上，有一半以上是各种岩石。该设备既是分级破碎简化开路破碎流程的应用，也是我国大型分级破碎设备可以高可靠运行、适用于高强度物料的充分例证。与进口品牌相比，它的采购成本和采购周期都节省2/3，17年使用期间节省的配件采购成本可观，及时专业的售后服务更充分体现了国产自主品牌的优势。

2012 年，负责研制开发的处理能力为 5000 t/h 大型分级破碎机先后成功应用在神华宁煤红柳煤矿、陕西煤化集团红柳林煤矿。大型分级破碎设备现场应用如附图 5 所示。

附图 5　主持研发大型分级破碎机典型应用

（a）SSC90250 在阳泉二矿；（b）TCC90300 在柴沟煤矿；
（c）神宁红柳矿 5000 t/h 大型分级破碎机；（d）陕煤化红柳林 5000 t/h 大型分级破碎机

开拓进取，不断填补国内空白

在煤炭系统做大做强的同时，在国内也首次将分级破碎机成功应用到铝土矿、石灰石、重晶石、焦炭等新的领域，将分级破碎先进技术与理念推广应用到化工、建材、非金属矿、固废等不同领域，如附图 6 所示。不同物料的破碎特性不同，对其进行处理需要研究不同的结构与工作参数，甚至不同的工作原理，这方面的研究不仅给相关行业作出贡献，同时自己对分级破碎的认识也得到了不断地拓展和提高，也为这一新技术赋予了更多的技术与理论内涵。

(a)　　　　　　　　　　　　　　　　　(b)

附图6　国内首次将分级破碎技术应用到不同领域

（a）石灰石中碎、粗碎（2010—2014年）；（b）铝土矿粗、中细碎

单机设备到半移动、自移式破碎站

2011年，负责研发的3000 t/h半移动破碎站成功应用在宁煤大峰矿、东乌旗意隆煤业、新疆宜化等大型露天矿，开发了高寒高强度分级破碎机、重型刮板给料机。2013年，作为项目负责人，组织研发了国内首台3000 t/h自移式破碎站，如附图7所示。

(a)　　　　　　　　　　　　　　　　　(b)

附图7　主持研发的移动破碎站

（a）3000 t/h半移动破碎站；（b）3000 t/h自移式破碎站

自主创新获得竞争对手的尊重

大型分级破碎装备国产化过程中一个敏感话题就是知识产权、核心技术（know-how）哪里来的问题。我从一开始就立足于核心技术自研，用自己的独立思维去设计，结合国产加工制造基础去研制。整个过程充分尊重国际品牌的知识产

权，也因此获得国际竞争品牌的技术人员尊重。附图8是我与国际竞争品牌技术人员交流技术问题，他们表达对 SSC 品牌用自己设计思路来设计开发设备的尊重。

(a)   (b)

附图 8　自主研发获得竞争对手的尊重
（a）2007 年北京国际采矿展；（b）2011 年北京国际采矿展

会当凌绝顶，一览众山小

2013—2016 年，对来自英国、美国、澳大利亚、德国、南非等各类品牌破碎机（见附图9），进行了技术升级、改造，解决设备原有技术缺陷的同时，还

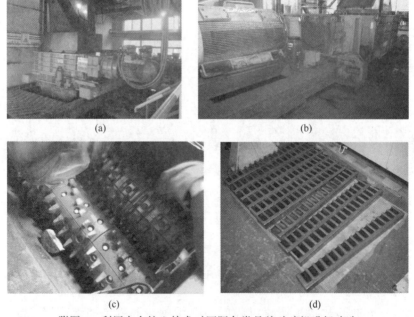

附图 9　利用自有核心技术对国际各类品牌破碎机升级改造
（a）神宁太西破碎齿板寿命提高 3 倍（英国）；（b）大同同忻结构优化解决齿板脱落问题（美国）；
（c）解决粘湿堵塞同时处理量提高 1 倍（德国）；（d）神华煤制油新材料强化工艺（澳大利亚）

明显优化了设备的工艺性能。这也是基于多年的破碎理论、耐磨材质等核心技术与工程实践积累的结果，就好比撑杆跳，你实际的水平一定超过你的比赛成绩，要想对设备进行升级改造、解决原有缺陷，需要对核心技术的深刻认识和掌握。

产学研用深度融合

2014 年，完成了从研究员到教授角色的转变。从以服务应用现场为目的工程、技术、市场推广为主要工作内容，人才培养为辅的研究员角色，转变为以人才培养、探索科学问题、学术研究为主的教授角色。这种角色转变经历了长期的学习和再认识的过程。从破碎设备、技术到破碎理论与科学，实现真正的产学研用无缝对接。从分级破碎工程到破碎科学和分级破碎的理论研究，产学研用一体化，如附图 10 所示。

物料破碎科学，主要研究物料破碎宏观、介观、微观断裂机理与调控，试验研究与分子模拟等，以期通过科学研究探求原创的破碎新方法、新技术，丰富破碎理论。

破碎能量演化，通过宏观、微观、介观的能量演化机制的研究，寻求提高降低破碎能耗、优化破碎效果的原理、方法，探索新的破碎能耗理论。

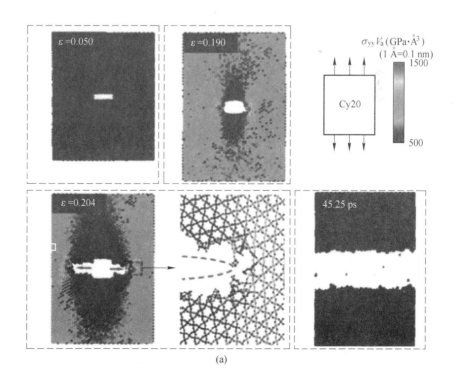

(a)

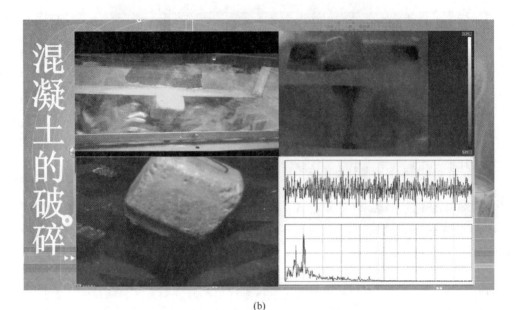

(b)

(c)

(d)

附图 10　分级破碎的产学研用一体化

（a）分子模拟脆性物料断裂能量演化；（b）破碎过程能量演化在线测定；

（c）自研落锤冲击系统；（d）试验用小型分级破碎系统

　　破碎过程智能化，利用智能化、数字化手段，对破碎装备与流程进行在线定量测定，实现破碎过程性能指标与节能降耗的在线调控，为破碎过程智能化与智能诊断提供理论与方法基础。

　　破碎装备研究，主要是基于上述破碎理论与智能化手段，研究开发专业、高效、绿色智能化破碎装备，以及与其相关的设计理论、试验方法、材质工艺、智能制造等。

　　蓦然回首，历经 30 年的时间，心无旁骛地专注在分级破碎科学研究与工程实践中，收获颇丰，成就感和价值感充盈。

本书结束撰写之时，感觉心潮澎湃，一瞬间有着理想变为现实的踏实感。同时，在撰写过程中，又发现在此别人看来不是太复杂的领域，自己不会的、不懂的要比会的多了很多，继续学习、研究、实践、总结凝练，相信还是自己今后不变的节奏和主题。

百尺竿头须进步，十方世界是全身！

潘永泰

2024 年 6 月

泰伯克（天津）机械设备有限公司

专注做好物料解离技术与装备

公司简介 ◄◄◄

泰伯克(天津)机械设备有限公司是专业从事矿物与固废破碎解离技术研究，设备研制、开发，设备及系统智能化研究的高科技公司。主要产品有：分级机、分级破碎机、半移动/自移式破碎机(站)、锤式碎磨机、滚轴筛、各类重型给料机、给料破碎机；承接筛分、分选及系统与工程总包等项目。

泰伯克可为矿山和固体废弃物回收提供破碎解离、分选及资源化等方面的产品和服务，产品可服务于煤矿、铅锌矿、石灰石矿、锂矿、萤石矿、镍矿、针状焦、电石、铝土矿、钾盐矿、石墨矿、铜矿、金矿和铁矿等各类矿物及各类固废。

📞 022-82958110　13381097358/78/88

✉ taiboke@163.com　tcc@topcrusher.net

 天津市武清区京滨工业园

TOP CRUSHER

专注做好物料解离技术与装备　　www.top-crusher.com

TCC分级机与旋回、颚式破碎机高度比对

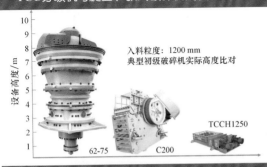

设备高度/m

入料粒度：1200 mm
典型初级破碎机实际高度比对

TCCH1250

62-75　　　C200

基于自清理结构的黏湿物料适应性强

- 转速低
- 差速
- 清理结构
- 强制入料和排料
- 齿形设计

分级破碎与颚式破碎机石灰石中碎产率对比

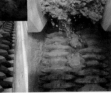

分级破各粒级产率
颚破产率
分级破累计产率
颚破累计产率

破碎物料：石灰石
入料粒度：250 mm
产品粒度：80~25 mm

产率/%

14.29　30.61　5　42.95　11.43　11.43　10.13　22.11　71.61　60.80

产品粒度/mm
120~160　80~120　60~80　40~60　25~40　0~25

高效解离技术与装备优势 ◄◄◄

- **破碎筛分双功能、开路破碎、简化流程**
  严格保障产品粒度，可采用开路破碎，一台高效分级机替代整个原料准备车间，可大量节约基建投资和运行费用。

- **设备与系统高度低、投资少**
  设备和系统高度仅为原设备和系统高度的1/4~1/8，占用空间仅为传统破碎系统的1/10。

- **破碎强度高、适用于各种矿石**
  粗碎破碎强度达到250 MPa，中碎达160 MPa，细碎达120 MPa，经特殊处理的破碎齿寿命大幅延长。

- **维护简便易行、停机时间大幅减少**
  每次设备维修时间2~8 h，约为旋回、圆锥破碎机维护时间的1/40~1/20。

- **成块率高、粒形好**
  产品粒度呈窄粒级分布，产品粒形好，成块率可较传统系统提高15%~30%。

- **黏湿物料适应性强**
  基于自清理结构的专业设计，适用于红土镍矿、黏土矿、剥离物等。

- **处理能力大，通过效率高**
  采用强制入料与排料，优化设计齿型与布置。

电石
石墨
电子垃圾
铅锌矿
金矿
镍矿
钾盐矿
石灰石
铁矿石
针状焦
煤炭
萤石矿
建筑垃圾
动力电池
铝土矿

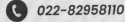
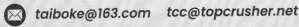

📞 022-82958110　13381097358/78/88　📍 天津市武清区京滨工业园

✉ taiboke@163.com　tcc@topcrusher.net